高等职业教育信息技术赋能教育系列教材
全国高等院校计算机基础教育研究会计算机基础教育教学研究项目成果

大学计算机
——信息素养与信息技术

主　编◎赵一瑾　范雯雯　张　杰

副主编◎刘录松　朱文军　李蔚娟

　　　　文　平　李艳春　毛　睿

中国铁道出版社有限公司
CHINA RAILWAY PUBLISHING HOUSE CO., LTD.

内 容 简 介

信息素养与信息技术是当代大学生不可或缺的学习任务。本书主要内容包括计算机与信息技术基础操作系统基础、Office 2016（包括 Word、Excel、PowerPoint、Visio）、网络基础知识及 Internet 应用、多媒体技术和新一代信息技术等内容。

本书由浅入深、循序渐进，采用"知识结构图"统领每个学习情景，通过"学习目标及内容"规划学习方向，通过"知识准备"进行基础知识铺垫，通过"工作任务"加强对学习内容的训练，通过"实践练习"强化学生的综合学习能力。全书通过大量的案例和练习，着重于对学生实际应用能力的培养，并将职业场景引入课堂教学，让学生提前熟悉工作角色。

本书适合作为高等职业院校计算机基础相关课程的教材，也可作为各类社会培训学校相关专业的教材，还可作为信息素养和信息技能培养初学者的自学用书。

图书在版编目（CIP）数据

大学计算机：信息素养与信息技术/赵一瑾，范雯雯，张杰主编. —北京：中国铁道出版社有限公司，2021.2（2023.7重印）

高等职业教育信息技术赋能教育系列教材

ISBN 978-7-113-27555-6

Ⅰ.①大… Ⅱ.①赵… ②范… ③张… Ⅲ.①电子计算机-高等职业教育-教材 Ⅳ.①TP3

中国版本图书馆CIP数据核字（2020）第273222号

书　　名：大学计算机——信息素养与信息技术
作　　者：赵一瑾　范雯雯　张　杰

策　　划：徐海英　　　　　　　　　　编辑部电话：（010）63560043
责任编辑：徐海英
封面设计：刘　莎
责任校对：苗　丹
责任印制：樊启鹏

出版发行：中国铁道出版社有限公司（100054，北京市西城区右安门西街8号）
网　　址：http://www.tdpress.com/51eds/
印　　刷：三河市兴达印务有限公司
版　　次：2021年2月第1版　2023年7月第7次印刷
开　　本：787 mm×1 092 mm　1/16　印张：17　字数：361千
印　　数：20 201~26 700 册
书　　号：ISBN 978-7-113-27555-6
定　　价：42.80 元

配套资源索引
—— 微课

I

配套资源索引

——任务素材、任务样本和 PPT 课件

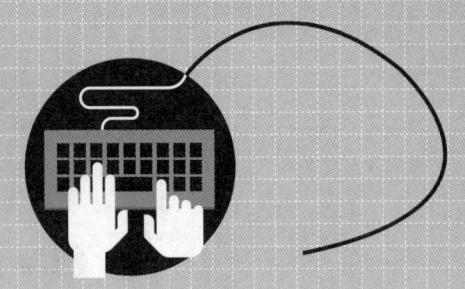

前言

随着计算机技术与网络技术的飞速发展，人类社会快速步入信息社会。使用计算机的能力已经成为当代大学生能力结构中不可或缺的部分。同时，"大学计算机基础"课程作为大学通识教育的重要组成部分，在培养学生成为适应信息社会和经济发展需求的新型人才中承担着重要的职责，也一直是高校课程改革实践的重要领域和关注重点。

2019 年初，国务院印发了《国家职业教育改革实施方案》(简称职教二十条)，对职业教育提出全方位的改革设想。其中明确要求：职业院校应坚持知行合一、工学结合；明确提出：建设一大批校企"双元"合作开发的国家规划教材，倡导使用新型活页式、工作手册式教材并配套开发信息化资源。同年 10 月，教育部启动"十三五"职业教育国家规划教材建设工作。在此次建设中，教育部着重倡导使用新型活页式、工作手册式教材并配套开发信息化资源，以此作为促进职业院校进行教学改革、提高教学质量的重要工具，解决职业院校的教材建设与企业生产实际脱节、内容陈旧老化、更新不及时、教材选用不规范等问题。

"大学计算机基础"课程是大学教育的基本内容，当前普遍存在以下问题：①学生对使用计算机解决专业及工作上问题的需求不明确，基本是以娱乐为主。②大学计算机基础的教学内容没有针对不同专业设置不同的教学内容，教材缺乏解决专业问题的案例；基本上是用一本教材、一份教案去教所有专业，过于强调计算机基础教学的共性，而忽视了不同专业对计算机基础教学的个性化要求。③忽略了不同生源地学生的信息技术基础参差不齐的问题。

为了抓住"大学计算机基础"课程"三教改革"的契机，助力大学生信息素养的培养与提升,编者从以下六个方面着手进行设计与规划：①编写具有"三活"特点的新型教材(专业方向活、课程难度活、工作环节活)；②以赋能为目标组织教学内容，以"任务单"发布工作任务；③创建"立体教学资源"；④依托"教材建设"，推动教师、教法改革；⑤融入课程思政内容，体现育人特色；⑥创建"过程性多元化"课程考核体系。

本书在教学方法、教学内容和教学资源3方面体现出了自己的特色，适合现代教学的需求。

教学方法：

本书每个学习情景以"知识结构图—学习目标及内容—知识准备—分阶学习性工作任务单发布（工作任务）—实践练习"为主线，融入新型教材的组织形式，具有"三活"特点，将职业场景、软硬件知识、行业知识进行有机整合，各个环节紧紧相扣，浑然一体，满足不同专业、不同层次学生的信息化素养提高需求，为他们步入社会打好信息素养的基础。

知识结构图 在每个学习情景伊始，提供本学习情景的知识结构图，让学生对本学习情景的内容了然于心，对知识的结构、层次及递进关系清晰明了。

学习目标及内容 通过表格的形式，细分学习内容，呈现学习内容的难易程度，学生可以根据自身情况进行阶梯螺旋式的学习，做到有的放矢，最终实现高阶的学习目标。

知识准备 简单明了地阐述完成工作任务所需的知识，以图文混排的形式，切中要点。知识点来自于职场的运用场景，实用性强，容易上手。

分阶学习性工作任务单发布 以来源于职场和实际工作中的案例为主线，根据专业方向、难易程度，分方向分阶进行工作任务发布。学习情景一、七、九的内容是本课程通识部分，所有专业均需掌握，故未分阶任务。在每个工作任务中，不仅讲解案例涉及的信息素养知识，还讲解与案例相关的行业知识，并通过"职业素养"的形式展现出来。

在分阶学习性工作任务单发布过程中，以日常办公中的场景展开，以3个主人公的实习、工作情景模式为例引入各个教学主题，并贯穿于课堂案例的讲解中，让学生了解相关知识点、信息素养技能在实际应用场景中的应用情况，有较强的代入感。教材中设置的主人公如下：

浩然

子轩

诗雅

浩然——职场新人，外向乐观，学习能力强。

子轩——职场新人，内敛沉稳，踏实认真。

诗雅——职场新人，沟通能力强，活泼开朗。

⚙ **实践练习** 结合本学习情景给出匹配不同难易程度的拓展、实操类题目，加强课后学习的巩固和提升。

———— **教学内容：**

本书的教学目标是循序渐进地帮助学生实现信息素养的提高，具体包括掌握计算机与信息技术基础知识、操作系统基础知识、Office 2016（包括 Word、Excel、PowerPoint、Visio）、网络基础及 Internet 应用的相关内容、多媒体技术、新一代信息技术等。全书共有 9 个学习情景。

学习情景一（计算机与信息技术初认知）：主要讲解计算机的发展过程与趋势，以及软硬件系统的组成等。

学习情景二（玩转操作系统）：主要讲解操作系统的发展情况，重点介绍 Windows 10 的操作与维护。

学习情景三（"文档编排高手"速练成）：主要讲解 Word 2016 文档编辑软件的使用，包含 Word 2016 的基本操作、编辑与美化文档的内容，以及长文档的编排和审校等。

学习情景四（轻松实现"数据分析"）：主要讲解 Excel 2016 表格制作软件的使用，包含数据输入、编辑、格式设置、计算、管理和分析等。

学习情景五（PPT "要你好看"）：主要讲解 PowerPoint 2016 软件的使用，包含幻灯片的基本操作、多媒体对象的插入、动画的设置及放映输出等。

学习情景六（"图表"表达方式）：主要讲解 Visio 2016 图表编辑软件的使用，包含绘制、美化、对象插入、数据导入等，最后达到结合其他 Office 相关软件协同办公的能力。

学习情景七（你和世界只隔个"网络"）：主要讲解计算机网络的基础知识，通过这部分内容的学习，学生将具备小型局域网搭建的能力，以及安全使用 Internet 资源的能力。

学习情景八（让"数字媒体"点亮你的生活）：主要讲解图像处理（证件照后期处理）、音频处理（音频合成）、视频处理（小型视频处理软件使用）的知识，着眼于实际职业场景的数字媒体应用。

学习情景九（带你认识"新一代信息技术"）：主要讲解新一代信息技术"云大物智"的基本内涵、外延及发展趋势，进一步夯实、提高学生的信息素养。

教学资源：

本书配套了丰富的教学资源，由各学习情景执笔教师准备，包括以下几方面的内容：

素材文件与任务样本 包含书中任务工单涉及的素材与效果文件。

实操微课 包括各阶任务工单完成的微课，以便于学生自学或与教师课堂教学相结合。

学习情景PPT 包括每个学习情景中的PPT课件，以便授课教师顺利开展教学。

本书涉及的大部分素材、任务样本、微课视频等都提供了二维码，使用手机或平板电脑扫描即可查看对应的操作演示及知识点的讲解内容，少数几个学习情景（学习情景五、学习情景八）素材文件及任务样本可登录课程资源网址 http://www.tdpress.com/51eds/ 下载，方便灵活地运用碎片时间，最大限度地实现学习目标。本书的素材、任务样本、微课视频中的专业数据都是虚拟数据，不做真实采用，特此说明。

本书由云南交通职业技术学院的9位教师共同编写，赵一瑾、范雯雯、张杰任主编，刘录松、朱文军、李蔚娟、文平、李艳春、毛睿任副主编，其中学习情景一由朱文军编写，学习情景二由李蔚娟编写，学习情景三由刘录松编写，学习情景四由李艳春编写，学习情景五由张杰编写，学习情景六由文平编写，学习情景七由毛睿编写，学习情景八由范雯雯编写，学习情景九由赵一瑾编写。

虽然编者在编写本书的过程中倾注了大量心血，但限于编者水平，加之时间仓促，书中难免存在疏漏及不妥之处，恳请广大读者批评指正。

编　者

2020年8月于昆明

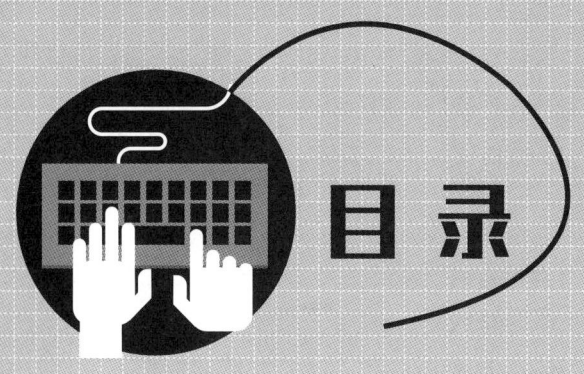

学习情景一

计算机与信息技术初认知

知识结构图

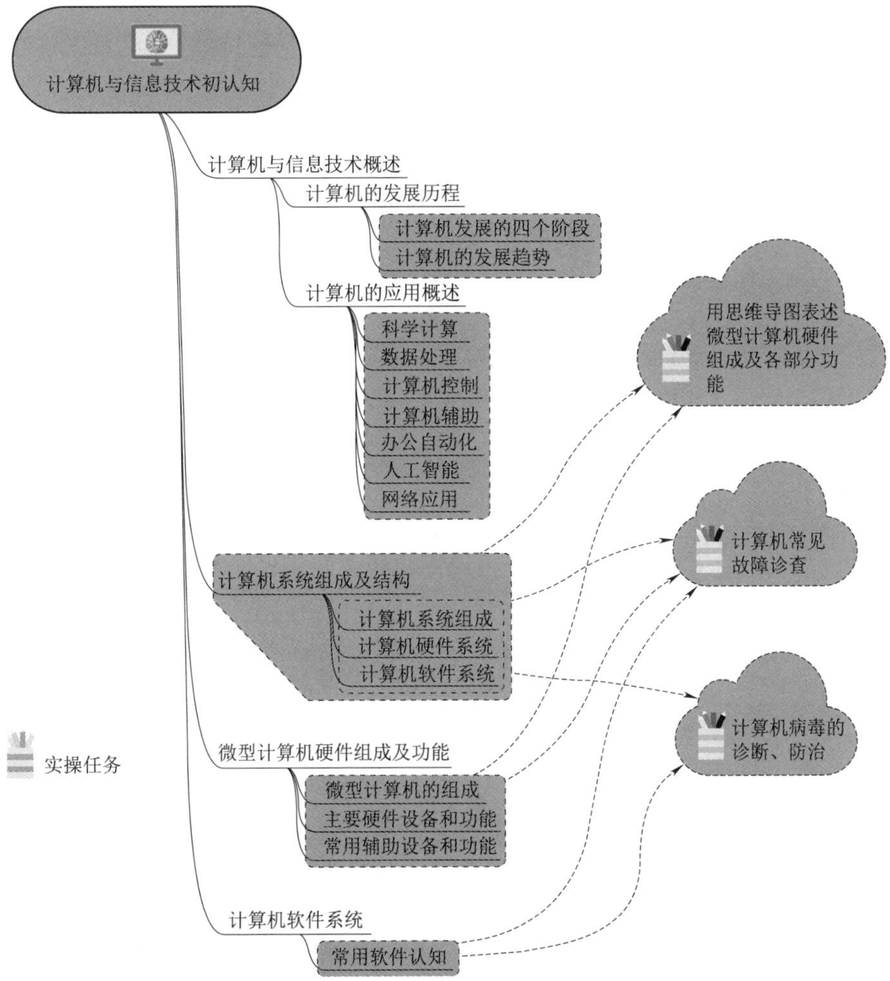

计算机与信息技术初认知

计算机与信息技术概述
　　计算机的发展历程
　　　　计算机发展的四个阶段
　　　　计算机的发展趋势
　　计算机的应用概述
　　　　科学计算
　　　　数据处理
　　　　计算机控制
　　　　计算机辅助
　　　　办公自动化
　　　　人工智能
　　　　网络应用

计算机系统组成及结构
　　计算机系统组成
　　计算机硬件系统
　　计算机软件系统

微型计算机硬件组成及功能
　　微型计算机的组成
　　主要硬件设备和功能
　　常用辅助设备和功能

计算机软件系统
　　常用软件认知

实操任务

用思维导图表述微型计算机硬件组成及各部分功能

计算机常见故障诊查

计算机病毒的诊断、防治

学习目标及内容

序号	学习主线	学习分支	学习内容	学习目标
1	计算机与信息技术概述	计算机的发展历程	世界计算机发展的四个阶段	了解世界计算机发展的四个阶段 了解计算机的主要应用领域
		计算机的应用概述	计算机的主要应用领域	
2	计算机系统组成及结构	计算机系统组成	计算机系统的基础组成	掌握计算机系统的基础组成 掌握计算机硬件系统的 5 个组成部分 了解常用的系统软件和应用软件
		计算机硬件系统	计算机硬件系统的组成部分	
		计算机软件系统	常用的系统软件和应用软件	
3	微型计算机硬件组成及功能	微型计算机的组成	微型计算机的组成	掌握微型计算机的组成
		主要硬件设备和功能	主要硬件设备和功能	掌握主要硬件设备和功能
		常用辅助设备和功能	常用辅助设备和功能	了解常用辅助设备和功能
4	计算机软件系统	操作系统	操作系统	了解操作系统
		程序设计语言	程序设计语言	了解程序设计语言
		数据库管理系统	数据库管理系统	了解数据库管理系统
		应用软件	应用软件	了解应用软件
		其他专用软件	其他专用软件	了解其他专用软件

1.1　计算机与信息技术概述

　　计算机的全称是电子数字计算机，俗称电脑，是一种能够快速、高效地对各种信息进行存储和处理的电子设备。1946 年 2 月，世界第一台通用计算机 ENIAC（Electronic Numerical Integrator And Computer）诞生于在美国宾夕法尼亚大学。随后，计算机科学成为 20 世纪发展最快的一门科学，尤其是微型计算机的出现及互联网的发展，使得计算机及其应用已渗透到社会的各个领域，有力地推动了社会信息化的发展。

　　在本学习情景中，我们将通过学习计算机的一些基本知识，对计算机有个初步认识，为今后学习计算机的应用技术打下良好的基础。

1.1.1　计算机的发展历程

　　1946 年 2 月，美国宾夕法尼亚大学研制出了第一台电子数字积分计算机 ENIAC，如图 1-1 所示。ENIAC 共使用了 18 000 多个电子管，5 000 多个继电器，占地面积约 170 m²，总质量达 30 t，功率达 150 kW，当时价值 40 万美元。当时它的设计目的是为美国陆军弹道实验室解决弹道特性的计算问题。ENIAC 的出现标志着第一代计算机的诞生，也标志着人类在长期生产劳动中制造和使用各种计算工具（如算盘、计算尺、手摇计算机、机械计算机等）的能力发展到了一个新的阶段。从此，计算机把人们从繁重的计算任务中解放了出来。

图1-1　ENIAC

　　按照构成计算机的电子元器件的类型，一般把计算机的发展阶段分为 4 个阶段。

1. 第 1 代计算机（1946—1955 年）

　　第 1 代计算机的特征是采用电子管作为计算机的逻辑元件，因此一般称为电子管计算机。它的内存容量仅为几千个字，运算速度为每秒几千到几万次。程序设计语言采用二进制表示的机器语言或汇编语言。由于第一代计算机体积大、价格高、速度低，其应用受到很大限制，主要用于军事和科研部门进行数值运算。

2. 第 2 代计算机（1955—1964 年）

第 2 代计算机的特征是采用晶体管作为计算机的主要逻辑部件，因此一般称为晶体管计算机。它的内存容量扩大到几十万字，运算速度提高到每秒几十万次。程序设计语言采用高级语。由于第二代计算机质量减小，价格下降，速度提高，可靠性增强，它的应用范围扩大到数据处理、事务管理及工业过程控制等方面，并开始进入商业市场。其代表机型有 IBM 公司的 IBM 7090、IBM 7094、IBM 7040、IBM 7044 等。

3. 第 3 代计算机（1964—1971 年）

第 3 代计算机的特征是采用集成电路（Integrated Circuit）构成基本电子元器件，因此一般称为小规模集成电路计算机。它的内存开始使用半导体存储器，内存容量可达到兆字节，运算速度可达每秒几十万次到几百万次。程序设计语言采用高级程序设计语言，并开始使用操作系统，使得计算机在中心程序的控制协调下可以同时运行许多不同的程序。第 3 代计算机向标准化、系列化和通用化发展，既降低了计算机的成本价格，又扩大了计算机的应用范围。其代表机型有 IBM 360 系列计算机、IBM 370 计算机等。

4. 第 4 代计算机（1971 年至今）

第 4 代计算机的特征是采用大规模和超大规模集成电路技术，因此一般称为大规模超大规模集成电路计算机。它采用集成度更高的半导体芯片作为存储器，在硅半导体基片上集成几百到几千甚至几万个电子元器件，运算速度可达每秒几百万次甚至上亿次。操作系统不断完善，软件配置更加丰富，出现了分布式操作系统、数据库系统等软件。互联网技术、多媒体技术也得到了空前发展，计算机的发展进入了以计算机网络为特征的时代。

1.1.2　计算机的应用概述

计算机自问世以来，在科学技术、国民经济、生产生活、国防技术等各个方面都得到了广泛应用。计算机主要应用在以下几个领域。

1. 科学计算

科学计算是指用计算机来解决科学研究和工程技术中所提出的复杂的数学问题，是计算机最早、最重要的应用领域。从数学、物理、生物等基础学科，到导弹设计、飞机设计、石油勘探等应用学科，其大量、复杂的计算都需要利用计算机进行数值计算。同时，随着科学技术的不断发展，很多科技问题由于需要解决的数学问题复杂，计算量大，速度和精度要求高，往往人工无法计算，而利用计算机进行数值计算可节省大量时间及人力。此外，还有一些科技问题由于投资大、周期长，选择最佳方案往往需要详细计算上百个方案，用人工计算很难选出最佳方案，而利用计算机却可以做到。

2. 数据处理

数据处理是指使用计算机对数据进行收集、分类、排序、存储、计算、传输、制表等操作。通过数字化编码来存储、处理各种信息，是计算机应用最广泛的领域，如图 1-2 所示。

它主要应用于科学研究、生产实践、经济活动和工程技术中。人们获得大量原始数据后，其中包括大量图片、文字、声音等，为更全面、更深入、更精确地认识和掌握这些信息所反映的问题，就需要利用计算机对大量的信息进行分析加工。计算机的数据处理应用已非常普遍，如办公自动化、企业管理、库存管理、财务管理、情报图书资料检索、商业数据交流等方面。

图1-2　数据处理和万物互联

3. 计算机控制

计算机控制是指使用计算机在生产过程、科学实验过程及其他过程中及时收集、监测数据，动态进行控制、指挥和协调，是计算机应用的重要领域。它被广泛用于钢铁企业、石油化工业、医药工业等生产过程中，可大大提高控制的实时性和准确性，节省大量的人力和物力，提高产品数量和质量，降低成本，缩短生产周期。计算机自动控制还被广泛应用于国防和航空航天领域，如无人驾驶飞机、导弹、人造卫星和宇宙飞船等飞行器的控制，都需要靠计算机来实现。

4. 计算机辅助

计算机辅助是指使用计算机系统支持完成各类工程设计及相关计算、建模和仿真的过程，包括计算机辅助设计（CAD）、计算机辅助制造（CAM）和计算机辅助教学（CAI）。

计算机辅助设计是指利用计算机的图形能力进行设计工作，广泛应用于飞机设计、船舶设计、建筑工程、机械设计、水利水电、大规模集成电路设计等领域。

计算机辅助制造是指利用计算机协助人进行生产设备的管理、控制和操作，完成产品的设计和制造的技术，广泛应用于企业生产中。

计算机辅助教学是指利用计算机辅助进行各种教学活动，完成教学过程中知识的组织和展现，或模拟某个实验的过程。它能够利用计算机的图像、文字、声音功能实施教学，可提高教学效率。

5. 办公自动化

办公自动化是指使用计算机进行文字处理、表格处理、语音处理、图形图像处理、电子邮件处理、电子会议管理、文档管理等。它是计算机在电子邮件系统、远程会议、多媒体信息处理方面的重要应用。

6. 人工智能

人工智能（Artificial Intelligence，AI）是指使用计算机来模拟人类某些智力活动的理论、技术和应用，主要应用于机器人、专家系统、模式识别、智能检测、语言处理、自动翻译、密码分析、医疗诊断等方面，如图1-3所示。

图1-3 人工智能

7. 网络应用

网络应用是指使用计算机网络把地球上的大多数国家和地区联系在一起，实现区域范围内的计算机与计算机之间信息、软硬件资源和数据共享，促进地区间、国际上的通信与各种数据的传输处理。计算机网络在信息共享、文件传输、电子商务、电子政务等领域迅速发展，改变了人们的时空概念，为人们的生产、生活等各个方面都提供了便利。

1.2 计算机系统组成及结构

1.2.1 计算机系统组成

一个完整的计算机系统由计算机硬件系统和计算机软件系统两大部分组成，其基本组成如图1-4所示。

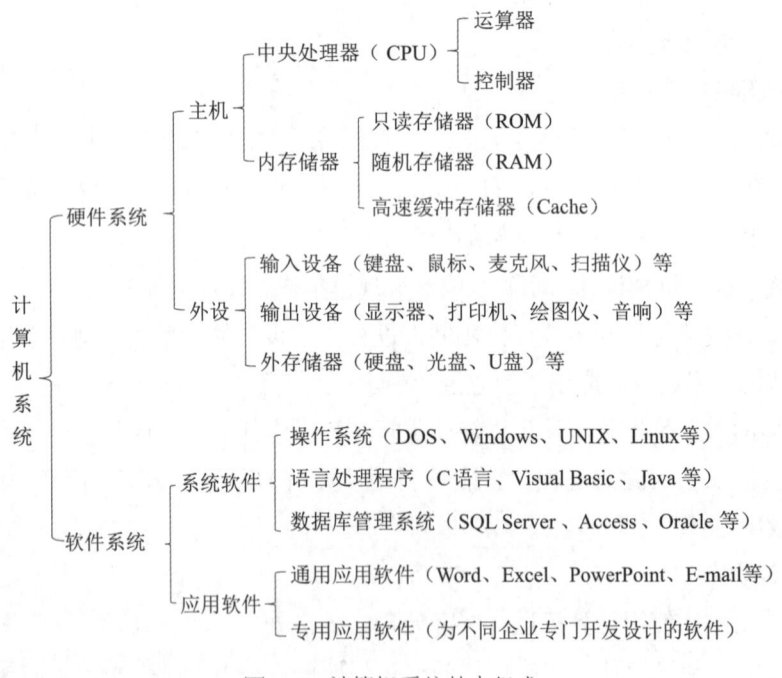

图1-4 计算机系统基本组成

1.2.2 计算机硬件系统

计算机硬件系统是构成计算机系统的物理部件，由运算器、控制器、存储器、输入设备、输出设备5个部分组成，如表1-1所示。

表 1-1　计算机硬件系统

组成部分	功能概述
运算器	运算器是计算机中进行算术运算和逻辑运算的部件，完成对信息或数据的加工和处理
控制器	控制器是分析和执行指令的部件，是计算机的指挥中心，统一指挥和控制计算机各个部件按时序协调操作。运算器和控制器合在一起称为中央处理器（CPU）
存储器	存储器是计算机用来存储二进制信息（程序和数据）的部件，是计算机各种信息的存储和交流中心。存储器与 CPU 合称主机
输入设备	输入设备是用来输入程序和原始数据的设备。常用的输入设备有键盘、鼠标、扫描仪、麦克风、摄像头、数码相机等
输出设备	输出设备是用来表示计算机处理结果或中间结果的设备。常用的输出设备有显示器、打印机、绘图仪、音响设备等

计算机运行结构如图 1-5 所示。

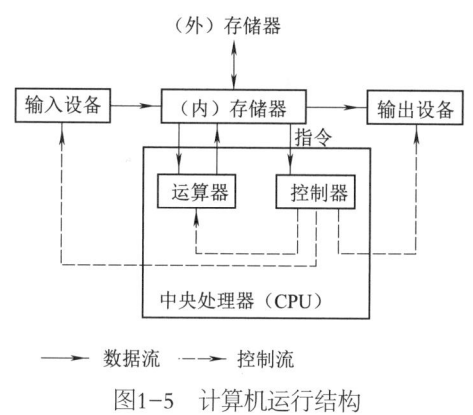

图1-5　计算机运行结构

1.2.3　计算机软件系统

计算机软件系统是构成计算机系统的所有程序文件和数据文件的总称，主要负责管理、控制计算机系统中的各种硬件设备。计算机软件系统一般分为系统软件和应用软件两大类。

1. 系统软件

系统软件是指与计算机系统有关的面向系统本身的软件。其主要功能是管理、控制、维护、开发计算机的软硬件资源，提供便利的操作界面和开发应用软件的资源环境。系统软件包括操作系统、程序设计语言、数据库管理系统、应用软件等，其中操作系统是系统软件中最主要的部分，它能够对计算机系统的全部硬件和软件资源进行统一管理、统一调度、统一分配，从而起到方便用户并提高计算机系统资源利用率的作用。常用的操作系统有 DOS、Windows、UNIX、Linux 等。

2. 应用软件

应用软件是计算机用户为了解决各种实际问题，在各自的业务领域内开发和使用的计算机应用程序。常见的应用软件有文字处理软件（如 Word、WPS）、表格处理软件（如 Excel）、图形图像处理软件（如 Photoshop、3D Studio）、财务管理软件（如金蝶、用友等）、计算机辅助设计软件（如 AutoCAD 等）、病毒防治软件（如安全卫士、瑞星杀毒软件等）、休闲娱乐软件（如各种游戏软件等）。

1.3 微型计算机硬件组成及功能

个人计算机（Personal Computer，PC）属于微型计算机（简称微机）。1971 年，美国生产出世界上第一台微机，它的特点是体积小、质量小、功能强、集成度高、价格便宜、使用方便，对环境无特殊要求，适合办公和一般家庭使用。随后微型计算机风靡全球，有了台式计算机、便携式计算机（笔记本电脑）、移动 PC、个人数字助理等，开创了微机时代的新纪元。

1.3.1 微型计算机的组成

微机主要由主机和输入设备、输出设备等几部分组成，其中主机包含主板、CPU、内存、显示器、键盘、鼠标等。主机、显示器和键盘、鼠标是微机最基本的配置。

1.3.2 主要硬件设备和功能

1. 主板

主板是安装在主机箱底部的一块多层印制电路板，也称主机板、母板或系统板，是微型计算机中最大的一块集成电路板，如图 1-6 所示。主板上通常有 CPU、存储器、输入 / 输出控制电路扩充插槽、键盘接口、面板控制开关等。主板是计算机硬件系统的核心，主要功能是传输各种电子信号。计算机主机中的各个部件都是通过主板来连接的，主板的优劣是决定计算机性能的主要因素。

2. 中央处理器

中央处理器（CPU）是计算机中负责读取指令、对指令译码并执行指令的核心部件，是整个微型计算机系统的核心，如图 1-7 所示。它主要包括两部分，即控制器、运算器，是计算机的运算和控制核心。计算机系统中所有软件层的操作，最终都将通过指令集映射为 CPU 的操作。自 1971 年由 Intel 公司生产出世界上第一个 CPU 之后，CPU 一直在飞速发展，从 4 位微处理器、8 位微处理器、16 位微处理器、32 位微处理器发展到 64 位微处理器。Intel 系列的 CPU 的型号从 4004，经过 8086、286、386、486、Pentium、Pentium Ⅱ、Pentium Ⅲ、Pentium 4 到酷睿 2，产品不断更新换代，在速度、性能等方面有了很大的提高。

图1-6　主板

图1-7　CPU

3. 存储器

存储器是用来存储程序和各种数据信息的记忆部件，分为内存储器和外存储器。

内存储器（简称内存）是指 CPU 可以直接读取的内部存储器，主要是以芯片的形式出现，如图 1-8 所示。内存通常由半导体电路组成，通过总线与 CPU 相连，保存 CPU 所需要程序指令和运算所需数据，通过总线快速与 CUP 交换数据。内存可以分为随机存储器（RAM）和只读存储器（ROM），RAM 在计算期间被用作高速暂存记忆区，关闭计算机时信息将会丢失，ROM 则用于永久保存计算机基本信息的数据。内存空间的大小称为内存容量，内存容量一般是本机中所有内存的总容量，其容量越大，能保存的数据就越多，对计算机的性能有很大的影响。

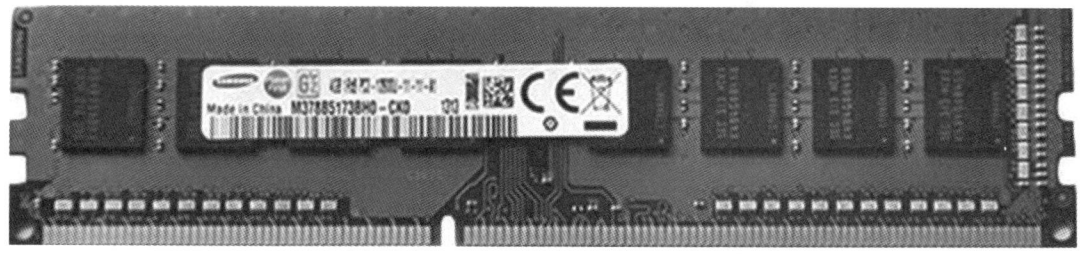

图1-8　内存

外存储器（简称外存）主要用来长期存放计算机工作所需要的系统程序、文档和数据等，CPU 不能直接访问外存。外存具有存储容量大、可永久保存信息等特点，既是输入设备又是输出设备。常见的外存有硬盘（见图 1-9）、光盘、U 盘等。

4. 显示卡和显示器

显示卡（简称显卡，见图 1-10）也称图形加速卡，显示器又称监视器（Monitor），是计算机系统的基本输出设备，显示卡和显示器共同构成计算机的显示系统。按照显像管的工作原理分类，显示器可分为 CRT 显示器和 LCD 液晶显示器两大类。显示卡用于屏幕上字符与图形的输出，它拥有自己的图形函数加速器和显存，这些都是专门用来执行图形加速任务的，因此可以减轻 CPU 的工作负担，从而提高计算机的整体性能。

图1-9　硬盘

图1-10　显卡

5. 键盘和鼠标

键盘是与主机分开的一个独立部件，是向计算机提供指令和信息的必备工具之一，它通过一根电缆与主机的键盘接口相连。当用户按下键盘上的按键时，键盘内的控制电路把该键的位置信息转换为二进制码，再通过电缆传送给主机。常用键盘有 104 键盘和 107 键盘。随着多媒体技术的发展，键盘上集成了多种功能，如播放键、手写板等。

鼠标外形像是一只老鼠，它通过一根连接线与主机的串行接口或 PS/2 接口相连，现也有大量无线鼠标。鼠标以其快速、准确、直观的屏幕定位和选择能力而深受欢迎，目前已成为微机必备的输入设备之一。常用的鼠标有两种：机械式和光电式。目前使用的主要是光电式鼠标，它具有速度快、定位精确、寿命长等优点。

1.3.3　常用辅助设备和功能

1. 打印机

打印机是计算机常见的辅助设备之一，也是计算机系统中除显示器之外的另一种重要的输出设备。用户可以利用打印机把计算机处理的数据文字、图片等信息输出到纸张上。按打印原理，可以把打印机分为针式打印机、喷墨打印机、激光打印机和热转换打印机等几种，其中激光打印机以打印速度快、打印质量高、打印成本低和噪声小等特点逐渐成为购买打印机时的首选。

2. 扫描仪

扫描仪是一种光、机、电一体化的外围设备，通常用它来进行各种图片资料的输入，如图 1-11 所示。扫描仪内部有一套光电转换系统，用户可以用它来扫描照片、图片、文稿等，并把扫描仪的结果输入到计算机中，再由计算机进行图像处理、编辑、存储、打印输出或传送给其他设备。按扫描原理，扫描仪可以分为 3 种类型：平板式扫描仪、手持式扫描仪和滚筒式扫描仪。扫描仪的主要技术指标有分辨率、灰度层次、扫描速度等。

图1-11　扫描仪

3. 移动存储设备

常见的移动存储设备主要有移动硬盘、光盘、U 盘、存储卡等。

4. 摄像头

摄像头作为一种视频输入，具有提供网络视频通信、静态照片拍摄和实时监控等功能。按摄像头输出的信号，可以把摄像头分为模拟摄像头和数字摄像头两类。模拟摄像头比数字摄像头功能强大，但价格偏高，一般用于大型视频会议和实时监控。数字摄像头使用 CMOS 作感光器件，使用简单，安装简单，价格便宜，适合家庭、网吧等场合使用。

1.4　计算机软件系统

没有配置任何软件的计算机称为"裸机"。软件是具有重复使用和多用户使用价值的程序，包括能在计算机上运行的各种程序和各种有关资料。下面介绍一些常用软件。

1.4.1　操作系统

操作系统自 20 世纪 50 年代诞生以来，不断更新换代，当前已有几百种，其中使用广泛的操作系统主要有 DOS、Windows、UNIX、Linux 等。

1. DOS

DOS 是微软公司为 16 位字长计算机开发的、基于字符（命令行）方式的单用户、单任务个人微机操作系统。DOS 由于功能简单，无法适应硬件的发展和用户的需求，已被新一代操作系统所取代，但在一些特殊场合还有可能用到。

2. Windows

Windows 操作系统是微软公司继 DOS 系统后为 32 位 PC 开发出的单用户、多任务、基于图形用户界面的个人计算机操作系统。该操作系统不断革新，系列产品包括 Windows 95、Windows NT、Windows 98、Windows 2000、Windows XP、Windows Vista、Windows 7、Windows 8、Windows 10（见图 1-12）等。Windows 操作系统是当前使用最为广泛的一类操作系统。

3. UNIX

UNIX 是通用、交互式、多用户、多任务操作系统的典型代表，如图 1-13 所示。UNIX 具备功能强大、可靠性高、安全性好等特点，成为业界公认的工业化标准的操作系统，深受专业用户喜爱，并被广泛应用于军事、金融、交通、网络等要求较高的重要领域。它的不足是系统复杂、版本众多，所以使用 UNIX 的普通用户较少。

图1-12　Windows操作系统

图1-13　UNIX操作系统

4. Linux

Linux 是 20 世纪 90 年代推出的一个多用户、多任务的操作系统，类似 UNIX 操作系统。Linux 最初是由一名芬兰赫尔辛基大学的本科生 Linus Torvalds 于 1990 年开发的。它的特点包括开放性、高度的稳定性、可靠性、可扩展性、友好的用户界面、丰富的网络功能等。Linux 是世界上许多著名的 Internet 服务商主推的操作系统之一。

1.4.2　程序设计语言

程序设计语言是人与计算机之间交换信息的工具，人通过它来指挥计算机工作。自 20 世纪 50 年代，为了完成某项特定任务，人们利用计算机语言编写指令的有序集合即程序，从而让计算机按人的要求解决一些实际问题。按照程序设计语言与计算机硬件的联系程度，计算机语言可分为机器语言、汇编语言和高级语言三种类别。计算机语言的发展从低级到高级先后经历了机器语言、汇编语言、高级语言 3 个发展阶段。

机器语言是用二进制数表示的、计算机唯一能理解和直接执行的程序语言，是一种面向计算机的程序设计语言。机器语言中的每一条指令都是二进制形式的指令代码，由于机器语言存在不直观、编写难度大、易出错、修改烦琐、可移植性较差等问题，目前除了在某些单片机上使用外，大部分的计算机程序都已不再使用。机器语言是最低级的程序设计语言。

汇编语言是一种接近机器语言的符号语言，是将机器语言"符号化"的程序设计语言。它通过用助记符代替机器指令，使得汇编语言比机器语言程序易于编写、检查和修改，同时保留了机器语言编程质量高、运行速度快、占用内存空间少等优点。由于它也是面向机器的语言，因此也存在通用性和可移植性差的问题，通常只用来编写实时系统及高性能软件。汇编语言也属于低级语言。

高级语言是一种完全符号化的语言，是面向问题求解过程的程序设计语言。它于 20 世纪 50 年代后期发展起来，采用更接近于人类自然语言和数学语言的形式，容易为人们理解、记忆和掌握；高级语言的一个语句通常对应多条机器指令，便于编写、容易查错和修改，同时它完全独立于具体的计算机，编写的程序为源程序，具有很强的可移植性。人们陆续开发了几百种高级语言，旧的计算机语言在不断被淘汰，新的计算机语言还在不断出现。常用的高级程序设计语言有 FORTRAN、Pascal、BASIC、C、C++、C# 和 Java 等。随着 Windows 等图形用户界面的出现，计算机软件厂商纷纷推出"可视化程序设计语言"，即计算机语言的可视化设计版本，如 Visual C++、Visual Basic 等。智能化语言正在发展中。

1.4.3　数据库管理系统

数据库管理系统（DataBase Management System，DBMS）产生于 20 世纪 60 年代后期，它以数据库的方式组织和管理数据。可以通过 DBMS 实现数据的整理、加工、存储、检索和更新等日常管理工作。DBMS 功能主要有对数据库的建立与维护，对数据库中的数据进行排序、检索和统计，数据或查询结果的输出，方便的编程，数据的安全性、完整性及并发控制等。常用的数据库管理系统有 Microsoft SQL Server、Microsoft Access、Oracle、Sybase 等。

1.4.4　应用软件

常用的应用软件有文字处理软件、图形图像处理软件、表格处理软件等。文字处理软件是专门用于处理各种文字的应用软件，如微软 Word、金山 WPS 等。其功能是文字的输入、编辑、格式处理，页面布置，表格编辑，图形插入等，使人们可以在它所提供的环境中轻松处理自己的文章、著作。图形图像处理软件是专门用于图像图形处理的应用软件，如 AutoCAD、3ds max、Photoshop 等。AutoCAD 是目前广泛应用的计算机绘图软件，3ds max 是 Autodesk 公司推出的多功能、真实感强、具备实体造型功能的三维动画软件，Photoshop 是 Adobe 公司出品的专门用作平面图像处理的应用软件。

1.4.5　其他专用软件

其他专用软件是根据行业或用户的实际需求，在各自的业务领域内开发和使用的计算机应用程序。例如，用于输入、存储、修改、检索、报表制作等各种信息管理的软件，如财务管理系统、仓库管理系统、人事档案管理系统、设备管理系统、计划管理系统等。

工作任务一 用思维导图表述微型计算机硬件组成及各部分功能

说在任务开始前

学习情景	计算机与信息技术初认知			
学习任务一	用思维导图表述微型计算机硬件组成及各部分功能	学时	课前	1 学时
			课中	0.5 学时
			课后	1 学时
学习任务背景	浩然是一名家在偏远山区的大一新生，由于家乡比较贫困，从小就没接触过计算机。刚入大学，浩然第一次接触到"大学计算机基础"这门课程，就对这门课程十分感兴趣，并且决定以后的职业生涯朝计算机方向发展。但是，由于第一次接触计算机，浩然感觉学习起来有点吃力，特别是对计算机的硬件组成及各部分功能老是会搞混。浩然一直在反思，怀疑是不是自己的学习方法不科学。根据不断探索及与老师的交流学习，浩然听取了老师的建议，采用思维导图的方式进行归纳、总结，发现这种学习方法非常实用，记忆快速且不易遗忘			
准备工作	（1）台式计算机一台； （2）主板、CPU、内存器的图片； （3）打印机、扫描仪、移动存储设备、摄像头等常用辅助设备的图片			

学习性工作任务单

学习目标	掌握计算机硬件组成及各部分功能
任务描述	（1）掌握微机主要由主机和输入设备、输出设备等几部分组成； （2）掌握主机的构成要件； （3）了解常用的输入设备、输出设备； （4）理解各部分的功能
步骤 1	画出计算机由主机、输出设备和输入设备等 3 部分组成的思维导图
步骤 2	画出主机由主板、CPU、存储器等 3 个部分组成的思维导图
步骤 3	画出存储器由内存储器和外存储器组成的思维导图，并列举外存储器的种类
步骤 4	画出输出设备由显示器、打印机、音响、绘图仪等组成的思维导图
步骤 5	画出输入设备由键盘、鼠标、扫描仪、摄像头等组成的思维导图
步骤 6	分别在主板、CPU、存储器后面写出它们的主要功能
任务验收标准	（1）导图的结构正确； （2）各部分构成正确； （3）功能的描述正确
注意事项	各部分的构成一定要正确，能正确区分输入设备和输出设备

微课
计算机硬件组
成及各部分功
能

工作任务二　计算机常见故障诊查

说在任务开始前

学习情景	计算机与信息技术初认知			
学习任务二	计算机常见故障诊查	学时	课前	0.5 学时
			课中	1 学时
			课后	0.5 学时
学习任务背景	子轩是一名大二学生，最近发现家里的台式计算机老是出现卡死、黑屏、上不了网、软件不能打开等情况，于是想要自己解决家中计算机常出现的问题，可是又不知道从何下手，十分苦恼。在信息化时代的今天，计算机走进千家万户，进入社会各行各业，成为人们工作、学习和生活中必不可少的工具。然而在使用计算机的过程中，经常会碰到各种各样的故障，掌握计算机常见的故障分析和排除知识对于计算机用户来说非常必要			
准备工作	（1）台式计算机； （2）网络连接设备； （3）Windows 操作系统软件			

学习性工作任务单

学习目标	通过学习，能够掌握从计算机开机到系统正常启动期间常见的故障，学会排查和诊断开机无显示、开机报警、自检报错、反复重启、蓝屏、黑屏、操作系统启动错误等问题
任务描述	（1）能够启动计算机； （2）能够检查计算机各项设备； （3）学会看开机自检提示； （4）解决蓝屏及黑屏问题； （5）能够正常运行操作系统
步骤 1	检查计算机各部分的电源是否连通；显示器和主机是否连接，解决计算机开机不能运行的问题
步骤 2	检查计算机设备是否变形、变色，是否有异味、温度异常等。打开计算机主机机箱，进行灰尘清除，查看 CPU、内存、硬盘等是否出现松动，如出现松动情况，将其擦干净再插紧
步骤 3	检查计算机各部分指示灯的颜色和闪烁状况，听电源风扇和 CPU 风扇是否转动
步骤 4	查看开机自检情况，注意系统提示，查看显示屏，看内存数据能否正常读写
步骤 5	查看硬盘正常，显示器点亮，进入系统启动程序
步骤 6	观察系统启动程序是否出错，是否出现蓝屏等问题，如出现蓝屏，可强制重新启动计算机，重复 2~3 次。部分问题可通过重启计算机解决
步骤 7	还可以通过确认屏幕是否出现"修复"界面，如果有，单击"高级修复选项"进行修复
步骤 8	查看系统运行情况，注意系统出错提示
步骤 9	检查是否误删除了系统文件，用 Windows 系统安装盘修复系统
步骤 10	将 Windows 系统安装盘或启动盘插入计算机光驱或 USB 接口，修复完成后重新启动计算机，完成修复
任务验收标准	（1）会连接电源； （2）会判断设备的运行情况； （3）会看开机自检和系统提示； （4）学会使用 Windows 安装盘修复系统； （5）学会打开计算机主机机箱，查看 CPU、内存、硬盘等
注意事项	查看电源时注意安全，打开机箱时要关闭电源

微课
计算机问题排
查和诊断

工作任务三　计算机病毒的诊断、防治

说在任务开始前

学习情景	计算机与信息技术初认知			
学习任务三	计算机病毒的诊断、防治	学时	课前	0.5 学时
			课中	1 学时
			课后	0.5 学时
学习任务背景	诗雅是一名大二的学生，今年父亲给她买了一台笔记本电脑作为生日礼物。可是，最近诗雅在使用时笔记本电脑总是出现黑屏、蓝屏、死机、文件打不开等现象，于是她找专业老师问，给出的解答是可能笔记本电脑感染病毒了。为此，诗雅十分苦恼，并在思考如何才能提前预防计算机中病毒，怎么诊断计算机病毒，以及如何防治和清除计算机病毒。随着计算机在社会生活各个领域的广泛应用，计算机病毒攻击给人们的日常生活和工作带来了很多威胁，为确保计算机的使用安全，学习计算机病毒的诊断、防治知识很有必要			
准备工作	（1）笔记本电脑 （2）360 安全卫士			

学习性工作任务单

学习目标	通过学习，能够了解计算机病毒的常见类型，计算机中病毒的具体表现，学会安装杀毒软件，学会对病毒进行查杀和清除
任务描述	（1）了解常见的病毒类型； （2）了解计算机中病毒的具体表现； （3）安装 360 安全卫士； （4）查杀和清除病毒
步骤 1	检查 Windows 桌面图标是否发生变化，有无特定的图像
步骤 2	开机后，查看计算机是否出现突然死机或重启现象，操作系统能否正常启动
步骤 3	当对计算机无任何操作时，查看鼠标是否自己在动。
步骤 4	查看开机后系统时间是否被更改，计算机是否会发出一段音乐，硬盘灯是否会不断闪烁
步骤 5	查看计算机运行过程中，速度是否明显变慢，之前正常运行的软件是否发生内存不足的错误，之前能正常运行的应用程序是否经常发生死机或者非法错误
步骤 6	打开浏览器后，是否自动链接到一些陌生的网站，接到陌生人发来的电子邮件
步骤 7	在官网上下载 360 安全卫士安装包，双击 setup.exe 文件，根据系统提示自动安装 360 安全卫士至 C 盘根目录下
步骤 8	运行 360 安全卫士，根据提示自动升级杀毒软件病毒库，修补系统安全漏洞
步骤 9	打开 360 安全卫士，单击"电脑体检"，对计算机进行全面体检，并根据提示进行一键修复和垃圾清理等
步骤 10	单击"木马查杀"，对计算机进行全盘查毒，根据提示删除查杀出的木马和感染文件
任务验收标准	（1）认识常见的计算机病毒类型； （2）了解计算机感染病毒的具体表现； （3）安装杀毒软件； （4）查杀和清除病毒
注意事项	不要随便打开病毒文件，按杀毒软件提示进行操作

微课
病毒查杀和清除

PPT课件
学习情景一

实践练习

　　给自己的计算机安装 360 安全卫士，对计算机进行体检、木马查杀及垃圾清理等，让自己的计算机更加安全、顺畅。

学习情景二

玩转操作系统

 知识结构图

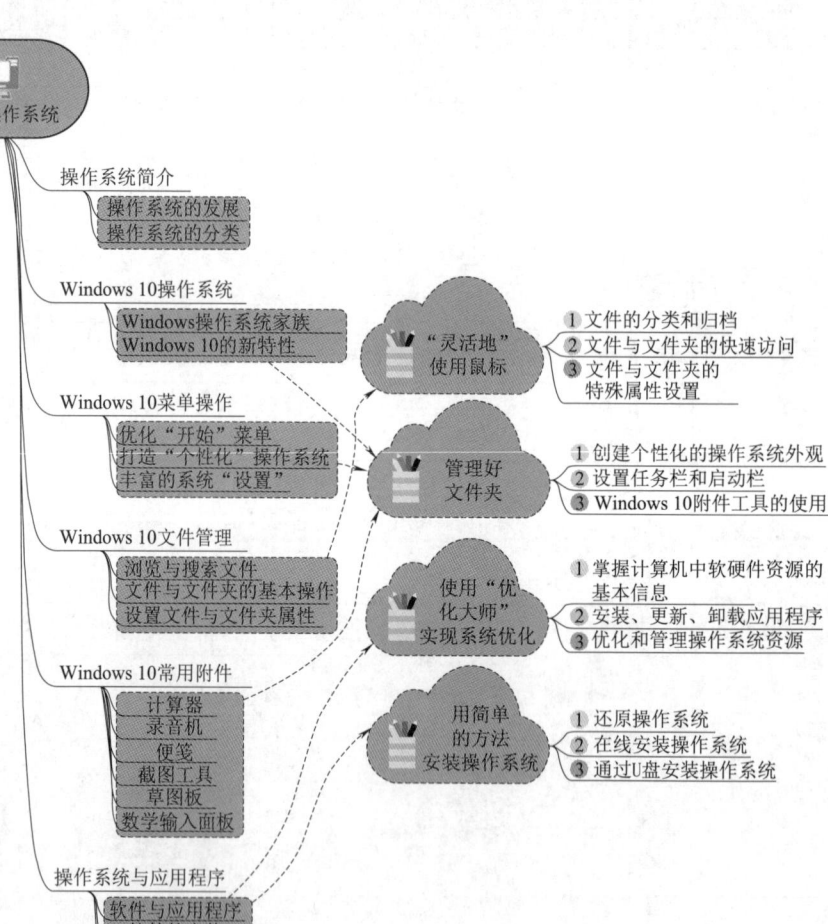

玩转操作系统

操作系统简介
　操作系统的发展
　操作系统的分类

Windows 10操作系统
　Windows操作系统家族
　Windows 10的新特性

"灵活地"使用鼠标
　① 文件的分类和归档
　② 文件与文件夹的快速访问
　③ 文件与文件夹的特殊属性设置

Windows 10菜单操作
　优化"开始"菜单
　打造"个性化"操作系统
　丰富的系统"设置"

管理好文件夹
　① 创建个性化的操作系统外观
　② 设置任务栏和启动栏
　③ Windows 10附件工具的使用

Windows 10文件管理
　浏览与搜索文件
　文件与文件夹的基本操作
　设置文件与文件夹属性

使用"优化大师"实现系统优化
　① 掌握计算机中软硬件资源的基本信息
　② 安装、更新、卸载应用程序
　③ 优化和管理操作系统资源

Windows 10常用附件
　计算器
　录音机
　便笺
　截图工具
　草图板
　数学输入面板

用简单的方法安装操作系统
　① 还原操作系统
　② 在线安装操作系统
　③ 通过U盘安装操作系统

操作系统与应用程序
　软件与应用程序
　软件的安装
　管理应用程序

 实操任务

① 任务难度一阶

② 任务难度二阶

③ 任务难度三阶

学习目标及内容

序号	学习主线	学习分支	学习内容	难度	学习目标
1	基本概念	操作系统简介	操作系统的发展	一阶	了解不同类型的操作系统及其用途
			操作系统的分类	一阶	
		Windows 10 操作系统	Windows 操作系统家族	一阶	了解 Windows 操作系统的发展历史和 Windows 10 的新特性
			Windows 10 的新特性	二阶	
2	基础操作	Windows 10 菜单操作	优化"开始"菜单	一阶	熟练操作 Windows "开始"菜单下的各项设置；重点掌握系统中常用的硬件和软件设置
			打造"个性化"操作系统	二阶	
			丰富的系统"设置"	三阶	
		Windows 10 文件管理	浏览与搜索文件	一阶	熟练掌握文件与文件夹的基本操作；学会使用文件搜索查找功能；掌握常用的文件夹属性设置
			文件与文件夹的基本操作	二阶	
			设置文件与文件夹属性	三阶	
3	进阶操作	Window 10 常用附件	计算器	一阶	掌握 Windows 10 常用的附件，利用各种小工具更加高效的进行文件处理
			录音机	一阶	
			便笺	一阶	
			截图工具	一阶	
			草图板	一阶	
			数学输入面板	一阶	
4	扩展操作	操作系统与应用程序	软件与应用程序	一阶	掌握使用第三方应用程序，对操作系统当中常用的应用程序进行下载安装、更新修复以及卸载等基本操作
			软件的安装	二阶	
			管理应用程序	三阶	

知识准备

2.1 操作系统简介

2.1.1 操作系统的发展

第一代：以手工操作为代表的人工操作系统时代。程序员将对应于程序和数据的穿孔纸带（或卡片）装入输入机，然后启动输入机把程序和数据输入计算机内存，再通过控制台开关启动程序针对数据运行。

第二代：以 DOS 为代表的磁盘操作系统时代，以磁盘管理的方式来管理本地化资源。

第三代：以 Windows 为代表的文件操作系统时代，以文件管理的方式来管理内容。用户与内容直接接触，管理本地化资源或是部分网络资源。

第四代：以安卓和 iOS 为代表的应用操作系统时代，应用成为主要的管理内容的工具，用户不再直接接触内容本身。管理内容由本地资源转向在线资源。

新一代即将来临的时代，内容承载无边界的超级 App 将接管所有的内容，服务与应用都以轻应用的方式装载到超级 App 之上。而其管理的内容也将全面的云端化。

2.1.2 操作系统的分类

从使用场景或功能的角度，可以把操作系统进行简单的划分。

1. Windows 个人计算机操作系统

个人计算机上的操作系统是单用户操作系统，功能相对简单，但可以提供方便、友好的用户接口及功能丰富的文件系统。

代表产品：Windows 3.0、Windows 95、Windows XP、Windows 7、Windows 8、Windows 10。

2. 网络操作系统

网络操作系统主要依据网络体系结构及各类协议标准对网络资源进行管理，其中包括通信、资源共享、系统安全和各种网络应用服务的管理。

代表产品：UNIX、Linux、Windows Server 系列。

3. 手机操作系统

智能手机操作系统是在嵌入式操作系统基础之上发展而来的，专为手机设计，除了具备嵌入式操作系统的功能外，还具有针对电池供电系统的电源管理服务、与用户交互的输入 / 输出服务、嵌入式图形用户界面服务、为多媒体应用提供底层编解码服务、Java 运行环境、无线通信核心功能及智能手机的上层应用等相关服务。

代表产品：Android（谷歌）、iOS（苹果）、Windows Phone（微软）、Symbian（诺基亚）、BlackBerry OS（黑莓）、Windows Mobile（微软）、Harmony（鸿蒙）、MIUI（小米）等，如图 2-1 所示。

图2-1 常见手机操作系统

4. 工业操作系统

在工业领域,由于应用场景不同,对操作系统的要求也不同。常见的工业操作系统如下:

（1）批处理系统：加载在计算机上的一个系统软件,计算机自动地、成批地处理一个或多个用户的作业（包括程序、数据和命令）。

（2）并行操作系统：同时把多个程序放入内存,并允许它们交替在 CPU 中运行,它们共享系统中的各种软、硬件资源。

（3）分时操作系统：按时间片轮流把 CPU 分配给各项联机作业使用。

（4）实时操作系统：系统能够及时响应随机发生的外部事件,并在严格的时间范围内完成对该事件的处理。

（5）嵌入式操作系统：集软硬件于一体的、可独立工作的计算机系统。从外观上看,嵌入式系统像是一个"可编程"的电子"器件",针对性比较强。嵌入式操作系统主要应用于工业控制和国防系统领域。

（6）DOS 磁盘操作系统：磁盘操作系统,可以直接操纵和管理硬盘的文件,以 DOS 的形式运行。现在更名为命令提示符。可以通过 CMD 命令进入。

（7）移动操作系统：安装在移动设备（如智能手机、个人数字助理、超移动 PC 和 MID）中的通用操作系统,也称移动操作系统、移动通用操作系统、移动平台。尽管它是一种嵌入式操作系统,但却内置了用户界面和各种设置工具等实用程序,为开发人员提供用于软件开发的库、用户界面框架等,并且可以使用第三方工具开发其应用程序。

2.2　Windows 10 操作系统

2.2.1　Windows 操作系统家族

Windows 操作系统从诞生至今,一直是使用广泛的计算机操作系统。Windows 操作系统发展历程中比较重要的产品如图 2-2 所示。

图2-2　主要Windows操作系统版本及特点

2.2.2 Windows 10 的新特性

Windows 10 不仅保留了经典的传统风格，还增加了部分新功能，以适应移动计算机和人工智能技术的发展需求。

1. 恢复"开始"菜单

单击"开始"菜单，左侧是 Windows 系统经典的"开始"菜单，右侧是磁贴区，如图 2-3 所示。用户可以将常用的程序以拖动的方式添加到磁贴区，以便快速访问。磁贴区的图标可以进行分组及大小调整。

图2-3 "开始"菜单

2. 虚拟桌面与多任务管理界面

Windows 10 操作系统新增了 Multiple DeskTop 功能，该功能可以让用户在同一个操作系统下使用多个桌面环境。用户可以根据自己的需要，在不同的桌面环境之间进行切换，或创建一个新的虚拟桌面。

3. 分屏多窗口

用户可以在屏幕中间同时摆放多个窗口，Windows 10 操作系统还会在每个单独窗口内显示正在运行的其他应用程序。单击任务栏的"任务视图"按钮或按【Windows+ ←（或者→）】组合键都可以对当前任务窗口进行选择，如图 2-4 所示。

4. 操作中心

操作中心将所有软件和系统的通知集中在一起，方便用户查看和管理。在操作中心底部添加了一些常用开关按钮，调整硬件设置时既方便又快捷，而且更符合智能手机的操作习惯。单击任务栏的 OneNote 按钮可以打开操作中心，如图 2-5 所示。

图2-4　分屏多窗口

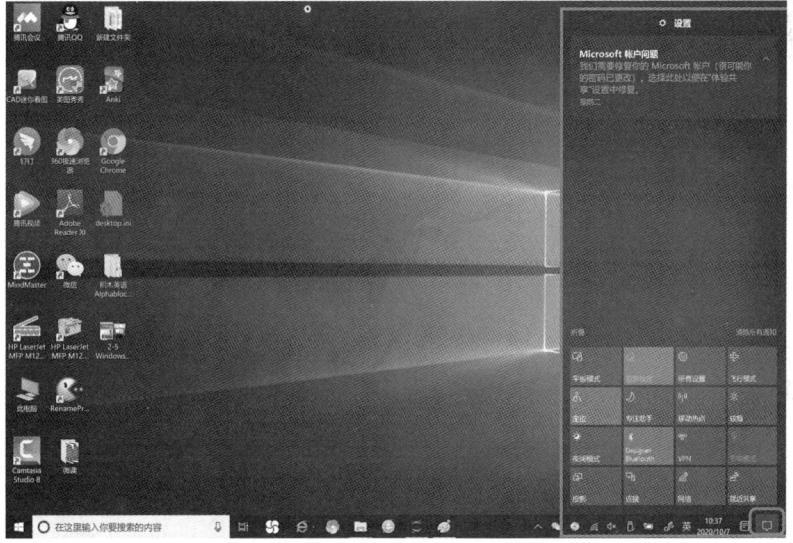

图2-5　操作中心

5. 语音助手

语音助手 Cortana（中文名为小娜）位于底部任务栏开始按钮右侧，如图 2-6 所示。单击"语音助手"按钮，支持使用语音唤醒。语音助手不仅可以与用户进行简单的语音交流，还可以帮助用户查找资料。

6. Microsoft Edge 浏览器

Windows 10 操作系统拥有全新内核的 Microsoft Edge 浏览器，它对 HTML5 等新兴标准和多媒体内容有更好的支持，新增涂鸦书写、书签导入、密码管理、与 Cortana 集成、阅读模式等功能，而且将兼容 Chrome、Firefox 等第三方扩展插件。

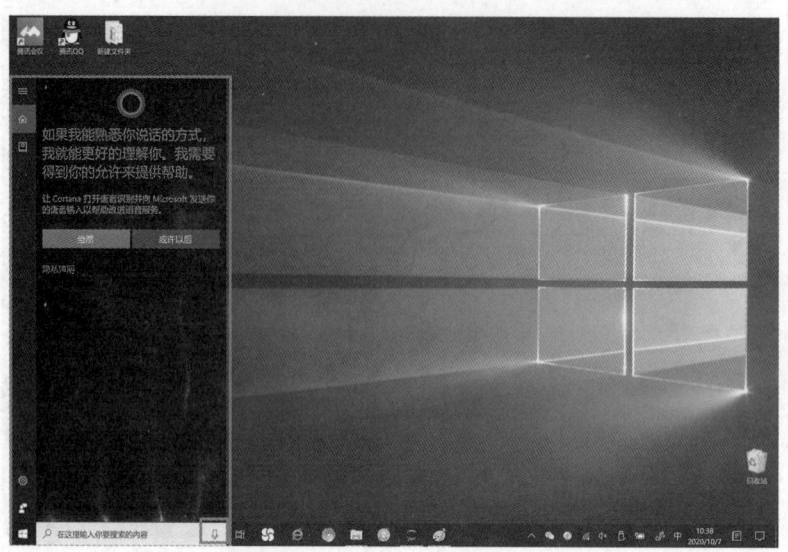

图2-6　语音助手

7. 智能家庭控制

Windows 10 操作系统整合了 AllJoyn 技术。这是一种开源框架，作用是鼓励 Windows 设备增强协作性，不管用户买的是何种智能家庭产品，不管它是由哪个厂家生产的，或用何种方式与网络连接，一旦被接入网络，就能被网络识别出来，并且可以与网络上的其他设备联网，从而实现智能家居控制。

2.3　Windows 10 菜单操作

2.3.1　优化"开始"菜单

Windows 10 操作系统的"开始"菜单是整个操作系统功能的展示窗口，是进行系统设置的重要操作入口。

1. "开始"菜单的个性化设置

（1）打开"开始"菜单，选择"设置"选项；或直接按【Windows+I】组合键，打开设置窗口，单击"个性化"按钮。

（2）在左侧选择"开始"选项，在右侧根据需要设置"开始"菜单，单击对应的开关按钮即可，如图 2-7 所示。

2. 将应用程序固定到"开始"菜单

打开"所有应用"列表，找到要固定到"开始"菜单的应用，右击并在弹出的快捷菜单中选择"固定到'开始'屏幕"命令，如图 2-8 所示。

要固定应用程序到"开始"菜单，还可以将该应用程序直接拖至磁贴区。

3. 对磁贴区进行整合管理

（1）删除磁贴：右击磁贴，在弹出的快捷菜单中选择"从'开始'屏幕取消固定"命令，如图 2-9 所示。

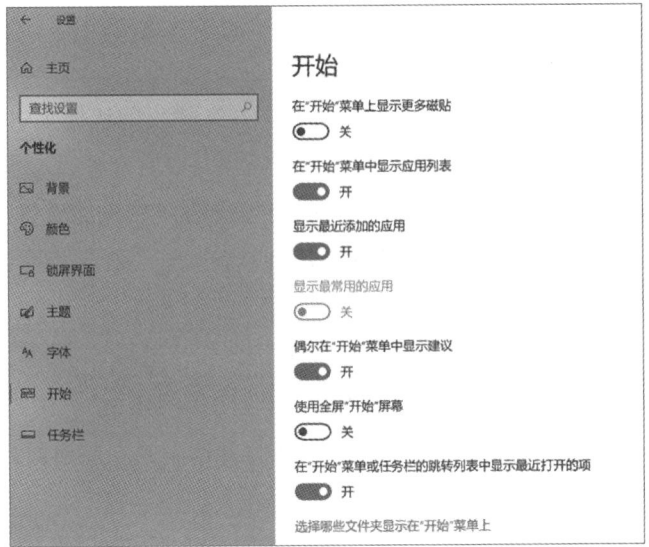

图2-7　"开始"菜单个性化

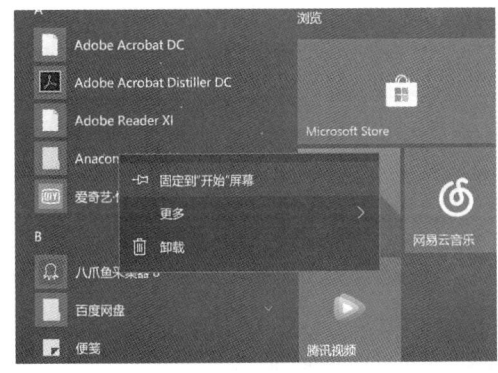

图2-8　固定应用程序设置

图2-9　磁贴区设置

（2）创建分组：将磁贴拖至空白区域，当出现灰色栏时松开鼠标，即可创建分组。

（3）移动磁贴组：按住鼠标并拖动磁贴组标题至目标位置松开鼠标即可。

（4）重命名磁贴组：单击磁贴组上方的"重名组"。

4. 调整"开始"菜单

（1）调整"开始"菜单的大小：打开"开始"菜单，将鼠标移至顶部或右侧边，当指针变为双向箭头样式时拖动即可。

（2）设置全屏显示"开始"菜单：在"个性化"设置中打开"使用全屏'开始'屏幕"功能即可。

2.3.2　打造"个性化"操作系统

在 Windows 10 操作系统中，用户可以根据个人喜好，将操作系统的外观进行个性化的修改。

1. 设置桌面背景

方法一：选择要设置为桌面背景的图片，右击并在弹出的快捷菜单中选择"设置为桌面背景"命令。

方法二：打开"设置"窗口，单击"个性化"按钮，在左侧选择"背景"选项，如图 2-10 所示，在右侧选择系统自带的背景图片或者单击"浏览"按钮添加本地存放的图片。

方法三：在右侧"背景"下拉列表中选择"幻灯片放映"选项，单击"浏览"按钮，选择存放背景图片的文件夹，还可以设置"更改图片的频率"，在"选择契合度"下拉列表框中选择以何种方式显示在桌面上，即可每次打开都看到不同桌面背景。

2. 设置系统主题色

打开"设置"窗口，单击"个性化"按钮，在左侧选择"颜色"选项，在右侧选项中单击"从我的背景自动选取一种主题色"复选框，或选择调色盘中的其他颜色，如图 2-11 所示。

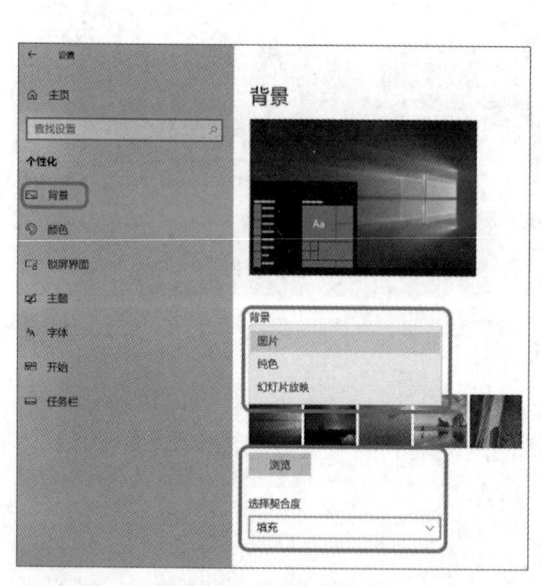

图2-10 设置桌面背景

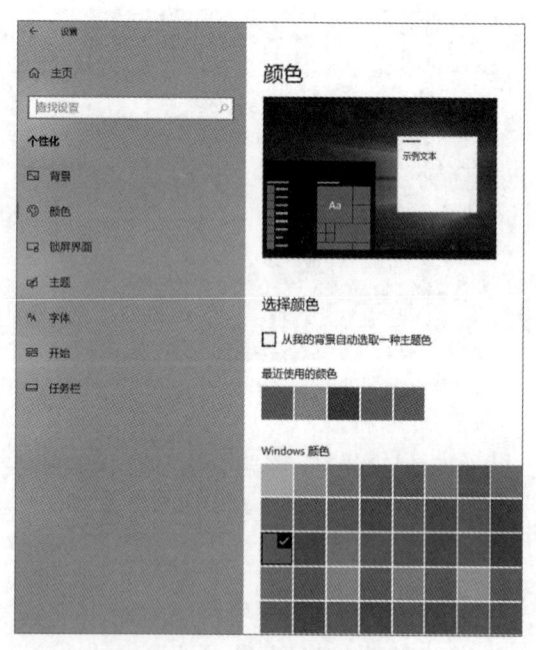

图2-11 设置系统主题颜色

开启"透明效果"，在"更多选项下"选中"开始菜单任务栏和操作中心"及"标题栏"复选框，使它们的颜色变为半透明状态。

3. 设置锁屏界面

（1）单张图片锁屏：打开"设置"窗口，单击"个性化"按钮，在左侧选择"锁屏界面"选项，在右侧单击"浏览"按钮添加图片，完成锁屏图片的设置，如图 2-12 所示。

图2-12　设置系统锁屏界面

（2）幻灯片放映锁屏：在"背景"下拉列表中选择"幻灯片放映"选项，单击"添加文件夹"按钮，为幻灯片放映选择相册，同时选择"图片"相册，单击"删除"按钮。如果要对幻灯片放映进行高级设置，需要单击"高级幻灯片放映设置"超链接。

（3）应用信息锁屏：用户可以设置在锁屏界面上显示应用信息的状态或者更新信息，以便在计算机锁定时了解最新情况。在锁屏界面选项下，右侧界面"选择显示详细状态的应用"下拉列表中选择所需要的应用，在"选择显示快速状态的应用"选项下单击"+"按钮，可以在弹出的列表中选择天气、日历或者其他应用程序。

4. 设置主题

主题是计算机外观、颜色和声音的组合，包括桌面背景、系统颜色、声音方案、屏幕保护程序、桌面图标样式、鼠标指针样式等，用户在设置好各个选项后，可以将其保存为一个新的系统主题文件，以方便直接选用。

打开"设置"窗口，单击"个性化"按钮，在左侧选择"主题"选项，设置好各项信息后，单击"保存主题"按钮，输入主题名称，单击"保存"按钮完成设置，如图 2-13所示。

5. 设置任务栏

打开"设置"窗口，单击"个性化"按钮，在左侧选择"任务栏"选项，可以完成对任务栏锁定、隐藏和使用小任务栏按钮的设置，如图 2-14 所示。

在任务栏空白位置右击，在弹出的快捷菜单中可以完成任务栏设置、隐藏、锁定、显示桌面和工具等相关设置。

图2-13 设置系统主题

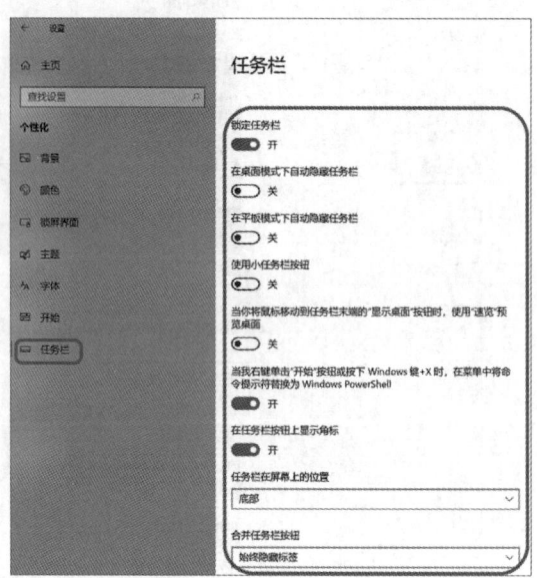
图2-14 系统任务设置

2.3.3 丰富的系统"设置"

打开 Windows 10"开始"菜单左侧的"设置",显示出 13 项操作系统的基本设置,如图 2-15 所示。包括系统、设备、手机、网络和 Internet、个性化、应用、账户、时间和语言、游戏、轻松使用、Cortana、隐私、更新和安全。

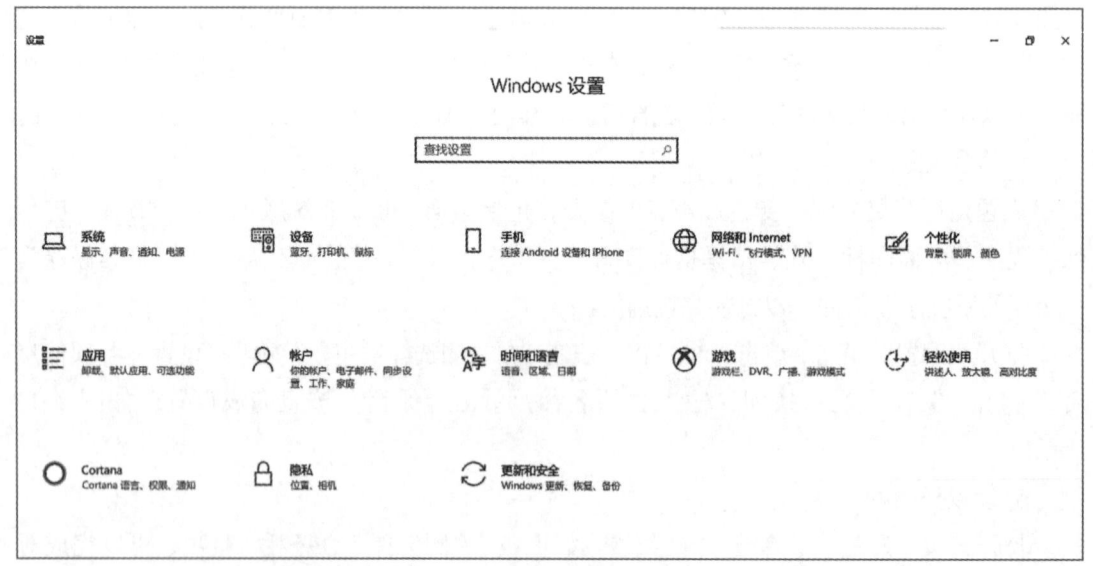
图2-15 Windows系统常用设置类型

1."系统"选项设置

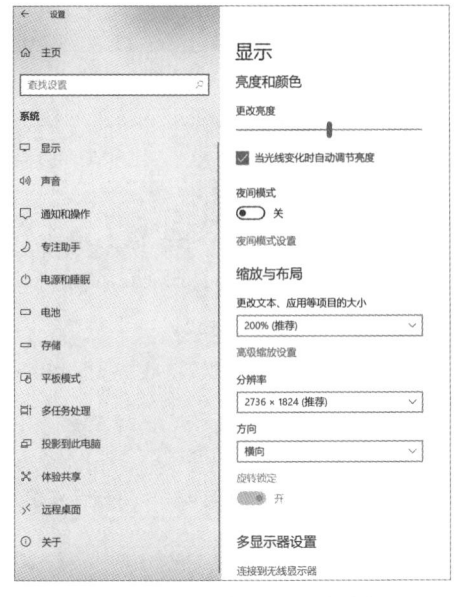

图2-16　"系统"选项设置

"系统"选项（见图2-16）常用功能主要有：

（1）显示：更改显示的亮度，设置缩放比例，调整显示器分辨率等。

（2）声音：设置输出设备扬声器的音量大小，设置输入设备麦克风的音量大小。

（3）电源和睡眠：设置屏幕关闭时间。

（4）电池：查看电池电量，设置节电模式。

（5）投影到此电脑：将 Windows 或安卓设备投影到计算机上。

（6）体验共享：支持利用蓝牙或局域网发送和接收数据。

2."设备"选项设置

图2-17　"设备"选项设置

"设备"选项（见图2-17）常用功能主要有：

（1）蓝牙和其他设备：设置蓝牙的开启和关闭，添加新的蓝牙连接设备，显示已连接设备及状态。

（2）打印机和扫描仪：添加打印机或扫描仪，查看已连接的打印机或扫描仪。

（3）鼠标：设置鼠标的主按钮，设置鼠标滚轮。

（4）输入：设置硬键盘、触摸键盘输入方式。

（5）自动播放：设置媒体和设备上的自动播放。

（6）USB：USB 设备连接消息。

3. "网络和 Internet"选项设置

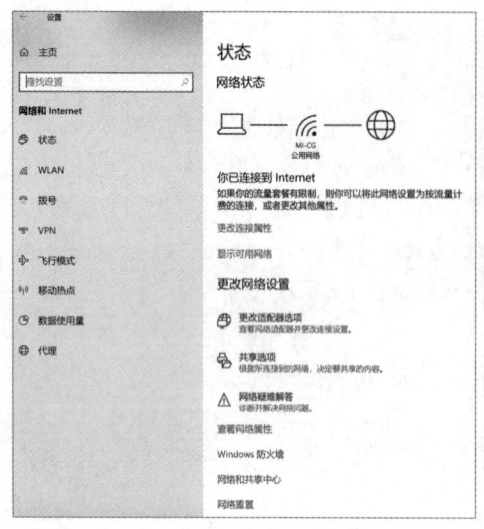

图2-18   "网络和Internet"选项设置

"网络和 Internet"选项（见图 2-18）常用功能主要有：

（1）状态：显示网络状态，更改连接属性，显示可用网络。

（2）WLAN：显示已连接的网络、查看连接对象属性。

（3）VPN：添加 VPN 连接，设置 Windows 防火墙，更改高级共享设置，更改适配器选项。

（4）飞行模式：开启或关闭飞行模式，设置飞行模式下WLAN 和蓝牙的开启状态。

（5）移动热点：移动热点的开启和关闭。

（6）数据使用量：统计最近 30 天 WLAN 的使用情况，设置流量限制。

4. "应用"选项设置

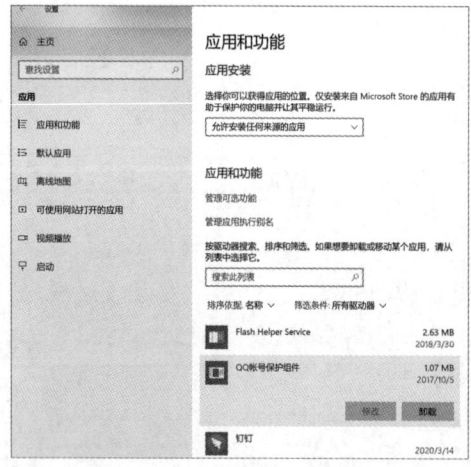

图2-19   "应用"选项设置

"应用"选项（见图 2-19）常用功能主要有：

（1）应用和功能：应用程序的安装和卸载。

（2）默认应用：设置默认的应用列表，为文件类型指定默认应用。

（3）离线地图：下载、更新离线地图，以方便搜索地点或线路，存储位置。

（4）视频播放：自动设置匹配的分辨率播放视频。

（5）启动：设置登录时启动的应用程序。

5. "账户"选项设置

图2-20　"账户"选项设置

"账户"选项（见图2-20）常用功能主要有：

（1）账户信息：显示系统登录账户，或切换 Microsoft 账户登录。

（2）电子邮件和应用账户：显示和添加其他应用程序使用的账户。

（3）登录选项：设置重新登录时间，设置人脸识别登录方式，更改密码，设置图片密码，设置计算机配对的设备动态锁。

（5）家庭和其他成员：添加家庭成员账户。

6. "时间和语言"选项设置

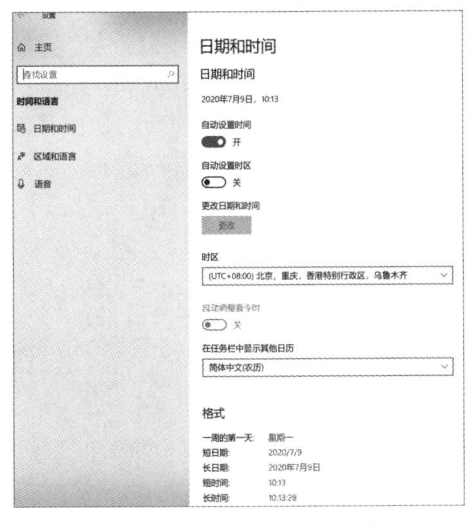

图2-21　"时间和语言"选项设置

"时间和语言"选项（见图2-21）常用功能主要有：

（1）日期和时间：设置系统时和时区，更改日期和时间格式，添加不同时区的时钟，在任务栏中显示其他日历。

（2）区域和语言：设置所在国家或地区，方便 Windows 提供本地内容，设置显示语言，添加语言。

（3）语音：设置语音语言，设置文本到语音的转换速度，设置语音识别需要的麦克风。

7. "轻松使用"选项设置

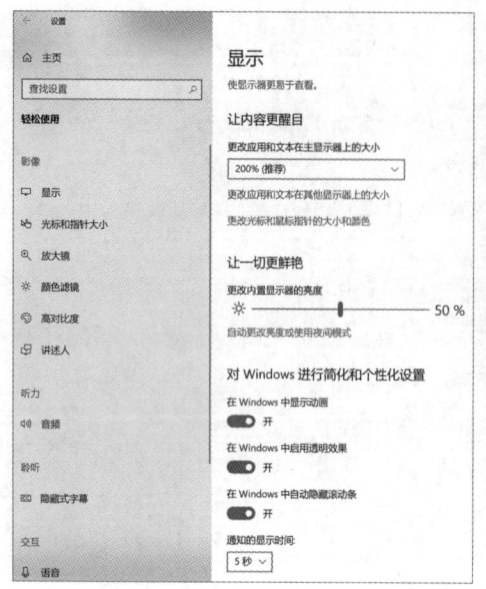

图2-22   "轻松使用"选项设置

"轻松使用"选项（见图 2-22）常用功能主要有：

（1）影像：更改应用和文本在显示器上的大小，更改内置显示器亮度，更改光标和指针大小，使用放大镜，颜色滤镜、对比度调整，使用"讲述人"模式控制设备。

（2）听力：更改设备音量，设置可视提醒。

（3）聆听：更改隐藏式字幕。

（4）交互：讲话代替输入设置，使用 Cortana 完成操作，键盘鼠标相关设置。

8. Cortana 选项设置

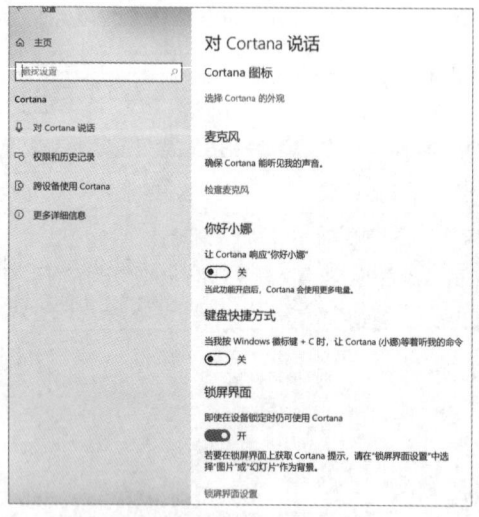

图2-23   Cortana选项设置

Cortana 选项（见图 2-23）常用功能主要有：

（1）对 Cortana 说话：选择 Cortana 的外观，检查麦克风，设置 Cortana 的响应语句，启动 Cortana 的快捷方式，设置 Cortana 语言。

（2）权限和历史记录：管理 Cortana 设备访问信息，设置安全搜索策略，设置云搜索开启状态，设置历史记录。

9."隐私"选项设置

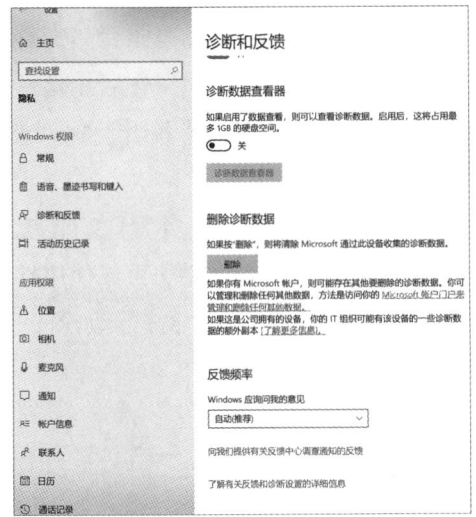

图2-24　"隐私"选项设置

"隐私"选项（见图 2-24）常用功能主要有：

（1）Windows 权限：包括常规的权限设置，语音墨迹书写和进入权限设置，诊断与反馈，活动历史记录。

（2）应用权限：包括位置相机、麦克风、通知、账户信息、联系人、通话记录、任务、其他设备、后台应用、自动文件下载、文档、文件系统等相关设置。

10."更新和安全"选项设置

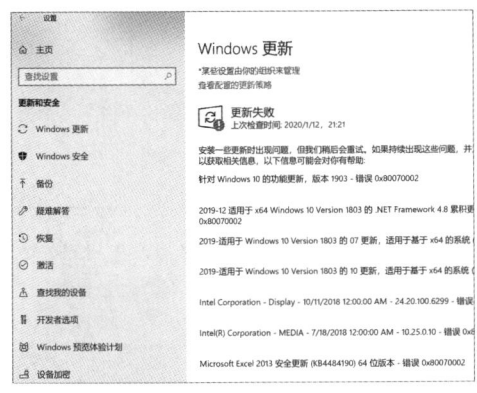

图2-25　"更新和安全"选项设置

"更新和安全"选项（见图 2-25）常用功能主要有：

（1）Windows 更新：查看配置的更新策略及更新的消息。

（2）Windows 安全：查看和管理设备安全性和运行状况。

（3）备份：使用文件历史记录进行系统备份，需要添加备份驱动器。

（4）恢复：重置计算机，高级启动，其他恢复选项。

（5）激活：更新产品密钥。

2.4　Windows 10 文件管理

2.4.1　浏览与搜索文件

计算机中的资源都是以文件的形式保存的，在管理计算机资源的过程中需要随时查看文件。下面详细介绍文件与文件夹的浏览与搜索方法。

1. 浏览文件与文件夹

在 Windows 10 操作系统中，文件是以单个名称在计算机上存储的信息集合。文件可以是编辑的文档、图片、应用程序。文件的标识由两部分组成：图标和文件名。计算机上看到的文件都会以"文件名.文件扩展名"的形式显示，其中文件扩展名用于指示文件类型。

一个文件夹中不仅可以存储一个或多个文件，还可以同时存储一个或多个子文件夹。

在"文件资源管理器"窗口中可以使用快速访问浏览最近访问的文件，可以使用导航窗格浏览所有文件。按【Windows+E】组合键，打开"文件资源管理器"窗口，如图 2-26 所示。

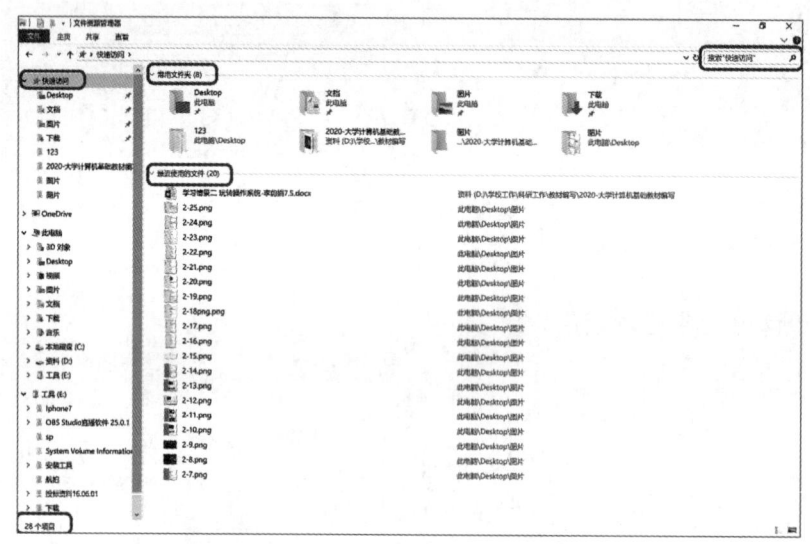

图2-26　"文件资源管理器"窗口

"文件资源管理器"窗口左侧为导航窗格，从上到下依次是"快速访问"、OneDrive、"此电脑"、"工具"等，单击各导航项目左侧的折叠按钮可以依次展开各级目录；右侧是常用文件夹和最近使用文件。

2. 搜索文件与文件夹

方法一：在"文件资源管理器"窗口右上角有"搜索快速访问"，在搜索框中输入关键字后，系统将自动在计算机中搜索文件或文件夹。

方法二：在"文件资源管理器"窗口的菜单选项中选择"搜索"菜单，打开搜索面板，可以根据需求设置更详细的搜索条件，如图 2-27 所示。

2.4.2　文件与文件夹的基本操作

计算机中的资源都是以文件形式保存的，熟练掌握基本文件操作，可以大幅提高工作效率。

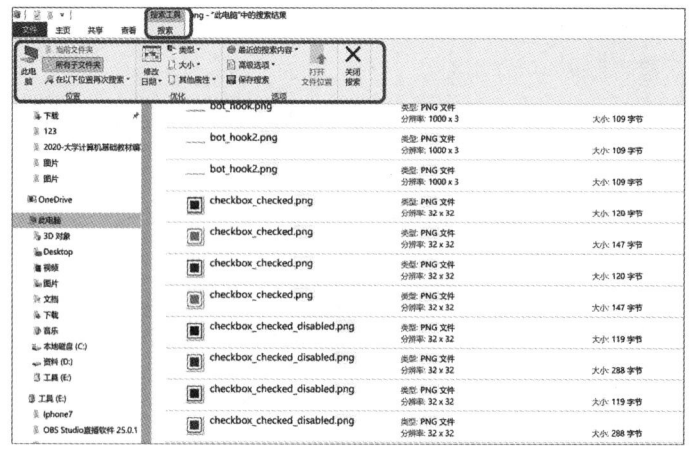

图2-27　设置搜索文件

1. 文件与文件夹的选择

（1）通过鼠标左键拖动的方式选择多个文件或文件夹。

（2）通过【Shift】键配合鼠标操作可以同时选中连续的多个文件或文件夹。

（3）通过【Ctrl】键配合鼠标操作可以选中不连续的多个文件或文件夹。

2. 文件与文件夹的移动和复制

（1）复制：选择需要操作的文件，右击并在弹出的快捷菜单中选择"复制"命令（保留原文件并创建新的副本），再将文件粘贴到目标文件夹，如图 2-28 所示。

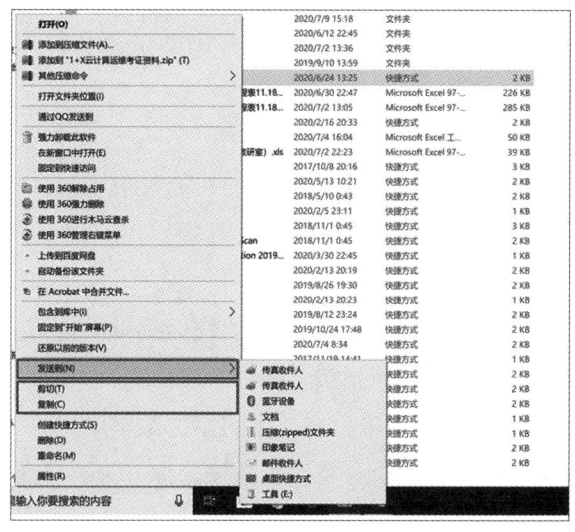

图2-28　文件与文件夹的移动和复制操作

（2）移动：选择需要操作的文件，右击并在弹出的快捷菜单中选择"剪切"命令（移动原文件），再将文件粘贴到目标文件夹。

选择需要操作的文件，右击并在弹出的快捷菜单中选择"发送到"命令，在子菜单中选择命令，可完成相应操作。

3. 文件夹的新建、删除和重命名

（1）新建：在文件夹空白区域右击，在弹出的快捷菜单中选择"新建"→"文件夹"命令，如图 2-29 所示。

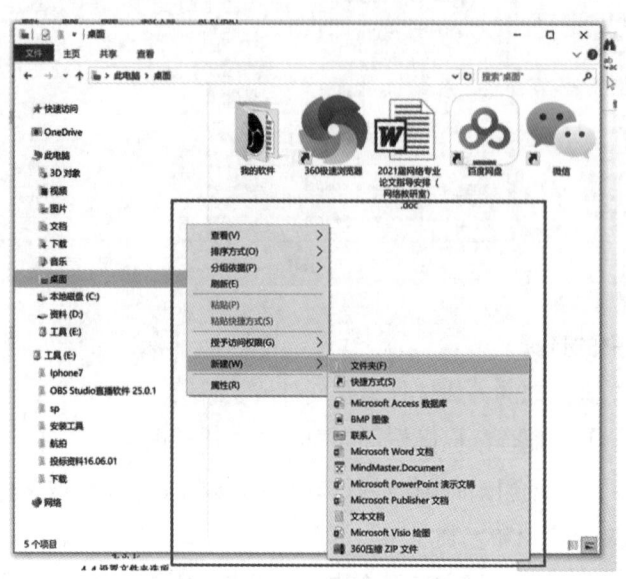

图2-29　新建文件夹

（2）删除：选中要删除的文件夹，右击并在弹出的快捷菜单中选择"删除"命令。

重命名：选中要重命名的文件夹，右击并在弹出的快捷菜单中选择"重命名"命令，然后输入新的名称。

4. 文件与文件夹的查看、排序和分组

（1）查看：在文件夹空白区域右击，在弹出的快捷菜单中选择"查看"命令，可以按不同效果显示文件夹中的信息，包括超大图标、大图标、中等图标、小图标、列表、详细信息、平铺、内容等，如图 2-30 所示。

（2）排序：在文件夹空白区域右击，在弹出的快捷菜单中选择"排序方式"命令，可以按照不同的类型对文件进行排序，包括按名称、修改日期、类型、大小、递增、递减等。

（3）分组：在文件夹空白区域右击，在弹出的快捷菜单中选择"分组依据"命令，可以按照不同方式对文件夹中的文件进行分类，包括按名称、修改日期、类型、大小等。

2.4.3　设置文件与文件夹属性

查看文件夹属性，或设置文件夹相关属性，可以更清晰地掌握计算机中文件的基本情况。

1. 显示文件扩展名

默认情况下，系统会隐藏文件扩展名。要想查看文件扩展名需要进行以下操作：

（1）将文件视图更改为列表视图方式查看文件。

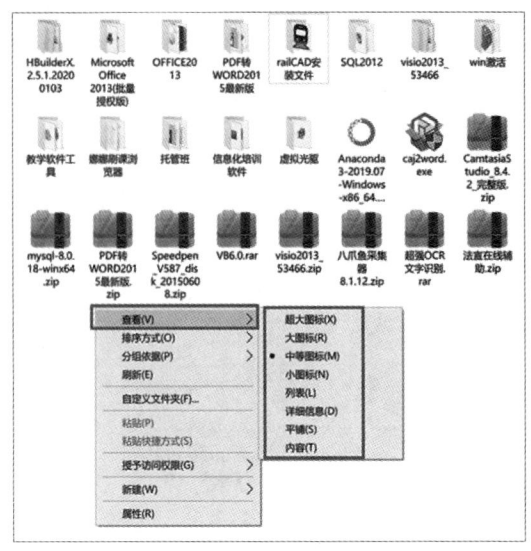

图2-30　文件的查看方式

（2）选择"查看"选项卡，在"隐藏/显示"组中选择"文件扩展名"复选框，如图 2-31 所示。

图2-31　显示文件扩展名

2. 隐藏与显示文件

系统为了自身安全，通常会将一些比较容易受感染的系统文件隐藏起来。用户也可以根据自己的需求，隐藏或显示指定文件。

（1）隐藏：选择"查看"选项卡，在"隐藏/显示"组中单击"隐藏所选项目"按钮，在弹出的对话框中，选择"将更改应用于所选项子文件夹和文件"，单击"确定"按钮。

（2）显示：在"隐藏/显示"组中选择"隐藏的项目"复选框，选择隐藏的文件，单击"隐藏所选项目"按钮，使其呈弹起状态。

3. 查看文件与文件夹属性

通过查看文件或文件夹属性，可以了解其中包含的信息。右击文件或文件夹，在弹出的快捷菜单中选择"属性"命令，弹出属性对话框，在"常规"选项卡中可以查看基本信息，如存储位置、大小、创建时间、修改时间，如图 2-32 所示。

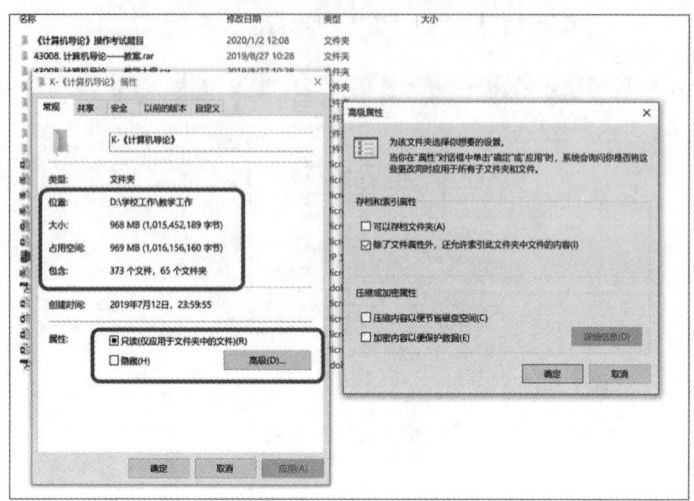

图2-32　查看文件属性

4. 添加文件夹图片

选中需要设置的文件夹，右击并在弹出的快捷菜单中选择"属性"命令，弹出属性对话框，在"自定义"选项卡中，单击"选择文件"按钮，选择添加的图片，单击"打开"按钮，再单击"确定"按钮，如图 2-33 所示。

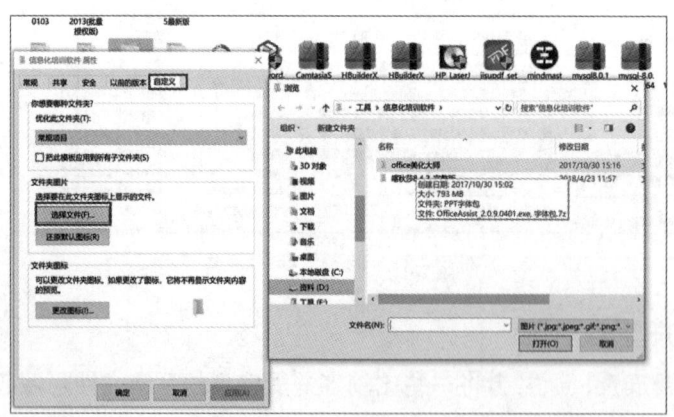

图2-33　设置文件夹显示

5. 更改文件夹图标

选中需要设置的文件夹，右击并在弹出的快捷菜单中选择"属性"命令，弹出属性对话框，在"自定义"选项卡中，单击"更改图标"按钮，在弹出的对话框中选择合适的图标，依次单击"确定"按钮，如图 2-34 所示。

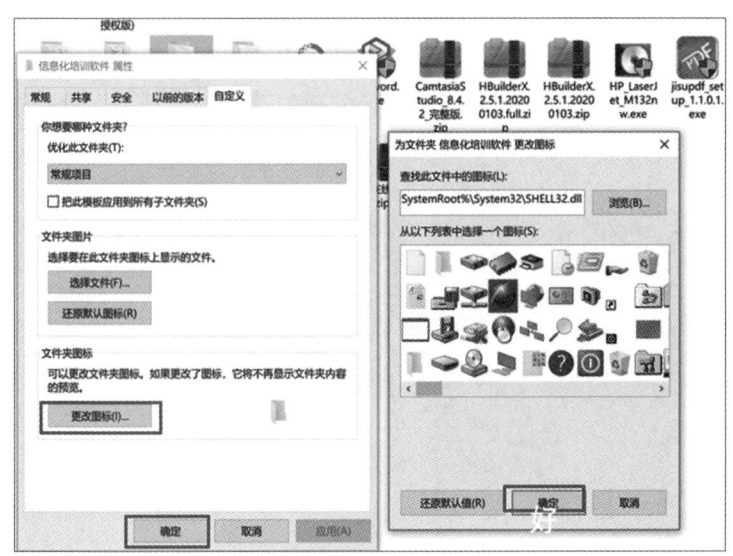

图2-34　设置文件夹图标

2.5　Windows 10 常用附件

Windows 10 操作系统中除了内置的通用应用程序外，还包含一些小工具，如图 2-35 所示。这些小工具非常实用，而且功能强大。常用的小工具包括计算器、录音机、便签、截图工具、草图板、数学输入面板等。

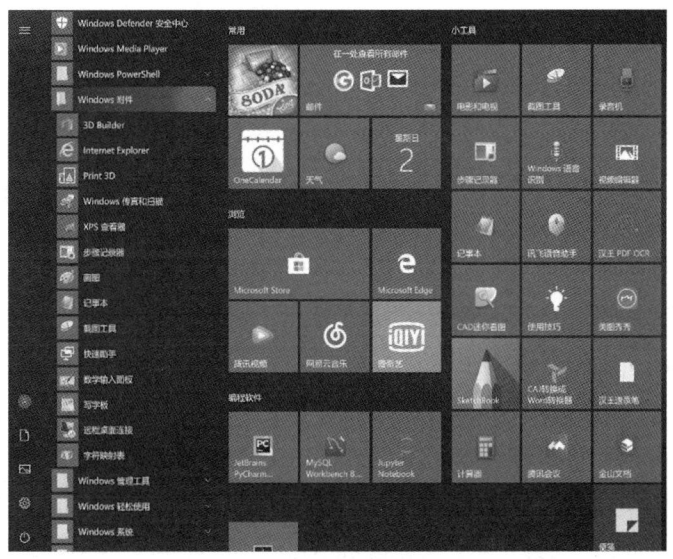

图2-35　Windows 10附件

2.5.1　计算器

Windows 10 操作系统提供了功能强大的计算器工具，使用它可以进行标准型、科学型及程序员模式的运算，还可以进行货币、容量、长度等单位的换算，如图 2-36 所示。

2.5.2 录音机

Windows 10 操作系统自带的录音机可用于录制麦克风等录音设备的声音，录音完成后，会自动保存录音文件，还可对录制的声音进行标记关键时刻、播放、修剪、重命名或删除等操作，如图 2-37 所示。

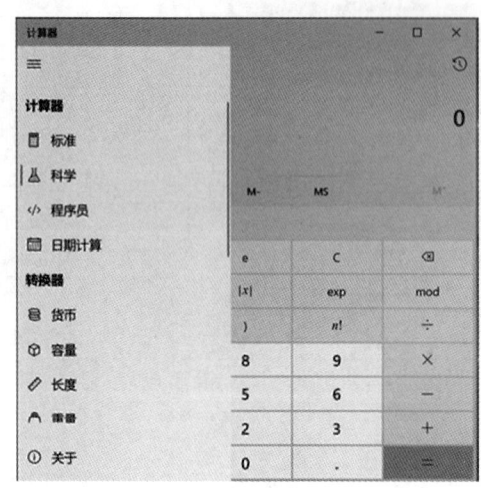

图2-36 计算器

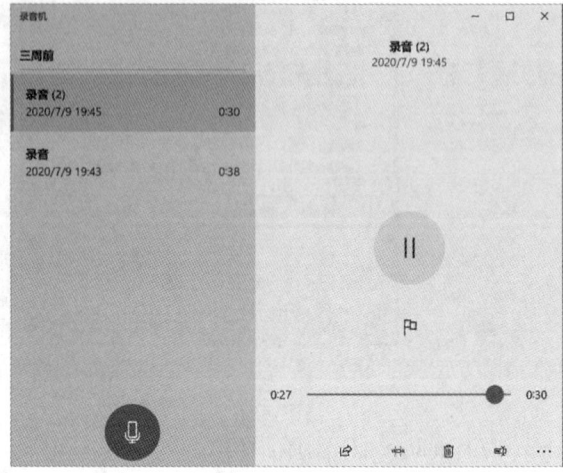

图2-37 录音机

2.5.3 便笺

便笺是一款提供快捷记录、日程提醒的实用工具，它显示在系统桌面上，并且在计算机关机重启之后依然显示在桌面上。用户可以在便笺上记录内容，提醒自己当天的工作安排、重要事项，或给他人留言，还可以根据需要创建多个便笺，并可以为它们设置不同的颜色，如图 2-38 所示。

2.5.4 截图工具

Windows 10 操作系统自带的截图工具用于截取屏幕上的图像，并且可以对图像进行简单的编辑操作。使用截图工具可以获取任意形状、矩形、窗口和全屏 4 种方式的图像，用户可以根据实际需要来捕捉图片。

使用方法：在"开始"菜单中打开"Windows 附件"，选择"截图工具"，打开工作面板，单击"新建"按钮，即可对当前屏幕进行截图，还可以在工作区域对截图进行简单的编辑，如图 2-39 所示。

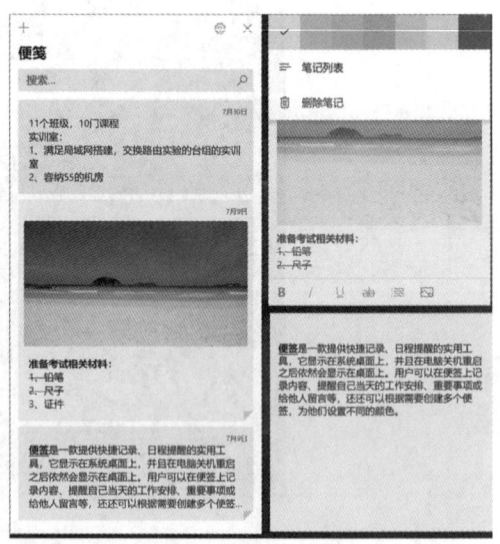

图2-38 便笺

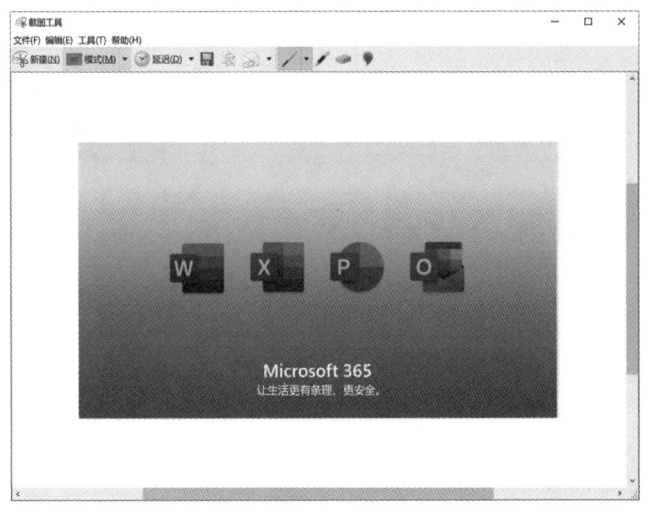

图2-39　截图工具

2.5.5　草图板

Windows 10 操作系统新增了 Windows Ink Workspace 手写功能,该功能与便笺、草图板、屏幕草图三项工具配合使用，在支持手写笔或触屏的计算机中，用户可以利用手写笔或触摸屏选择在草图板工具界面上进行手绘，或选择打开屏幕草图在显示屏上进行标记。在没有手写笔的情况下，也支持使用鼠标对该功能进行体验或使用，如图 2-40 所示。

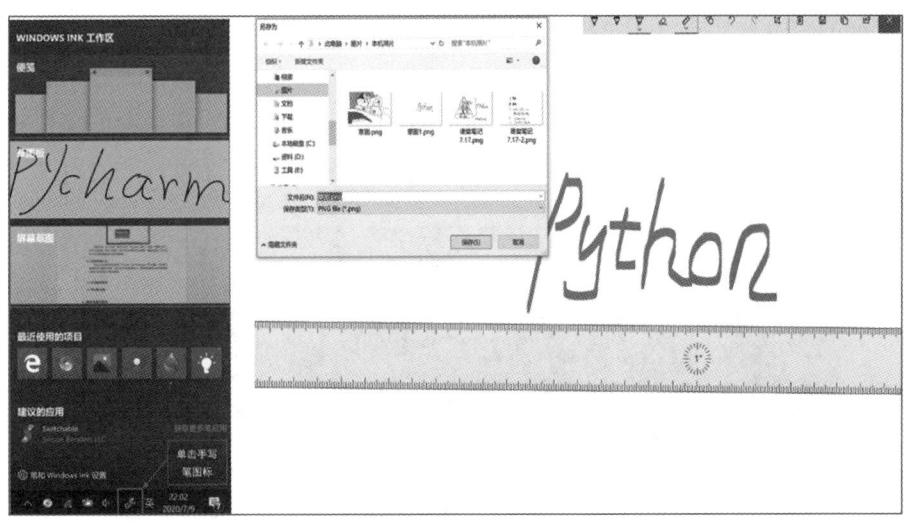

图2-40　草图板

2.5.6　数学输入面板

在 Windows 10 操作系统中提供了数学输入面板，通过它可以轻松地创建数学公式，如图 2-41 所示。

可以将编辑好的公式插入到 Word 中，公式以插件的形式保存在 Word 文档中，可以再次进行编辑。

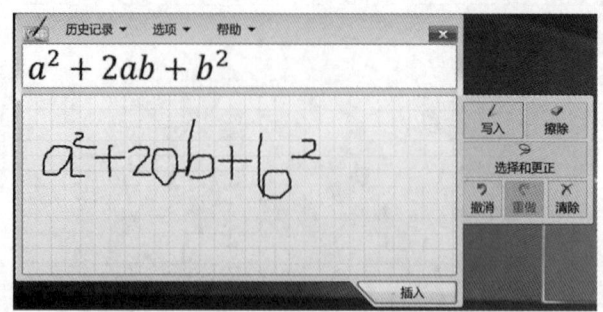

图2-41　数学输入面板

2.6　操作系统与应用程序

2.6.1　软件与应用程序

应用程序是指为了完成某项或某几项特定任务而被开发并运行于操作系统之上的计算机程序。应用程序与应用软件的概念不同，但常常因为概念相似而被混淆。软件是指程序与其相关文档或其他从属物的集合。一般把程序视为软件的一个组成部分。

例如，一个游戏软件包括程序（exe）、其他图片（bmp 等）、音效（wav 等）等附件，那么这个程序（exe）称为应用程序，而它与其他文件（图片、音效等）合称软件。

2.6.2　软件的安装

在 Windows 10 操作系统中，用户可以通过多种方式将应用程序安装到计算机中。

1. 从微软商店安装应用

打开"开始"菜单，在应用列表中单击 Microsoft Store 程序，在打开的窗口中显示多个类别的应用集锦，或者搜索自己需要的应用程序，如图 2-42 所示。

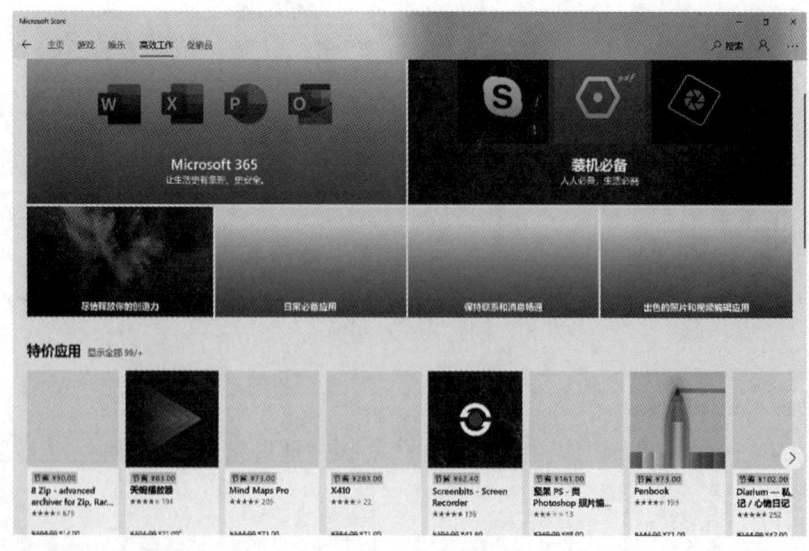

图2-42　Microsoft Store

2. 从网站下载并安装应用

用户可以从网上可信的站点下载并安装应用。例如，可以打开腾讯的官方站点下载并安装 QQ 应用软件，如图 2-43 所示。

图2-43　腾讯软件中心

3. 使用第三方软件管理程序安装应用

第三方软件管理工具提供软件下载、安装、升级及卸载的管理功能，同时拥有高速下载、去插件安装、卸载恶意软件等特色功能，其中的软件库提供了大量的软件供用户下载安装。这类工具主要包括 360 软件管家（见图 2-44）、腾讯软件管家、百度软件中心等。

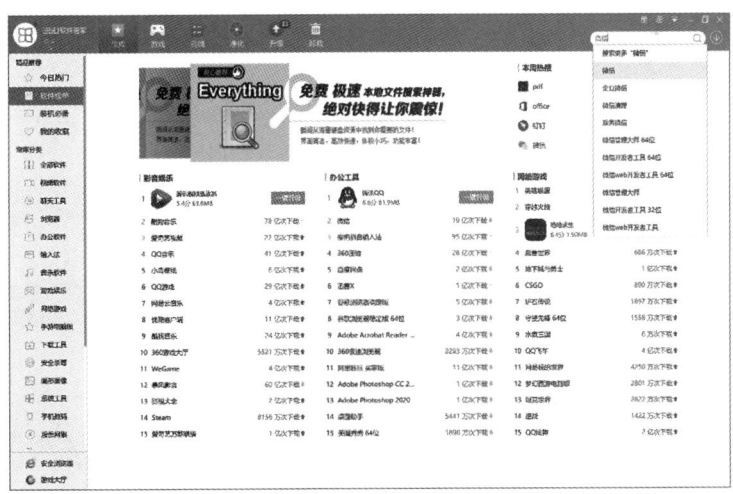

图2-44　360软件管家

2.6.3　管理应用程序

当某个应用程序无法正常工作时，可以对其进行修复；当不再需要某个应用程序，或者该应用程序妨碍到正常工作时，可以将其从计算机中卸载。

1. 快速卸载应用

（1）打开"开始"菜单，找到要卸载的通用应用，右击并在弹出的快捷菜单中选择"卸载"命令。

（2）在弹出的窗口中，单击"卸载"按钮即可卸载该应用，如图 2-45 所示。

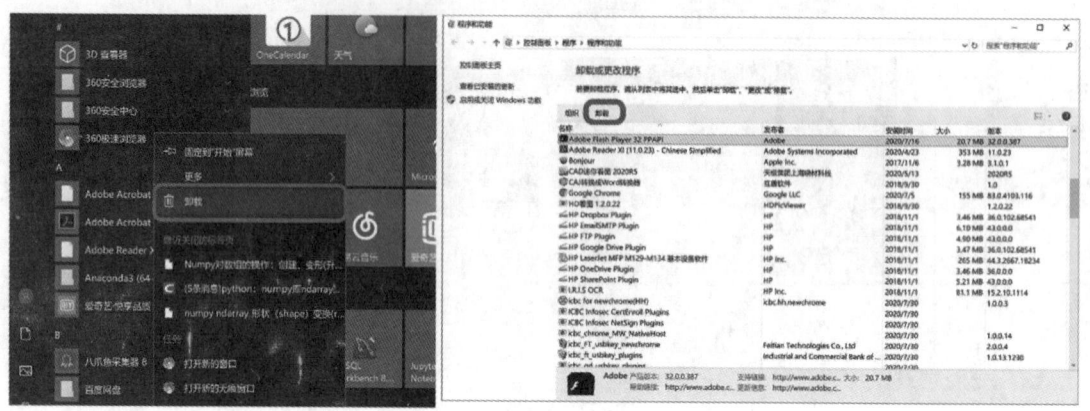

图2-45　快速卸载应用

2. 通过"设置"窗口卸载应用

（1）从"开始"菜单打开"设置"窗口，单击"应用"按钮，打开应用和功能设置窗口。

（2）在左侧选择"应用和功能"选项，在右侧列出了计算机中安装的应用；也可以通过搜索或筛选选择应用。

（3）单击要卸载的应用，单击"卸载"按钮，如图 2-46 所示。

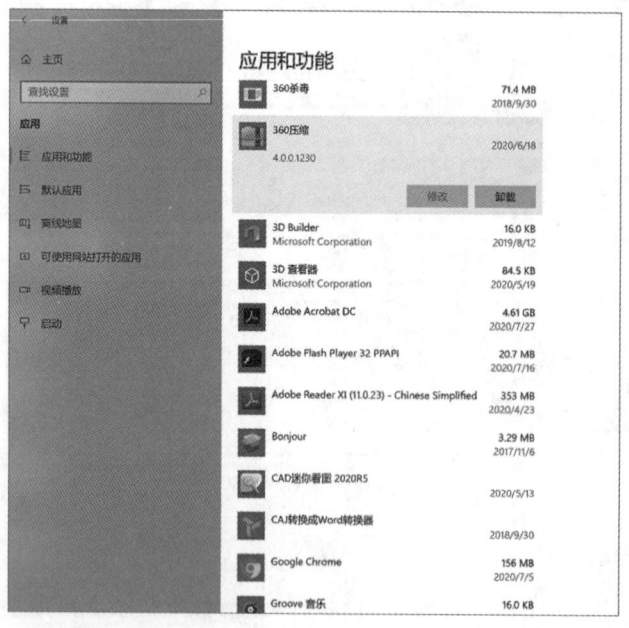

图2-46　通过"设置"窗口卸载应用

3. 通过第三方软件管理应用

打开 360 软件管家，单击"卸载"选项卡，找到要卸载或修复的软件，进行相应操作，如图 2-47 所示。

图2-47　使用360软件管家卸载应用程序

4. 更新应用程序

打开 360 软件管家，单击"升级"选项卡，在应用列表中选择需升级的软件，单击"一键升级"按钮，即可将其升级到最新版本，如图 2-48 所示。

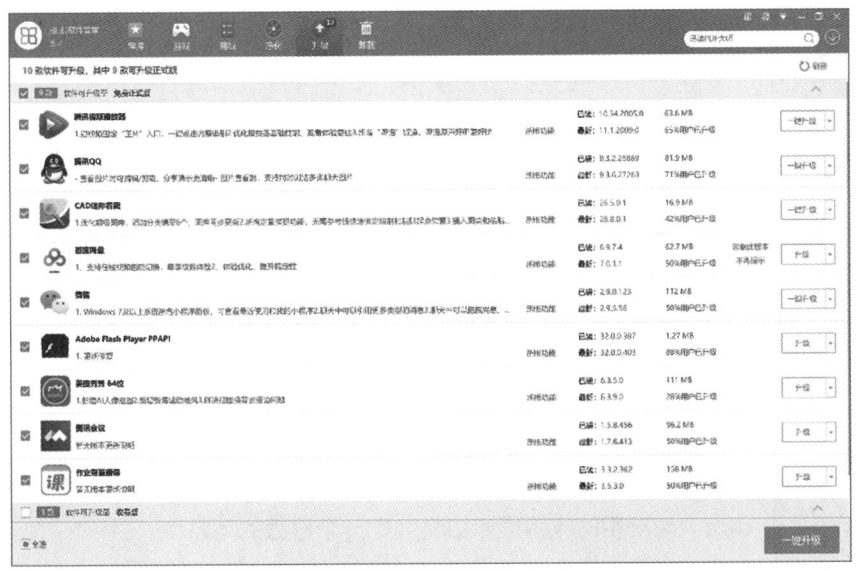

图2-48　使用360软件管家更新应用程序

工作任务一　管理好文件夹

说在任务开始前

学习情景	玩转操作系统			
学习任务一	管理好文件夹	学时	课前	0.5 学时
			课中	0.5 学时
			课后	0.5 学时
学习任务背景	浩然在查找需要的资料时总感觉很"头大"，那些资料总是和他玩"躲猫猫"。犯难的浩然向老师求助，他想要用最快的方式查找文件。 　　老师说："建立完善的文件结构、规范化地命名文件、周期性地归档文件就行了。这些并不复杂的操作却能大大提高我们的工作效率，节省我们的时间。" 　　做好系统文件的管理规划，然后按此规则将计算机中已经存在的大量信息进行移动、更名、删除等操作。也许开头会很烦琐，但相信过不了多久，就会习惯于看到井井有条的文件与文件夹，并享受高效管理带来的快乐了			
准备工作	（1）明确计算机中信息的类别，规划好需要创建文件夹个数与位置。 （2）估算各类文件大小。 （3）为重要的文件夹制订文件命名规则及归档规则。 （4）明确自己常用的应用程序和文件。 （5）为常用的应用程序和文件找一个显眼的地方			

学习性工作任务单（任务一）

——一阶任务：文件的分类和归档

学习目标	掌握文件夹的基本操作方法，量身打造自己的文件存储框架
任务描述	（1）创建文件夹与子文件夹； （2）移动、复制文件与文件夹； （3）对文件进行重命名； （4）为重要文件夹设置标识符
步骤1	根据计算机中的信息类别与时间类别，新建文件夹和子文件夹，注意子文件夹数目不宜过多，子文件夹级别最好控制在三级左右
步骤2	移动、复制文件到相应的文件夹中
步骤3	（1）查看文件与文件夹属性； （2）重命名文件及文件夹。 命名规则可以如下： ①日期 + 地点。 ②文件首行标题 + 日期。 ③日期 + 项目名称 + 作者
步骤4	重要文件或文件夹命名时加上特殊符号"1"或"★★★"；次要但也经常访问的文件命名时加上"2"或"★★"；依此类推
步骤5	为重要文件夹更改图标，让文件夹更容易辨认
任务验收标准	（1）文件夹级别设置合理； （2）文件命名规范合理； （3）能突出显示重要或常用文件夹
注意事项	文件夹的命名要规范化（建议在文件名中添加日期），除了自己能辨认清楚，也需要别人能够通过文件名大概了解文件的内容

微课
文件的分类和
归档

学习性工作任务单（任务一）

——二阶任务：文件与文件夹的快速访问

学习目标	设置快捷通道找到常用文件
任务描述	（1）利用"我的文档"，方便而快捷地打开、保存文件； （2）利用好文件资源管理器； （3）向桌面发送常用文件夹的快捷方式； （4）设置"开始"菜单的磁贴区，快速打开应用程序
步骤1	在"我的文档"中创建自己的目录，将经常需要访问的文件存储在这里
步骤2	按【Windows+E】组合键打开文件资源管理界面；通过"快速访问"查看"最近使用文件夹"和"最近使用文件"
步骤3	选中重要的文件夹，将其快捷方式发送到桌面
步骤4	单击"开始"菜单，将常用的程序以拖动的方式添加到磁贴区中
任务验收标准	（1）会用快捷键方式打开文件资源管理界面； （2）会设置文件夹的桌面快捷方式； （3）会添加常用应用程序到"开始"菜单的磁贴区
注意事项	根据重要性和紧急程度为文件夹设置快速打开的方式，也是文件夹管理操作的重点，实用性特别强
 微课 文件与文件夹的 快速访问	

一阶任务

二阶任务

三阶任务

学习性工作任务单（任务一）

——三阶任务：文件与文件夹的特殊属性设置

学习目标	为重要的文件设置多重保护
任务描述	（1）设置文件和文件夹的隐藏属性； （2）设置文件和文件夹的共享； （3）为文件和文件夹加密
步骤1	打开文件夹的属性对话框，在"常规"选项卡中设置"属性"为隐藏
步骤2	在文件资源管理器中，单击"查看"选项卡，设置隐藏和取消隐藏的操作
步骤3	打开文件夹的属性对话框，在"共享"选项卡中单击"共享"，设置"高级共享"参数
任务验收标准	（1）学会设置文件夹的隐藏和取消隐藏； （2）创建共享文件夹，或访问局域网中别人的共享文件夹； （3）为文件夹设置密码
注意事项	文件夹的共享操作需要验证，该操作可以在局域网中进行测试，实现文件访问时最终目的
	 微课 文件与文件夹的 特殊属性设置

一阶任务

二阶任务

三阶任务

工作任务二　灵活地使用鼠标

说在任务开始前

学习情景	玩转操作系统			
学习任务二	灵活地使用鼠标	学时	课前	0.5 学时
			课中	1 学时
			课后	2 学时
学习任务背景	子轩打开计算机，映入眼帘的是蓝蓝的屏幕，侧身一看，室友那炫酷的桌面完全把他吸引住了。那是他最喜欢的游戏宣传画，不仅仅是背景，鼠标图标也很特别。于是他向室友打听，怎么做才能让自己的计算机也"炫酷"一把。 室友笑了笑说："其实学会基本的文件操作是学习计算机操作的第一步，在掌握了这些基本操作之后，打造个性化的操作系统是告别'菜鸟新手'的小小里程碑。多去看看操作系统中的各项设置，多动手试试，你也可以打造一个自己喜欢的系统风格。" 从看得见的外观显示，到看不见的系统设置，个性化的操作系统不仅仅是看起来炫酷，更是对系统资源的进一步配置和管理，掌握一些常用的操作小技巧，可以让自己工作起来更加得心应手			
准备工作	（1）准备一些适合作为桌面的高清图片。 （2）列出自己常用的应用程序。 （3）熟悉操作系统常见功能的专业术语。 （4）了解 Windows 常见的附件工具。 （5）了解 Windows 10 新增的附件工具			

学习性工作任务单（任务二）

——一阶任务：创建个性化的操作系统外观

学习目标	设置操作系统显示效果
任务描述	（1）操作系统桌面背景及锁屏界面； （2）设置屏幕显示； （3）设置系统日期和时间； （4）设置操作系统字体； （5）设置语言和输入法
步骤 1	打开"个性化"设置，更换操作系统桌面背景；设置锁屏界面为幻灯片放映
步骤 2	打开"设置"，单击系统"显示"，调节亮度，调整分辨率
步骤 3	打开"设置"，单击系统"时间和语言"，在任务栏中显示中文农历
步骤 4	打开"个性化"设置，选择"字体"更改系统字体，看看效果
步骤 5	打开"设置"，单击系统"时间和语言"，单击"区域和语言"，找到高级键盘设置，默认输入法为"中文简体－微软拼音"
任务验收标准	（1）学会更改系统桌面背景； （2）学会修改系统分辨率； （3）学会修改系统时间和日期； （4）学会修改系统默认输入法
注意事项	建议找模板作为实例，将系统外观设置与指定实例一致

微课
创建个性化的操作系统外观

一阶任务

二阶任务

三阶任务

学习性工作任务单（任务二）

——二阶任务：设置任务栏和启动栏

学习目标	玩转任务栏的快速启动应用程序
任务描述	（1）任务栏的基本设置； （2）快速启动项的设置； （3）在任务栏中显示快速搜索框和 Cortana； （4）设置"开始"菜单，整理"开始"菜单的磁贴区
步骤 1	在任务栏区域右击，启动任务栏设置，设置"在桌面模式下自动隐藏任务栏"；尝试更改任务位置为"右侧"
步骤 2	启动任务栏设置，单击"选择哪些图标显示在任务栏上"，在任务栏中添加新的应用程序图标
步骤 3	在任务栏区域右击，在弹出的快捷菜单中选择"显示搜索框"，观察任务栏变化
步骤 4	打开"开始"菜单，在磁贴区创建一个分组，用于存放常用附件工具（计算器、截图工具、录音机、数学输入面板）
任务验收标准	（1）完成任务栏的设置效果； （2）会设置应用程序的快速启动项； （3）会添加常用应用程序到"开始"菜单的磁贴区
注意事项	完成该系列设置后，思考如何优化这些设置，让自己的操作系统更好用
	 微课 设置任务栏和启动栏

学习性工作任务单（任务二）

——三阶任务：Windows 10附件工具的使用

学习目标	学会使用 Windows 附件工具
任务描述	（1）计算器的使用； （2）截图工具的使用； （3）便笺的使用； （4）草图板的使用； （5）数学输入面板的使用
步骤 1	打开"附件工具"中的"计算器"，尝试解决二进制转换问题
步骤 2	打开"附件工具"中的"截图工具"，完成任意截图操作，并在图片上标注当天的日期
步骤 3	打开"附件工具"中的"便笺"，在桌面添加不同颜色的便笺，创建一个任务清单，并尝试在便笺中显示图片
步骤 4	打开"附件工具"中的"草图板"，尝试手绘一张图
步骤 5	打开"附件工具"中的"数学输入面板"，手写一个数学公式，并将其插入到 Word 文档中进行二次编辑
任务验收标准	使用上述工具完成对应小任务，在实践中熟悉操作
注意事项	操作系统中除了这些小工具，还有一些内置的应用程序，尝试使用这些程序对文件进行处理

微课
Windows 10附件
工具的使用

工作任务三　使用第三方应用程序轻松管理自己的计算机

说在任务开始前

学习情景	玩转操作系统			
学习任务三	使用第三方应用程序轻松管理自己的计算机	学时	课前	0.5 学时
			课中	0.5 学时
			课后	0.5 学时
学习任务背景	诗雅终于有了一台自己的计算机，她每天都用它来学习和娱乐，再也不用去机房或者网吧了。可是，最近不知道怎么弄的，她常用的应用程序打不开了，重新启动计算机也不行。郁闷的她找到了班长，希望班长能帮自己"修一修"。 　　班长告诉她："随着使用时间的增加，在计算机的日常使用中会面临很多的系统维护和管理问题，如系统硬件故障、软件故障、病毒防范、系统升级等，如果不能及时有效地处理好，将会给正常工作、生活带来影响。定期进行计算机系统维护服务，会为你提供一个稳定的系统，保证正常使用。而且简单的维护并不复杂，安装、升级、卸载应用程序；系统的定期杀毒，优化，清理工作都有小帮手，自己就可以轻松完成。"			
准备工作	（1）看看自己计算机上连接的硬件设备有哪些； （2）查一查自己的计算机配置； （3）看自己的硬盘空间； （4）记录一下开机启动时间，如果开机启动很慢，想想是为什么； （5）找一款评价不错的第三方应用程序管理自己的计算机			

学习性工作任务单（任务三）

——一阶任务：掌握计算机中软硬件资源的基本信息

学习目标	学会查看计算机中的软硬件资源
任务描述	（1）查看操作系统版本； （2）查看硬件驱动情况； （3）查看计算机中安装的应用程序； （4）查看操作系统更新
步骤 1	选择"我的电脑"并右击，在弹出的快捷菜单中选择"属性"命令，可以查看到有关计算机的基本信息
步骤 2	选择"我的电脑"并右击，在弹出的快捷菜单中选择"属性"命令，单击左侧的"设备管理"选项，可以查看系统中所有硬件设备及其安装情况
步骤 3	打开"开始"菜单，在左侧单击"设置"，选择"应用"选项，单击"应用和功能"，查看系统中安装的所有应用程序及其信息
步骤 4	打开"开始"菜单，在左侧单击"设置"，选择"应用"选项，单击"更新和安全"，可以查看 Windows 更新情况
任务验收标准	（1）学会查看操作系统的版本； （2）学会查看计算机的主要配置情况； （3）学会查看计算机硬件资源及驱动安装情况； （4）学会查看系统中安装的应用程序
注意事项	可以通过设备管理选项查看硬件资源的安装情况

微课
掌握计算机中软
硬件资源的基本
信息

学习性工作任务单（任务三）

——二阶任务：安装、更新、卸载应用程序

学习目标	借助第三方应用程序平台管理自己的应用程序
任务描述	（1）打开 360 安全卫士，了解它的基本功能； （2）搜索需要安装的软件并安装； （3）查看需要更新的软件，进行更新操作； （4）净化系统； （5）查看系统，卸载不需要文件
步骤 1	打开"360 安全卫士"，查看"360 安全卫士"的基本功能
步骤 2	在 360 安全卫士的面板中，单击"软件管家"，学会查找自己需要的软件，并完成安装
步骤 3	在 360 安全卫士的面板中，单击"软件管家"，单击"升级"选项卡，可以看到目前计算机中需要升级的应用程序，查看版本并单击"一键更新"
步骤 4	在 360 安全卫士的面板中，单击"软件管家"，单击"净化"选项卡，单击"全面净化"，清理软件安装过程中的插件广告
步骤 5	在 360 安全卫士的面板中，单击"软件管家"，单击"卸载"选项卡，可以通过软件评分卸载评分较低的软件或不需要的软件
任务验收标准	会利用"360 安全卫士"安装升级卸载应用程序
注意事项	在"360 安全卫士"中提供的安装软件也可能会有广告或者其他捆绑插件

微课
安装、更新、卸载应用程序

学习性工作任务单（任务三）

——三阶任务：优化和管理操作系统资源

学习目标	利用三方平台软件轻松维护操作系统
任务描述	（1）优化启动项，缩短开机时间； （2）系统的"体检"与清理； （3）病毒查杀； （4）利用优化大师进行系统测试； （5）优化磁盘管理
步骤 1	在 360 安全卫士的面板中，单击"优化加速"，设置"全面加速""单项加速""开机时间""启动"等项
步骤 2	在 360 安全卫士的面板中，单击"系统修复"，完成对操作系统的补漏洞和更新，单击"电脑清理"，完成对系统中垃圾、插件的清理与释放
步骤 3	在 360 安全卫士的面板中，单击"木马查杀"或"电脑体检"，可以对系统进行全面的查杀操作
步骤 4	选用"优化大师"进行系统测试
步骤 5	选用"优化大师"进行磁盘优化
任务验收标准	学会"360 安全卫士"和"Windows 优化大师"管理系统资源的基本操作
注意事项	比较"360 安全卫士"和"Windows 优化大师"的功能和受欢迎程度，选择其中一款作为主要管理工具

微课
优化和管理操作
系统资源

一阶任务　二阶任务　三阶任务

工作任务四　用简单的方法安装操作系统

说在任务开始前

学习情景	玩转操作系统			
学习任务四	用简单的方法安装操作系统	学时	课前	0.5 学时
			课中	0.5 学时
			课后	2 学时
学习任务背景	计算机是重要的工具，很多人想要给计算机安装操作系统，但是一想到还需要设置 BIOS 等又觉得麻烦，看不懂的 BIOS 英文界面也是很多人打退堂鼓的重要原因。那么，有没有什么方法直接可以在 Windows 系统下直接安装新操作系统呢？其实完全可以。在 Windows 系统下安装新系统的方法是非常的简单，且无须设置 BIOS 和 PE 系统。这种方法也非常适合系统初学者			
准备工作	（1）检查自己的系统配置（CPU、内存、硬盘、显卡、分辨率等）； （2）查看目前的操作系统版本和最新补丁； （3）寻找适合的系统版本			

学习性工作任务单（任务四）

——一阶任务：还原操作系统

学习目标	当计算机系统崩溃时，首先尝试用最简单的方法得到一个新系统
任务描述	（1）创建系统还原点； （2）使用还原点还原系统； （3）更新系统
步骤1	在"系统属性"对话框的列表框中选择系统盘，激活"系统还原"按钮，并单击该按钮； 打开"系统保护"对话框，在其中的文本框中输入还原点的名称，然后单击"创建"按钮
步骤2	使用"系统属性"对话框，在其中单击"系统还原"按钮； 打开"还原系统文件和设置"对话框，在其中单击"下一步"按钮； 打开"确认还原点"对话框，在其中单击"扫描受影响的程序超链接"按钮； 在打开的对话框的列表框中显示扫描结果，单击"关闭"按钮； 返回"确认还原点"对话框，在其中单击"完成"按钮即可开始还原系统
步骤3	在控制面板中单击"检查更新"按钮； 系统将开始检查更新并安装最新的系统补丁，完成更新后，单击"关闭"按钮
任务验收标准	（1）创建还原点； （2）选择还原点还原操作系统
注意事项	进行系统备份还原操作较常用软件的还有 Ghost

微课
还原操作系统

学习性工作任务单（任务四）

——二阶任务：在线安装操作系统

学习目标	学会借助三方应用平台安装操作系统
任务描述	（1）打开支持在线安装操作系统的网站； （2）按提示步骤安装操作系统； （3）查看驱动程序安装情况
步骤1	打开浏览器，下载"老友装机大师一键重装"应用程序
步骤2	双击下载的应用程序，按提示步骤进行安装： 下载软件后正常打开（"一键重装系统"），程序会默认检测当前系统环境，检测完成后，单击"下一步"按钮； "老友装机大师"已推荐适合计算机配置的系统版本，用户也可自行选择，单击"下一步"按钮； 下载用户选择的系统，然后程序会全自动完成重装
步骤3	右击"我的电脑"，在弹出的快捷菜单中选择"属性"命令，打开"设备管理器"，查看各硬件设备的驱动程序是否安装完毕； 如果没有安装驱动程序，在联网的情况下，可以选择"更新驱动程序"选项，进行联网自动更新
任务验收标准	（1）成功安装操作系统； （2）更新了硬件驱动程序
注意事项	在更新驱动程序前需要连接网络

微课
在线安装操作系统

学习性工作任务单（任务四）

——三阶任务：通过U盘安装操作系统

学习目标	制作一个系统安装盘（U盘），并重装操作系统
任务描述	（1）制作系统安装引导盘或光盘； （2）修改 BIOS 启动项； （3）安装操作系统； （4）更新驱动程序
步骤 1	寻找一个网站（如装机助理），下载应用程序，一键制作启动 U 盘；或购买操作系统安装光盘
步骤 2	重启操作系统，当出现 BIOS 界面时快速按【Enter】键，设置第一启动设备
步骤 3	按步骤安装操作系统
步骤 4	右击"我的电脑"，在弹出的快捷菜单中选择"属性"命令，打开"设备管理器"，依次安装硬件驱动程序
任务验收标准	（1）制作操作系统安装盘； （2）完成操作系统安装； （3）安装硬件驱动程序
注意事项	对安装完毕的操作系统进行备份，可以更快地得到一个新系统

微课
通过U盘安装操作系统

PPT课件
学习情景二

实践练习

1. 安装 Microsoft Office 2010。

2. 创建还原点，还原操作系统。

学习情景三

"文档编排高手"速练成

 知识结构图

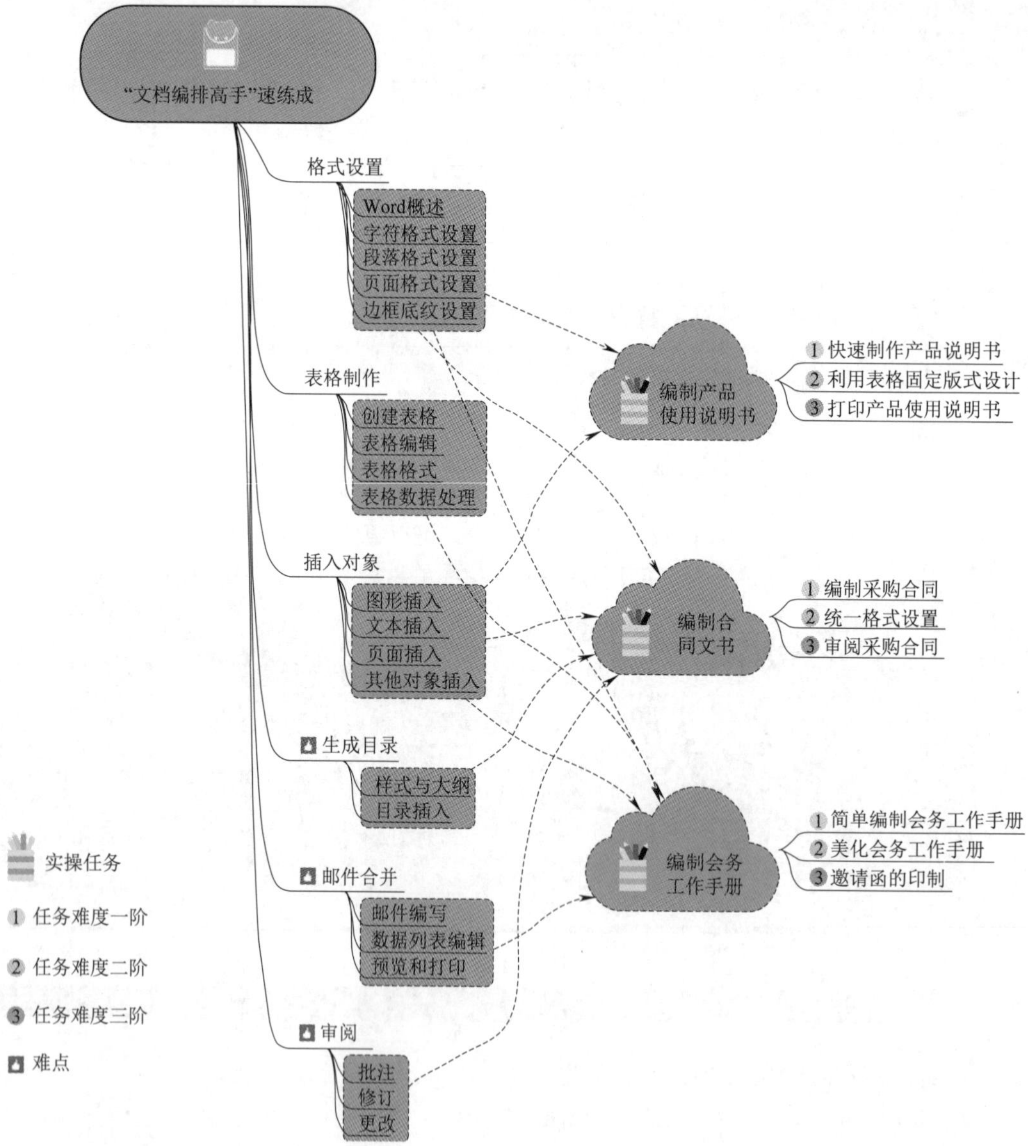

"文档编排高手"速练成

格式设置
- Word概述
- 字符格式设置
- 段落格式设置
- 页面格式设置
- 边框底纹设置

编制产品
使用说明书
① 快速制作产品说明书
② 利用表格固定版式设计
③ 打印产品使用说明书

表格制作
- 创建表格
- 表格编辑
- 表格格式
- 表格数据处理

插入对象
- 图形插入
- 文本插入
- 页面插入
- 其他对象插入

编制合
同文书
① 编制采购合同
② 统一格式设置
③ 审阅采购合同

生成目录
- 样式与大纲
- 目录插入

邮件合并
- 邮件编写
- 数据列表编辑
- 预览和打印

编制会务
工作手册
① 简单编制会务工作手册
② 美化会务工作手册
③ 邀请函的印制

审阅
- 批注
- 修订
- 更改

实操任务
① 任务难度一阶
② 任务难度二阶
③ 任务难度三阶
难点

学习目标及内容

序号	学习主线	学习分支	学习内容	难度	学习目标
1	格式设置	Word概述	视图模式	一阶	认识 Word，熟练掌握 Word 的基本编辑；熟练掌握常用 Word 文档中字体、段落、页面的格式设置；按照格式设置的使用频率及专业文档对格式设置的需求，分易、中、难三阶学习目标，匹配不同程度同学，为迅速成为"文档编排高手"奠定基础
			输入文本	一阶	
			基本编辑操作	一阶	
			WPS Office 与 Microsoft Office	一阶	
		字符格式设置	字符的基本格式设置	一阶	
			字符的高级格式设置	二阶	
			字符的中文版式设置	三阶	
		段落格式设置	段落的基本格式设置	一阶	
			项目符号与编号	二阶	
			段落中文版式设置	三阶	
		页面格式设置	纸张设置及页边距	一阶	
			分栏设计及文档网格应用，分隔符（节）的应用	二阶	
			多页打印	三阶	
		边框底纹设置	文字、段落、页面的边框底纹设置	一阶	
2	表格制作	创建表格	插入表格	一阶	熟练掌握表格的插入和编辑，形象地表达上下文中的关联数据和内容；通过手工绘制表格或套用表格样式，迅速制作个性化的、结构复杂的表格；最终学习表格的排序和计算，完成表格的简单数据处理
			手工绘制表格与套用表格样式	二阶	
			表格与文本的转换	三阶	
		表格编辑	表格行、列、单元格的基本操作	一阶	
		表格格式	表格布局、边框底纹设置	一阶	
		表格数据处理	表格排序和计算	三阶	

序号	学习主线	学习分支	学习要求	难易程度	学习目标
3	插入对象	图形插入	插入图片、形状、SmartArt图形	一阶	熟练掌握图形、文本、页眉页脚等对象的插入，实现"图文混排"；通过对象排列方式、样式的编辑，让对象更加整洁、美观，让文档实现"图文并茂"的效果；使用"公式"编辑及其他对象的插入，扩展文档的呈现功能
			图形对象格式设置	二阶	
		文本插入	插入文本框、艺术字、特殊符号	一阶	
			文本对象格式设置	二阶	
			编辑"公式"	三阶	
			插入域	三阶	
		页面插入	插入页眉、页脚、页码	一阶	
			插入封面、分页符	二阶	
		其他对象插入	插入其他程序创建的文档或文件	三阶	
4	生成目录	样式与大纲	应用样式	一阶	理解样式、大纲级别的概念，并应用设置，为目录设置做好准备；熟练掌握目录的自动生成功能，为篇幅较大的文档提供索引功能，保证文档编写的逻辑性和完整性；通过新建和管理样式集、自定义目录，为文档提供专属目录形式
			设置大纲级别	一阶	
			新建和管理样式	二阶	
		目录插入	目录的生成及更新	一阶	
			自定义目录的设置	二阶	
5	邮件合并	邮件编写	使用邮件合并分步向导合并邮件	一阶	掌握邮件合并，具备批量制作商务信函、邀请函、通知单等文档的技能；通过数据源的更改，重复使用编辑好的邮件
		数据列表编辑	编辑邮件合并所需的数据列表（收件人）	一阶	
			更改数据源	二阶	
		预览和打印	预览和批量打印合并邮件	一阶	
6	审阅	批注	文档添加并编辑批注	一阶	掌握审阅功能，实现多人协作共同编辑文档的能力，满足特定文档的版本管理需求
		修订	标记文档的修订操作	一阶	
		更改	接受或拒绝文档的修订内容	一阶	

知识准备

3.1 格式设置

3.1.1 Word 概述

作为 Microsoft Office 的核心程序，Microsoft Office Word 一直以来都是比较流行的文字处理程序。Word 适用于制作公文、信函、简历、报纸等多种文档，它提供了许多易于使用的文档创建工具，以及丰富的功能集，帮助用户节省时间，并得到优雅美观的结果。接下来通过介绍 Word 2016 的主要功能和操作，以及 3 个学习任务的练习，让读者迅速成为"文档编排高手"。

Word 2016 操作界面如图 3-1 所示。

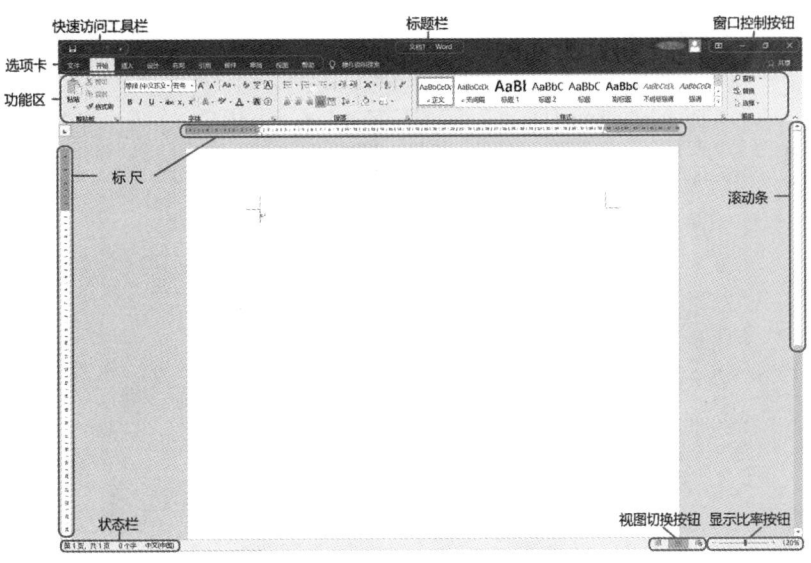

图3-1　Word 2016操作界面

1. 视图模式

Word 为用户提供了阅读视图、页面视图、Web 版式视图、大纲、草稿 5 种视图模式，可以根据文档编辑的不同需要，在"视图"选项卡中"视图"功能区进行选择，如图 3-2 所示。

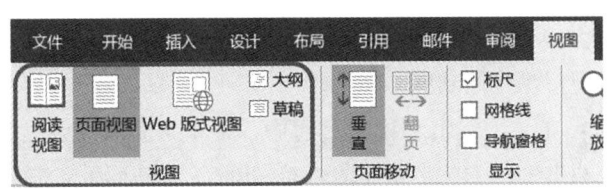

图3-2　视图模式

（1）页面视图：根据用户设定的页面格式进行显示，用户在编辑的同时就能查看文档排版或打印的真实效果，"所见及所得"。该视图是 Word 的默认视图。

（2）阅读视图：仅仅针对文档阅读，不能编辑文档。适用于篇幅较大的文档阅读。

（3）Web 版式视图：与在 Web 浏览器中浏览文档的效果一致。

（4）大纲：按照文档段落的样式或大纲级别的设置，分层或折叠显示文档，便于用户梳理文档结构。大纲视图不显示页边距、页眉页脚、图片等对象。

（5）草稿：仅显示标题和正文。

2. 输入文本

用户可在编辑区域内任意选择插入点，并在插入点后使用 Windows 系统提供的输入法输入文本。对于无法直接输入的符号，Word 提供了插入功能，可以在"插入"选项卡"符号"功能区打开"符号"对话框进行选择，如图 3-3 所示。

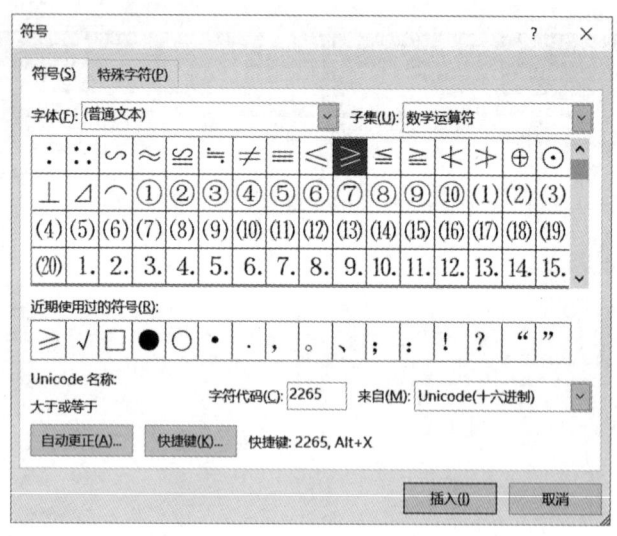

图3-3　"符号"对话框

3. 基本编辑操作

（1）对象的选择：在 Word 中，对文档的文字、段落、图片、表格等对象进行编辑和格式设置时，往往先要选择需设置的对象。在 Word 中，通常可以使用鼠标及快捷键迅速选择相应的对象。

（2）移动和复制：在 Word 中，通过"剪切"（【Ctrl+X】）、"复制"（【Ctrl+C】）、"粘贴"（【Ctrl+ V】）3 个命令来实现文本或其他对象的移动和复制，同时，延续 Windows 中鼠标的操作，也可通过鼠标进行相应的功能。

（3）查找和替换：在文档编辑和校对过程中，往往需要查找或替换特定的文本，Word 在"开始"选项卡"编辑"功能区提供了对应的功能，如图 3-4 所示。

（4）格式刷和清除格式：Word 中，编辑和排版文档时，往往需要对文本重新进行格式设置，或者应用已有的格式。"格式刷"和"清除格式"将较好地实现格式复制和格式清除的功能，如图 3-5 所示。

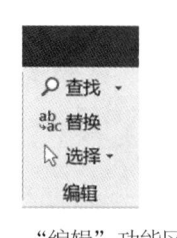

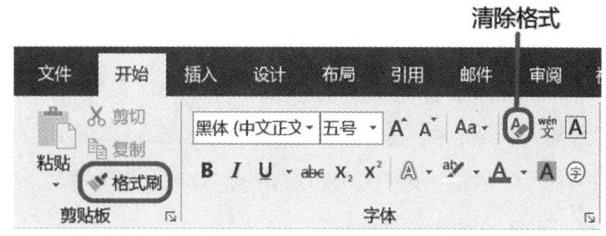

图3-4　"编辑"功能区　　　　　　　图3-5　"格式刷"与"清除格式"

4. WPS Office 与 Microsoft Office

WPS Office 是我国金山软件股份有限公司自主研发的一款办公软件套装，其中 WPS Office 个人版对个人用户永久免费，包含 WPS 文字、WPS 表格、WPS 演示三大功能模块，与 Microsoft Office 中的 Word、Excel、PowerPoint 一一对应。WPS Office 应用 XML 数据交换技术，无障碍兼容 .docx、.xlsx、.pptx 等文件格式，用户可以直接保存和打开 Word、Excel 和 PowerPoint 文件，也可以用 Microsoft Office 轻松编辑 WPS 系列文档。

近年来，WPS Office 在稳定性、功能性和通用性方面略低于 Microsoft Office，但其具有优良的跨平台特性和移动协作特性，以及内存占用低、运行速度快、免费等优点，使得 WPS Office 的市场占有率逐年增加。

WPS Office 采用与 Microsoft Office 近似的功能架构，如图 3-6 所示。

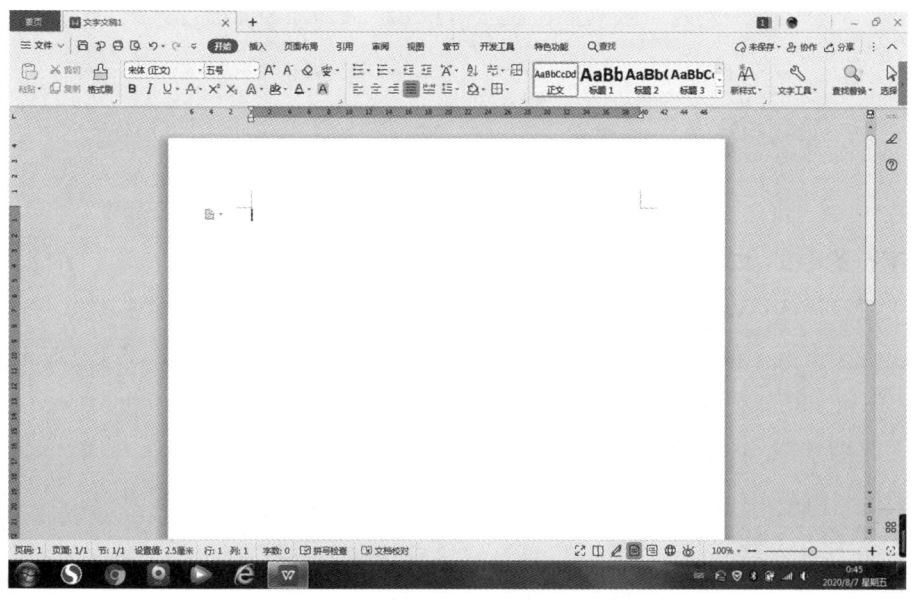

图3-6　WPS Office 2019操作界面

通过学习 Word 2016 的主要功能和操作，也能快速上手 WPS Office 2019。

3.1.2 字符格式设置

字符、段落、页面是 Word 文档的 3 个基本元素。其中，字符是 Word 能够编辑的最小元素，字符的格式影响了整个文档的呈现。因此，Word 的格式设置首先是字符的格式。Word 主要通过"开始"选项卡"字体"功能区（见图 3-7）或者"字体"对话框（见图 3-8）来完成字符格式设置。

1. 字符的基本格式设置

包括字符的字形、字号、加粗、倾斜、下画线、颜色、突出显示等设置。

2. 字符的高级格式设置

包含字符与上下文字符的相对位置设置，如宽高比（缩放）、间距、位置等。

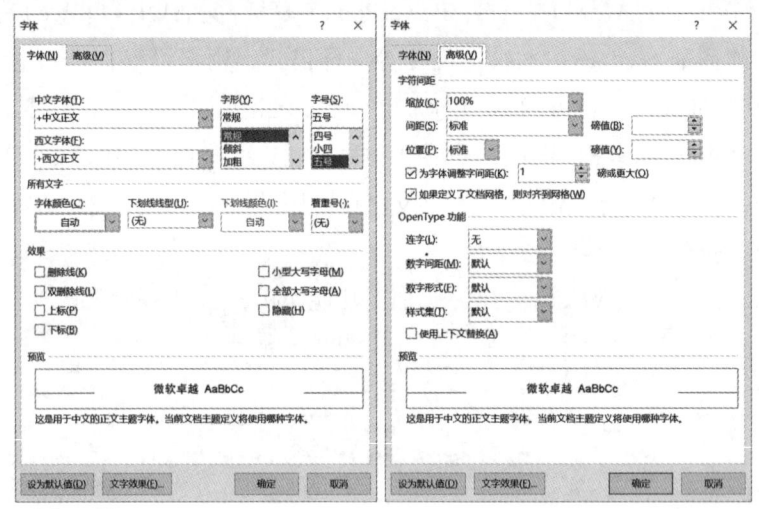

图3-8　"字体"对话框

3. 字符的中文版式设置（见图 3-7）

（1）拼音标注：Word 提供了拼音指南功能，可以对字符进行拼音标注。

（2）首字下沉：报刊杂志中，常会有段落开头字符放大突出显示的需求，Word 中提供了"首字下沉"功能，以满足需求。

（3）带圈字符：Word 提供了带圈字符功能，以满足文档特殊要求。

3.1.3 段落格式设置

段落的格式设置决定了整篇文档的布局，是 Word 格式设置的关键。Word 主要通过"开始"选项卡"段落"功能区（见图 3-9）

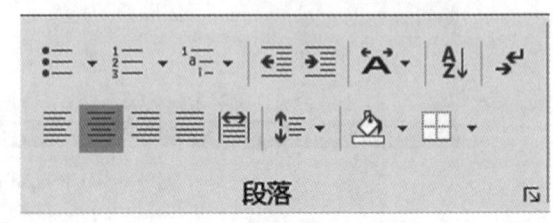

图3-9　"段落"功能区

或者 "段落" 对话框（见图 3-10）来完成段落格式设置。

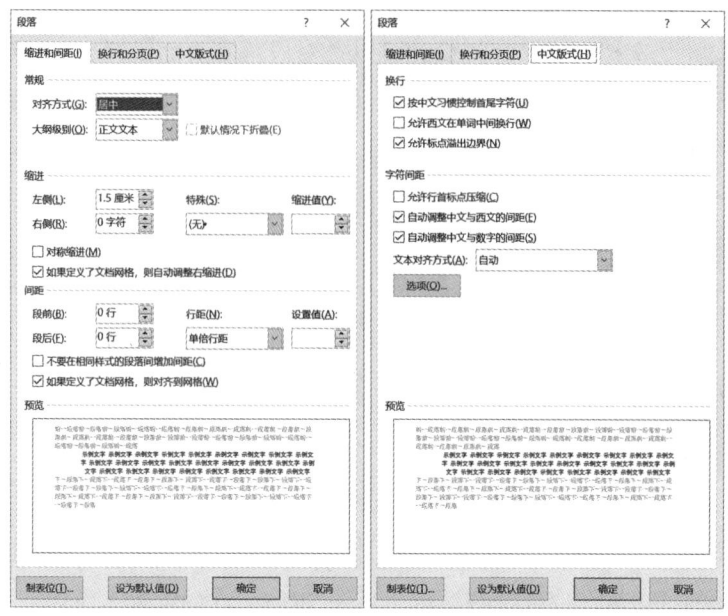

图3-10　"段落"对话框

1. 段落的基本格式设置

包括对齐方式及缩进与间距控制。对齐方式是指段落相对于页面的位置，分左对齐、居中、右对齐、分散对齐等方式；缩进与间距控制段落在页面呈现的相对位置，以及各段落和行之间的距离。

2. 项目符号和编号

为使文档结构清晰、层次分明，更利于读者阅读，往往编辑文档时，在相关联的段落前使用符号或序号标注，使用 Word 提供的项目符号和编号功能，能够自动生成段落编号和序号。

3. 段的中文版式（见图 3-9）

Word 提供了 "纵横混排" "合并字符" "双行合一" 等中文版式的功能。

3.1.4　页面格式设置

页面格式是对文档载体的设置，通过页面设置，可以在不同型号纸张上编辑和打印文档，并对文档的编辑界限、网格等进行设置。Word 主要通过 "布局" 选项卡 "页面设置" 功能区（见图 3-11）或者 "页面设置" 对话框（见图 3-12）来完成页面格式设置。

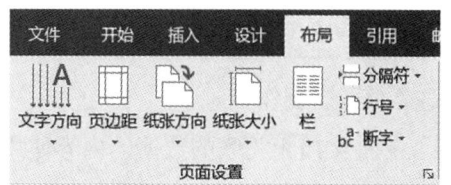

1. 纸张设置及页边距

对纸张大小、文字方向、纸张方向和编辑区域(边

图3-11　页面设置功能区

距）进行设置。

2. 页面布局的设置

（1）分栏设计及文档网格：分栏设计可以针对段落和页面设置，往往应用于报刊编排或折叠小册子的排版。文档网格可以固定每页行的数量、位置及每行字符的数量，不会随着字体和段落的设置而改变。

（2）分隔符（节）的应用：Word 提供节的概念，每节可以设置应用不同的格式，丰富文档的排版。节的分隔包括插入分页符、分栏符、连续分隔符等。

3. 多页打印

Word 提供了丰富的多页打印功能，配合文件选项卡的打印功能，可以满足书籍折页（中缝装订）打印、拼页打印、对称页边距打印等常见的打印功能，如图 3-12 所示。

3.1.5　边框底纹设置

Word 提供了几乎统一的边框底纹设置，可以对文字、段落、页面，甚至表格、图片等对象设置边框和底纹，通常可以使用在"设计"选项卡"页面背景"功能区中单击"页面边框"按钮打开的"边框和底纹"对话框（见图 3-13）进行设置。当然，对于字体或者段落的边框底纹，也可在"字体"功能区或者"段落"功能区找到相应设置按钮。

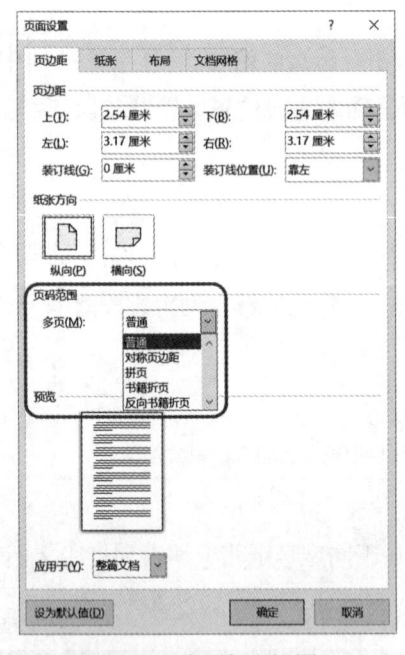

图3-12　多页打印设置

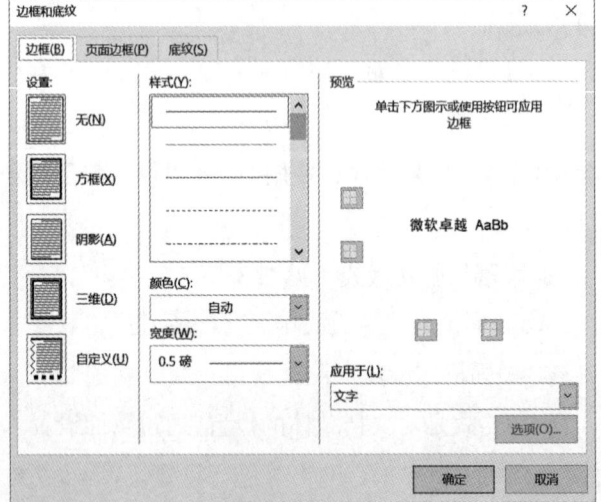

图3-13　"边框和底纹"对话框

3.2　表格制作

将文档相关联的数据、内容使用表格或统计图整合呈现，将使文档更易于阅读。Word 提供了强大的表格编辑和处理功能。

表格一般由表格标题、表头、行、列、单元格组成。单元格是表格的基本主体。

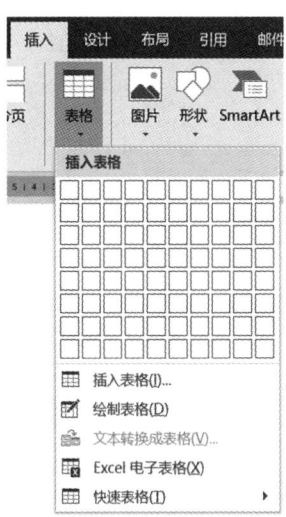

3.2.1　创建表格

通过"插入"选项卡"表格"功能区下拉列表，或者"插入表格"对话框，能够方便地插入已知行列的表格。也可以通过"绘制表格"按钮，手动绘制表格或者调整表格的行、列、单元格。可以选择"快速表格"，依据 Word 内置的表格模板插入表格。Word 还提供了"文本转换成表格"按钮，可以对文本以及表格进行相互转换。"表格"功能区如图 3-14 所示。

3.2.2　表格编辑

Word 可以通过鼠标选择具体的行、列、单元格，移动鼠标，当鼠标变为调整列宽或者调整行高形状时，调整行宽、列高、单元格的大小。

图3-14　"表格"功能区

3.2.3　表格格式

选中表格后，Word 选项卡区域会新增"表格工具"，在"表格工具"中选择"设计"选项卡，可以对表格的边框、底纹等进行修改，套用 Word 提供的多种表格样式；在"布局"选项卡中，可以对单元格（行、列）进行插入删除、拆分合并、对齐方式等进行设置，如图 3-15 和图 3-16 所示。

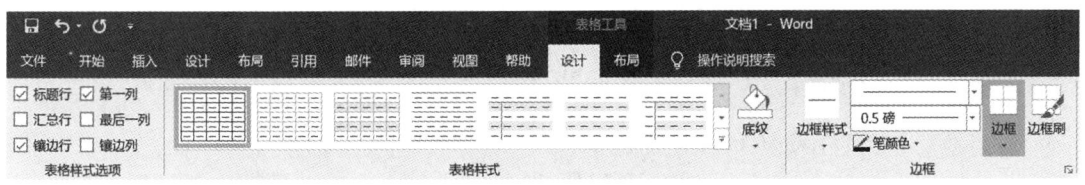

图3-15　"表格工具"设计选项卡

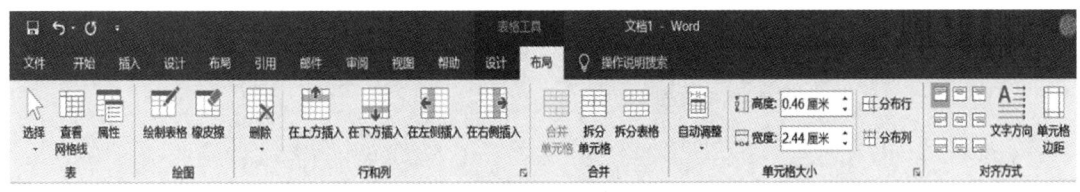

图3-16　"表格工具"布局选项卡

选中表格后，右击并在弹出的快捷菜单中选择"表格属性"命令，在弹出的"表格属性"对话框中可对表格进行进一步的设置和编辑，如图 3-17 所示。

3.2.4　表格数据处理

选中表格后，可以在"表格工具"的"布局"选项卡"数据"功能区（见图 3-18）调用"排序"和"公式",对表格进行数据处理。

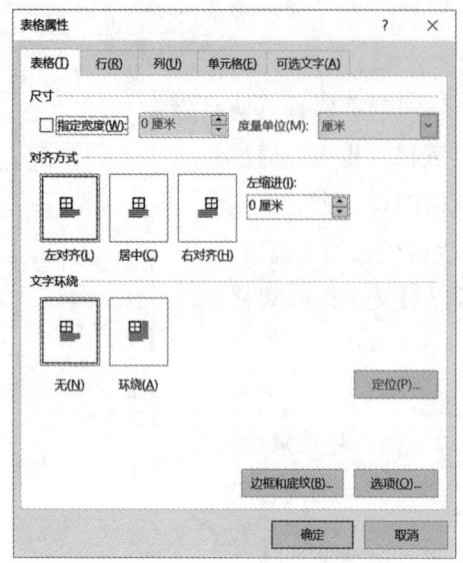

图3-17　"表格属性"对话框

图3-18　"数据"功能区

1. 排序

Word 的排序功能提供了 3 个关键字（1 个主要关键字），以及笔画、数字、拼音、日期 4 种数据类型的排序，如图 3-19 所示。

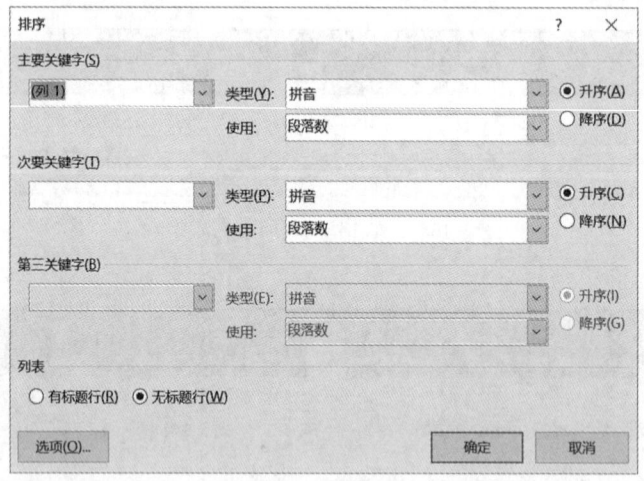

图3-19　"排序"对话框

2. 计算

Word 提供了简单的函数计算功能，表格中通过调用"公式"对话框实现，如图 3-20 所示。计算函数主要有求和函数 SUM、求平均值函数 AVERAGE、求最大值函数 MAX 等，单元格范围可用 LEFT、RIGHT、ABOVE、BELO 描述。

3.3　插入对象

Word 中对象的概念是一个较为宽泛的概念，能够独立编辑或设置的事物都可称为对象，如字符、段落、节、图、表格、文本框、域，甚至可以调用或插入的外部文件都可称为对象。本节主要介绍图形、特殊页面、特殊文本等常用对象的插入和编辑。

3.3.1　图形插入

"图文并茂"的文档比整篇都是文字的文档要更加直观，更容易让读者理解文档的主题。要做到"图文并茂"，掌握"图文混排"的技能，图片、图形的插入是基础；同时，图形对象的位置设置、排序设置、样式设置会让图形呈现方式更加丰富，满足不同文档的需求。

1. 插入图片、形状、SmartArt 图形

通过"插入"选项卡"插图"功能区（见图 3-21），可以实现多种图形的插入。

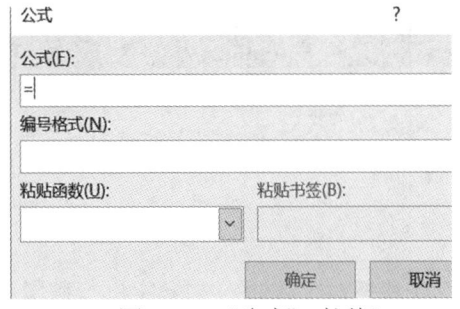

图3-20　"公式"对话框　　　　图3-21　"插图"功能区

Word 中，图形插入包括图片、形状、SmartArt、图表、屏幕截图等。其中，SmartArt 图形是为了解决非专业设计人员利用 Word 内置的形状设计结构图成本太高而推出的解决方案。Word 在内置的形状基础上，整合了色彩、文本等内容，提供层次结构图、流程图等的模板，让用户能迅速使用图形表达文档含义，如图 3-22 所示。

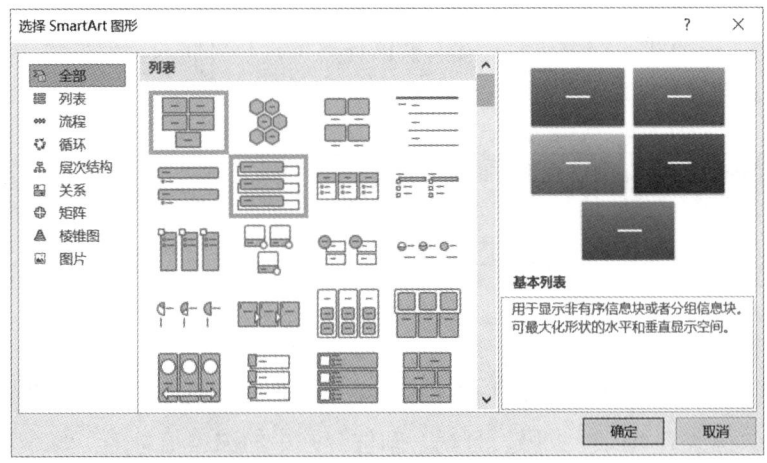

图3-22　插入SmartArt图形

2. 图形对象的格式设置

对于不同类型的图形，Word 提供了不同的格式设置工具。当选中图形后，Word 选项卡区域对应图形类型新增"图片工具"或"绘图工具"、"SmartArt 工具"，选择"格式"选项卡，可以对图形的位置、大小、环绕文字、对齐、图层等格式进行设置，如图 3-23 所示。

当然，任何一种类型的图形，均可使用鼠标直观地调整大小、旋转、改变位置。

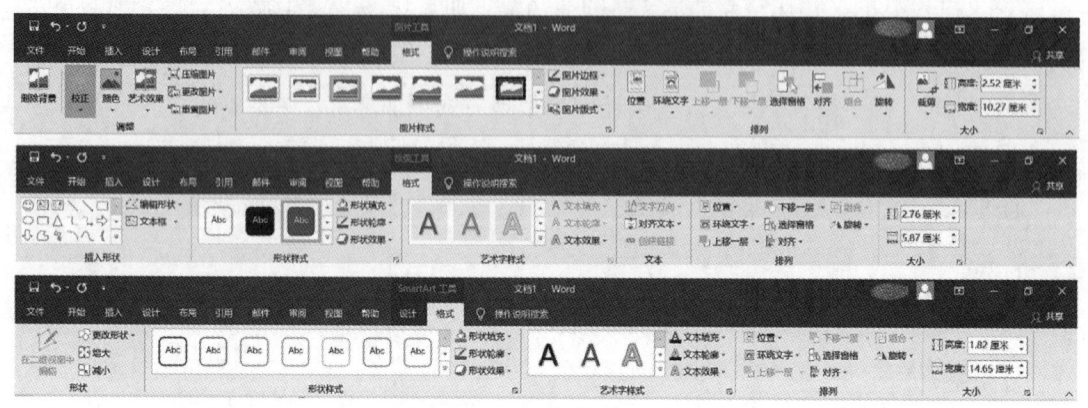

图3-23　图形编辑功能区

3.3.2　文本插入

在编辑报刊、期刊等文档时，往往需要独立于段落的文本框、艺术字进行排版，Word 提供了对应的对象插入功能，并提供了效果设置，如图 3-24 所示。

图3-24　"文本"和"符号"功能区

Word 提供了"公式"编辑功能，在文档的任意位置都可插入一个"公式"对象，并通过公式编辑器对其进行编辑，如图 3-25 所示。

图3-25　"公式"编辑器

Word 域是引导 Word 在文档中通过计算自动插入页码、日期、图片或其他信息的一组代码。例如，页眉或者页脚、页码、日期、邮件合并中的关键信息等。每个域都有一个唯一的名字，它具有与 Excel 中的函数相似的功能。可以通过"插入"选项卡"文本"功能区"文档部件"在 Word 文档的任意位置插入"域",如图 3-26 所示。

3.3.3 页面插入

Word 提供了页眉和页脚的插入功能,同时提供了迅速插入封面(内置模板)及分页符的功能,以满足篇幅较大的书籍、论文等文档的编辑。可通过"插入"选项卡中"页面"功能区及"页眉页脚"功能区插入相关内容,如图 3-27 所示。

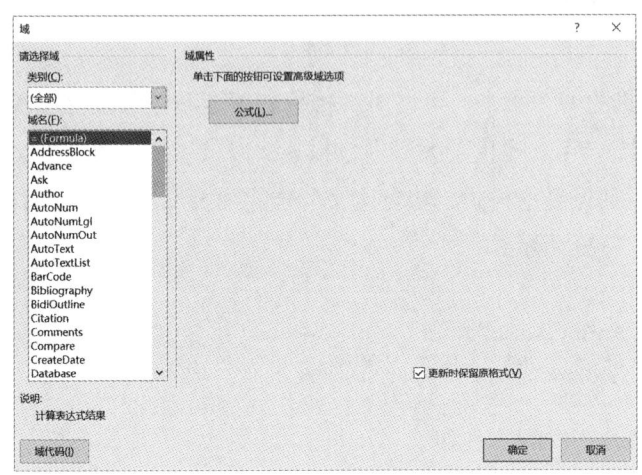

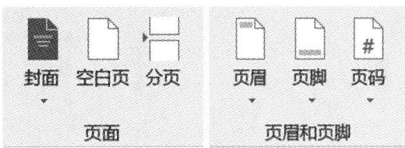

图3-26 "域"对话框   图3-27 "页面"和"页眉和页脚"功能区

3.3.4 其他对象插入

Word 在编辑文档时,可以通过插入其他程序创建的文档,或者调用其他程序在 Word 窗口中进行编辑。例如,在 Word 中插入 Excel 表格。要实现其他对象的插入,可通过"插入"选项卡中"文本"功能区的"对象"按钮打开"对象"对话框进行设置,如图 3-28 所示。

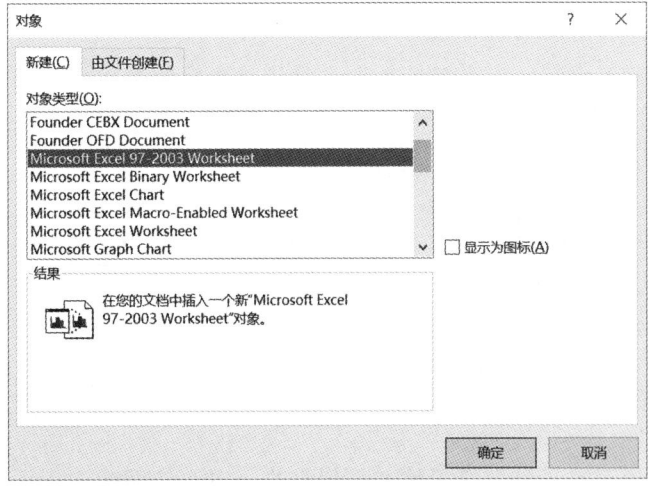

图3-28 "对象"对话框

3.4 生成目录

对于编辑篇幅较长的论文、书籍等文档，手动编写目录是一项艰苦、烦琐的工作。并且，文档的不断修订也会引发目录的重复更新，进一步增加了目录编辑的难度。Word 提供了自动编写目录的功能，为目录编写和更新带来极大的便利。

3.4.1 样式与大纲

对段落（标题）设置相应的样式或者大纲级别，是设置自动目录的先期条件。

1. 样式

样式是提前设置的字体、段落格式的一个集合，可以对文档标题段落和正文段落设置不同的样式，以实现对格式的统一要求。Word 提供了大量内置样式，以供用户快速设置文档格式，默认为"正文"样式。也可以通过新增样式，将自定义的样式纳入 Word 样式集管理，并选择应用。"样式"功能区如图 3-29 所示。

图3-29 "样式"功能区

2. 大纲级别

为了实现文档分层或折叠显示，便于用户在大纲视图中梳理文档结构，可以对标题段落设置相应的大纲级别。段落大纲级别在"段落"对话框中设置，如图 3-30 所示。大纲级别不涉及字体、段落缩进、间距等格式要求。

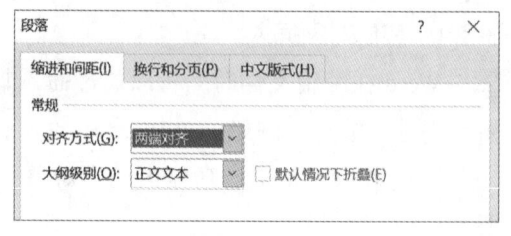

图3-30 "段落"对话框中设置大纲级别

3.4.2 目录插入

Word 可以自动识别文档中各级标题段落的样式或者大纲级别的设置，自动抽取标题文本和计算标题页码，最终生成目录。目录生成的前提是对标题段落设置相应的样式或大纲级别，并通过"引用"选项卡"目录"功能区生成目录。自动生成目录流程如图 3-31 所示。

图3-31 自动生成目录流程

自定义目录可以对目录的分级显示、页码格式，以及依据样式还是大纲级别生成目录进行设置，如图 3-32 所示。

图3-32　自定义目录

3.5　邮件合并

邮件合并功能主要应用于批量打印统一模板的商务信函等文档。同一批商务信函除了关键信息（如客户姓名）不同外，其余内容均相同。并且，邮件合并将关键信息创建为数据源（如一个 Excel 文档），以便今后重复使用。

邮件合并流程如图 3-33 所示。

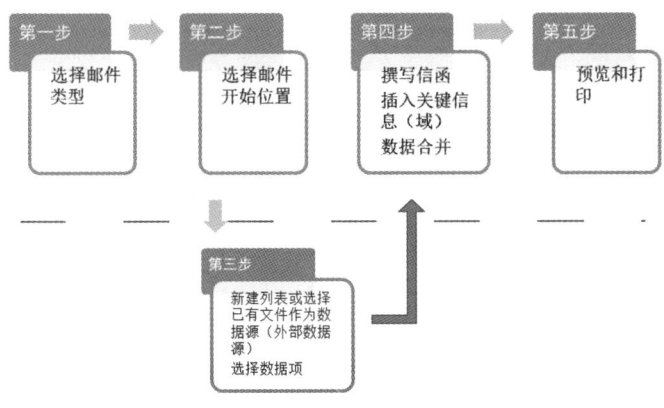

图3-33　邮件合并流程

3.5.1　邮件编写

邮件合并通过"邮件"选项卡完成，通常可以使用"邮件合并"分步向导实现，如图 3-34 所示。

3.5.2　数据列表（收件人）编辑

数据列表的编辑可以在邮件合并之前创建，也可以在分步向导第三步中创建。数据列表可以在 Word 中创建，也可以选择外部数据（Excel 表格、已安装数据库中的数据表、

Outlook 联系人等），如图 3-35 所示。

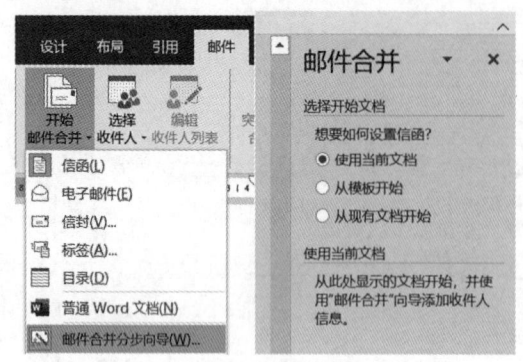

图3-34　"邮件合并"分步向导

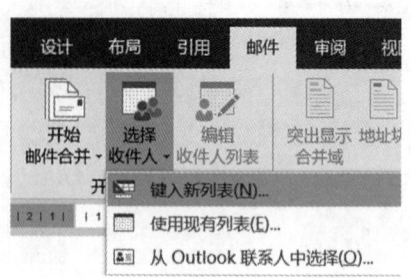

图3-35　数据列表（收件人）编辑

3.5.3　预览和打印

邮件合并结束后，可通过"预览结果"功能区对结果
进行查看和打印，如图 3-36 所示。

3.6　审阅

Word 提供的审阅功能可以更好地实现多人协作创作和
编辑文档。例如，在编辑论文时，经常需要指导教师帮助
修改，并且希望保留不同版本的论文，这时，审阅功能就能满足需求。

图3-36　预览和打印

通过选择"审阅"选项卡，能够使用批注、修订、更改等功能，如图 3-37 所示。

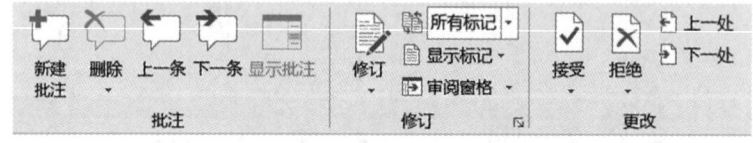

图3-37　"审阅"选项卡

3.6.1　批注

用户在审阅文档时，可以对文档的内容进行批注。批注并不会修改文档，仅仅是审阅
过程中所做的注释。

3.6.2　修订

在审阅过程中，单击"修订"按钮，可以对文档进行插入、删除或者格式设置。修订
功能会在保持原文档基础上记录用户所做的所有变化：用下画线标记插入；用删除线标注删
除；用虚线加标注框标记其他修改。修订将随着原文档一并保存。

3.6.3　更改

修订后，并不直接修改文档，只有选择"接受"后，才修改文档，并删除修订标记。
选择"拒绝"则不修改文档，但删除修订标记。

　工作任务一　编制产品使用说明书

说在任务开始前

学习情景	"文档编排高手"速练成			
学习任务一	产品使用说明书的设计制作（适用于交通运输、制造、财经等专业大类）	学时	课前	2 学时
			课中	6 学时
			课后	2 学时
学习任务背景	浩然刚入职某电子科技有限公司广告部，部门经理就交给浩然一个任务，要求浩然为公司刚刚生产的一批"充电宝"编制产品使用说明书。浩然对于第一项工作非常积极，主动联系工厂，对产品的货名、型号、技术指标、结构特点、使用说明、安全信息、售后服务等进行详细的了解，并通过网络查询了大量的产品使用说明书，之后，就投入到产品使用说明书的编排中……			
准备工作	（1）了解产品使用说明书的概念、结构、类型； （2）查询折叠式产品使用说明书的相关图片，了解任务目标； （3）根据主题，准备相关的图片、表格、文字素材			

学习性工作任务单（任务一）

——一阶任务：快速制作产品使用说明书

学习目标	快速制作"移动电源"产品使用说明书
任务描述	快速设计"移动电源"产品使用说明书版式，完成文字、图片、表格等素材的插入
步骤1	以手绘的方式，简单设计"移动电源"产品使用说明书版式及结构
步骤2	通过页面设置（A4、横向）、分栏设置（三栏），实现步骤1的文档版式要求
步骤3	根据步骤1的结构设计，完成文字录入和素材的插入（包括图片、表格）
步骤4	选择合适的字形，调整字体大小，调整段落间距、行距、缩进
任务验收标准	（1）文档结构完整； （2）字体、图片、表格大小适中； （3）使用分栏设置版面
注意事项	（1）分栏决定折页的多少； （2）图片及表格应考虑周围文字的相对位置

微课
快速制作产品使
用说明书

任务素材

任务样本

学习性工作任务单（任务一）

——二阶任务：利用表格固定版式设计

学习目标	优化"移动电源"产品使用说明书
任务描述	设计无边框表格固定"移动电源"产品使用说明书版式，通过表格及图片的位置、样式、效果设置，美化"移动电源"产品使用说明书版式
步骤 1	设计绘制无边框表格，固定"移动电源"产品使用说明书各模块的位置
步骤 2	通过表格单元格属性，固定各模块版式
步骤 3	调整页面、表格及图片的边框底纹，优化文档
步骤 4	调整插入表格及图片的排列方式、对齐方式、位置等设置，使其适应上下文
步骤 5	调整表格及图片的样式、效果设置，进一步优化文档
任务验收标准	（1）使用无边框表格固定版式； （2）文档要针对页面、图片、表格进行设计，做到美观大方，基本具备公开印刷的标准
注意事项	（1）各对象的位置、边框底纹等具有相对统一的设置方式； （2）积极探索图片工具"格式"选项卡，应用 Word 提供的大量图片美化工具，满足不同需求

微课
利用表格固定版
式设计

任务样本

学习性工作任务单（任务一）

——三阶任务：打印产品使用说明书

学习目标	完成"移动电源"产品使用说明书的最终打印
任务描述	依据向"右"翻页的习惯，设计产品使用说明书的折页方式，设计页码，并最终实现成品打印
步骤1	确定折页方式，调整文档各模块的位置
步骤2	理解"域"的概念，掌握"页码"域的插入和编辑方法
步骤3	在页脚的不同位置插入折页页码
步骤4	"手动双面打印"，印制成品，验证设计方案
任务验收标准	（1）页码设计符合折页设计； （2）应用"页码"域，并参与运算
注意事项	"域"的叠加插入和编辑

微课
打印产品使用说明书

任务样本

　工作任务二　编制合同文书

说在任务开始前

学习情景	"文档编排高手"速练成			
学习任务二	编制合同文书 （适用于交通运输、土建、制造及财经等专业大类）	学时	课前	2 学时
			课中	6 学时
			课后	2 学时
学习任务背景	子轩是某信息公司销售部的实习生，公司刚刚中标某图书馆电子阅览室的建设项目。部门经理要求子轩尽快编制合同，实施项目建设。子轩接到任务后，认真了解了采购合同的编写规范及项目实施的细节，细致地投入到合同文书的编制中……			
准备工作	（1）了解采购合同的概念、结构、编写规范； （2）准备设备采购清单（表格）等素材			

学习性工作任务单（任务二）

——一阶任务：编制采购合同

学习目标	编制采购合同
任务描述	按照采购合同的一般结构，分模块设计版式，录入文字，插入素材、页码等
步骤 1	版式设计：标题页、正文页、附录页
步骤 2	按照一般采购合同结构，编辑文档，插入图片、表格、文本框等素材
步骤 3	选择合适的字形，调整字体大小，调整段落间距、行距、缩进
步骤 4	插入页眉和页脚（页码），完成页面格式设置
任务验收标准	（1）有标题页、正文页版式设计的区别； （2）文档结构合理，内容完整； （3）页眉和页脚插入正确
注意事项	（1）熟悉采购合同的基本组成要件； （2）图片及表格等素材插入，应考虑周围文字的相对位置

微课
编制采购合同

任务素材

任务样本

一阶任务

二阶任务

三阶任务

学习性工作任务单（任务二）

——二阶任务：统一格式设置

学习目标	使用"样式"设置统一风格的格式
任务描述	合同文档或公文一般对各级标题、正文有统一格式的要求。本任务学习如何通过管理"样式"来设置公文格式
步骤 1	使用"格式清除"，将全文只留下无格式的文本，防止素材保留原文档的格式
步骤 2	自定义新的"样式"： 样式 1（章节）：黑体 2 号，行间距 1.5 倍；居中对齐； 样式 2（标题）：宋体 3 号，行间距单倍行距；左对齐； 样式 3（正文）：仿宋 4 号，行间距单倍行距；左对齐
步骤 3	应用自定义样式对各段落设置格式
步骤 4	应用表格样式美化合同文书表格
任务验收标准	（1）完成自定义样式的管理； （2）同级标题应用同一个样式来设置字体、段落格式
注意事项	（1）自定义的样式，可以基于段落、表格等进行设置； （2）段落样式与大纲级别的联系和应用

微课
统一格式设置

任务样本

一阶任务

二阶任务

三阶任务

学习性工作任务单（任务二）

——三阶任务：审阅采购合同

学习目标	通过审阅选项卡，实现双方共同修订合同
任务描述	采购合同是商务性的契约文件，合同条款需双方共同确认，很多时候可以通过审阅功能，实现双方共同修订
步骤1	通过"批注"，标注有争议的条款，便于双方协商
步骤2	请对方通过"修订"功能，在保存原文档的同时记录修改的内容
步骤3	认可对方修改意见后，可通过"更改"功能确认修改
步骤4	做好文档版本的保存
任务验收标准	（1）审阅过程，各版本文档保存完好； （2）可通过文档的各个版本，追溯文档修订过程
注意事项	使用"审阅"功能，必须明确文档的主要编辑方。主要编辑方要执行"更改"，保存不同版本的文档；而对方执行"修订"

微课
审阅采购合同

任务样本

工作任务三　编制会务工作手册

说在任务开始前

学习情景	"文档编排高手" 速练成			
学习任务三	编制会务工作手册 （适用于所有专业）	学时	课前	2 学时
			课中	6 学时
			课后	2 学时
学习任务背景	诗雅所在的会务策划公司刚刚完成某学校聘请省内外专家召开学术研讨会的策划，由诗雅所在的团队组织整个会议的实施。诗雅接到的任务是完成会务工作手册和邀请函的编制、打印，于是，诗雅开始忙碌起来……			
准备工作	（1）查询会务手册相关资料，了解采购会务工作手册的结构； （2）收集会议地址周边地图、行程表等素材			

学习性工作任务单（任务三）

——一阶任务：简单编制会务工作手册

学习目标	简单编制会务工作手册
任务描述	按照会务工作手册的一般结构，分封面、目录、主题、行程、相关要求、交通、食宿等内容设计版式，录入文字，插入素材、页码等
步骤1	通过"插入"选项卡"页面"功能区插入封面（模板）
步骤2	手动编辑目录："引用"选项卡"目录"功能区中的"手动目录"
步骤3	分模块编辑文字，插入行程表、会议地址周边地图等素材
步骤4	选择合适的字形，调整字体大小，调整段落间距、行距、缩进。调整表格、图片的大小、文字等基本设置
步骤5	插入页眉和页脚（页码），完成页面格式设置
任务验收标准	（1）有明确的封面、目录、正文的版式设计； （2）文档结构合理，内容完整； （3）正确插入页眉和页脚
注意事项	图片及表格等素材插入，应考虑周围文字的相对位置

微课
简单编制会计工
作手册

任务素材

任务样本

学习性工作任务单（任务三）

——二阶任务：美化会务工作手册

学习目标	进一步掌握各对象的格式设置；学习自动生成目录的方法和手册中缝装订的打印方法
任务描述	对封面背景、表格、图片的格式设置、样式设置，美化手册；通过引用目录学习自动生成目录；通过页面设置"书籍折页"功能实现手册中缝装订
步骤 1	应用文本框、艺术字，优化封面字体
步骤 2	应用边框底纹或者插入图形等方式美化封面
步骤 3	应用表格、图片样式，美化手册
步骤 4	为文档标题设置"样式"或大纲级别，目录页引用标题目录，更新目录
任务验收标准	（1）"样式"或大纲级别设置正确，目录设置正确； （2）对象样式应用恰当，封面背景简洁； （3）"书籍折页"设置正确，正确装订会务手册
注意事项	（1）边框底纹的设置，既可以对页面进行设置，也可以对选中的文字、段落、表格、图片等进行设置； （2）段落样式与大纲级别的联系和应用

微课
美化会务工作
手册

任务样本

学习性工作任务单（任务三）

——三阶任务：邀请函的印制

学习目标	掌握"邮件合并"功能
任务描述	邀请函往往是批量打印的，每个参会者的邀请函仅仅是姓名、称谓等不同，Word 2016 提供的邮件合并功能有效解决了大批量统一模板打印的需求。
步骤 1	编辑收件人列表，即受邀参会的参会人员信息表（Excel 表格），包含姓名、称谓、参会时间、联系方式等字段
步骤 2	编辑邀请函（Word 文档），可通过信函模板新建文档
步骤 3	在邀请函的编辑状态下，通过"邮件"选项卡"开始邮件合并"功能区中的"开始邮件合并"→"邮件合并分布向导"打开"邮件合并分布向导"对话框，按向导在指定位置插入"域"（姓名、称谓、参会时间、联系方式）
步骤 4	向导完成后，通过预览查看批量邮件，并打印
任务验收标准	（1）邮件"域"的插入正确； （2）能批量预览邀请函
注意事项	收件人列表可以使用外部 Excel 工作簿，也可以在 Word 中新增数据源

微课
邀请函的印制

任务样本1

任务样本2

PPT课件
学习情景三

实践练习

1. 参考任务一，利用无边框表格的方式，固定版式设计，编辑个人简历。

2. 参考任务三，为论文引用自动目录。

学习情景四

轻松实现"数据分析"

知识结构图

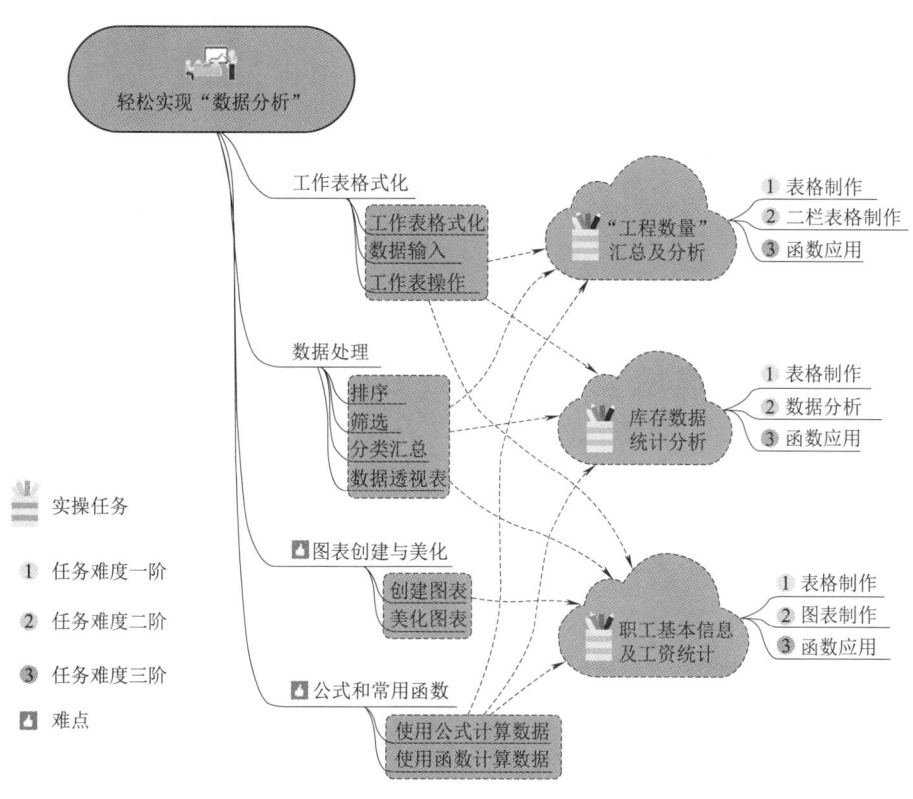

学习目标及内容

序号	学习主线	学习分支	学习内容	难度	学习目标
1	工作表格式化	数据输入	正确输入数据，并设置相应格式：复制、重命名工作表　设置表格格式	一阶	完成表格的制作，美化工作表
		工作表操作			
2	数据处理	排序	使用图表、分类汇总、数据透视表分析数据	二阶	多维度分析、统计数据
		筛选			
		分类汇总			
		数据透视表			
3	图表创建与美化	创建图表			
		美化图表			
4	公式和常用函数	公式	使用公式、函数快捷、准确地计算数据	三阶	通过函数的使用，引用不同单元格，及时、准确地更新数据
		函数			

▦ 知识准备

4.1 工作表格式化

基本概念：

（1）工作簿：Excel 中创建的文件称为工作簿，其扩展名为 .xlsx。一个工作簿中可以包含一个或多个工作表。在一个新建的工作簿中，系统默认有 3 张工作表。

（2）工作表：显示在工作簿窗口中的表格，存储和处理数据的重要部分。每个工作表都有一个名字，显示在工作表标签上，其中白色的工作表标签表示活动工作表，只有活动工作表才可以进行操作。

（3）单元格：工作表中行和列交叉所形成的矩形区域，是组成表格的最小单位。每个单元格都有一个默认的地址，命名规则是由所对应的列标字母和行数字组合构成。

4.1.1 数据输入

Excel 的单元格中需要输入多种类型数据，常用的有数值型数据、字符型数据、日期时间数据。

数值型数据包括数字 0~9、"+"、"-"、"（）"、"E"、"e"、","、"."、"$"、"%"，在单元格中显示时，系统默认右对齐。

字符型数据包括汉字、英文字母、空格等，在单元格中显示时，系统默认左对齐。

Excel 内置了一些日期和时间格式，在单元格中显示时，系统默认右对齐。

4.1.2 工作表格式

在对工作表进行编辑时，需要对工作表进行格式设置，这些设置包括单元格、行、列格式、数字格式、字体、字号、对齐方式、边框、填充等。

1. 设置行、列、单元格格式

工作表编辑过程中，需要根据内容插入或删除单元格、行、列，对于部分单元格区域又需要进行合并或拆分，还需要根据内容调整行高或列宽，这些都需要对单元格、行、列进行格式设置。

（1）选择单元格、行、列。在 Excel 中编辑工作表时，首先需要选定单元格、行、列，操作方法如下：

选定单元格区域：将光标放在需选定的单元格区域起始处，按住鼠标左键，拖动至结束单元格，即可完成选定。

选定行（列）：单击行号（列标），即可选定一行（列）；按住鼠标左键，向下或向上（向左或向右）即可选定多行（列）；在选定行（列）时，按住【Ctrl】键，即可选定不相邻的多行（列）。

全选：单击"A"列和"1"行交叉处的区域即可选定整张工作表，也可以通过按

【Ctrl+A】组合键完成全选。

（2）插入单元格、行、列。编辑工作表时，可以根据需要插入单元格、行、列，首先选定要插入单元格、行、列的位置，然后单击"开始"选项卡"单元格"功能区中的"插入"按钮，如图 4-1 所示，在弹出的对话框中选择相应选项，即可插入单元格、行、列。也可在要插入行或列的位置处，对准相应的行号或列标右击，在弹出的快捷菜单中选择"插入"命令，即可插入行、列。

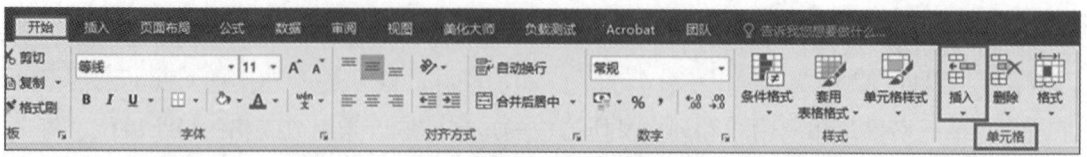

图4-1 插入单元格、行、列

（3）删除单元格、行、列。编辑工作表时，可以根据需要删除多余的单元格、行、列。首先选定要删除的单元格、行、列，然后单击"开始"选项卡"单元格"功能区中的"删除"按钮，如图 4-2 所示，在弹出的对话框中选择相应选项，即可删除单元格、行、列。也可对准相应的行号或列标右击，在弹出的快捷菜单中选择"删除"命令，即可删除行或列。

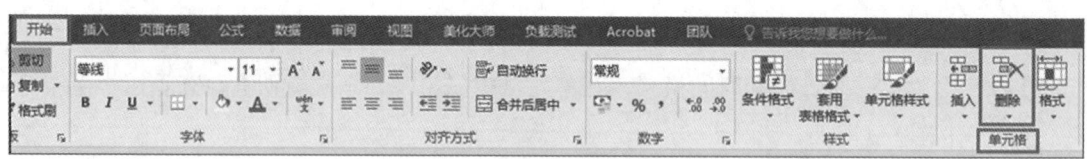

图4-2 删除单元格、行、列

（4）设置行高和列宽。在编辑中，需要根据显示内容调整单元格的行高或列宽。数据输入完成后，工作表需要进行美化，这些操作都需要设置行高和列宽。具体操作方法如下：

使用鼠标进行调整：将光标移到需要调整的列标右端或行号下端，按住鼠标左键并拖动，调整到合适的位置即可完成列宽或行高的调整。

使用菜单命令调整：选定需要调整行高（列宽）所在行（列）的任意单元格，也可选定多行或多列，单击"开始"选项卡"单元格"功能区中的"格式"按钮，如图 4-3 所示，选择"行高"或"列宽"命令，在打开的对话框中输入值，即可完成。

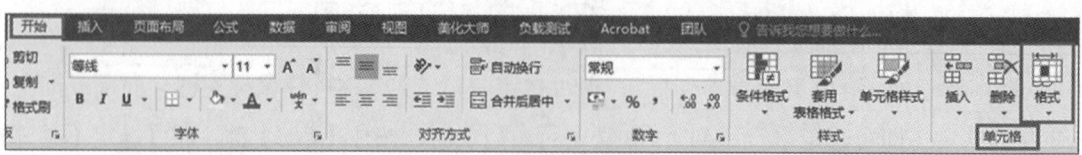

图4-3 设置行高和列宽

使用快捷菜单调整：光标放到需调整的列标或行号上右击，在弹出的快捷菜单中选择"列宽"或"行高"命令，在打开的对话框中输入值，即可完成。如调整多列或多行，只需先选定多列或多行，然后在选定区域的任何一个列标或行号上右击，在弹出的快捷菜单中选择"列宽"或"行高"命令即可。

（5）合并、拆分单元格。编辑工作表时，单元格需要横向或纵向合并（或者已合并的单元格需要进行拆分）。

首先选定需要合并或拆分的单元格，单击"开始"选项卡"对齐方式"功能区中的"合并后居中"按钮，如图4-4所示，即可完成。

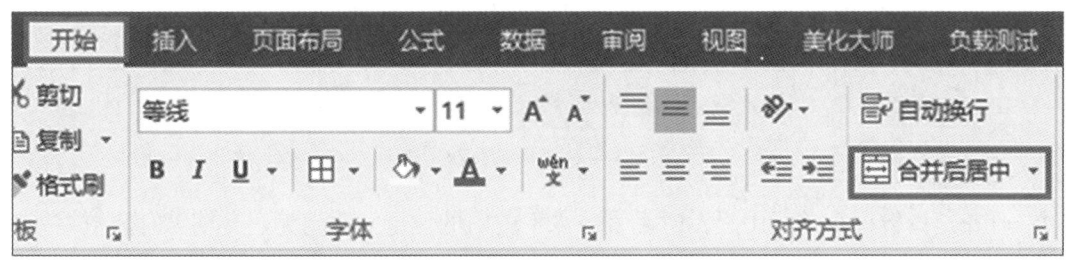

图4-4　合并、拆分单元格

2. 设置数字格式

单元格中输入的数据类型需要设置不同的格式，这些数字格式包括常规、数值、货币、会计专用、日期、时间、百分比、分数、科学记数、文本、特殊、自定义。单元格默认格式为常规，用户可以根据不同的数字类型设置在单元格中的显示方式。设置数据格式的操作如下。

使用菜单设置：选中要设置数字格式的单元格或单元格区域，单击"开始"选项卡"数字"功能区中"常规"按钮右端的三角符号，如图4-5所示，在弹出的列表框中选择相应的选项即可完成。

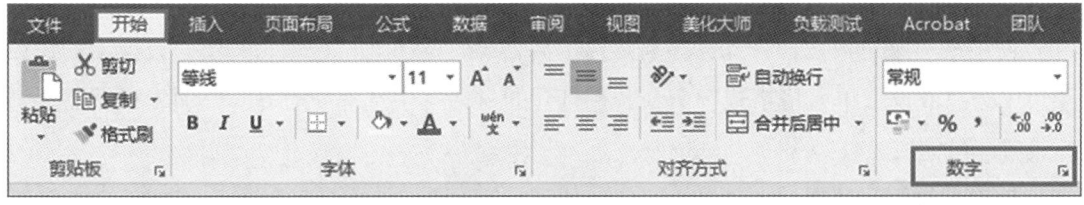

图4-5　设置数字格式

使用快捷菜单设置：对准选中的要设置数字格式的单元格或单元格区域右击，在弹出的快捷菜单中选择"设置单元格格式"命令，在打开的对话框中选择"数字"选项，选定相应的格式即可完成。

3. 设置字体格式

编辑时，需要对字体格式进行设置。首先选定需要设置格式的单元格区域，然后单击"开始"选项卡"字体"功能组中相应选项，可以进行如下设置：字体、字号、加粗、倾斜、下画线、填充颜色、字体颜色、显示或隐藏拼音字段、增大字号、减小字号，如图4-6所示。

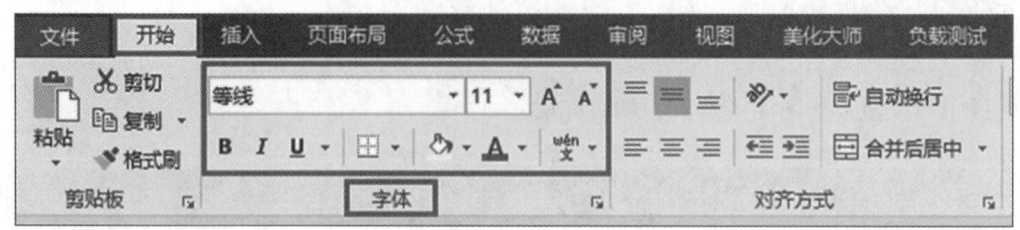

图4-6　设置字体格式

4. 设置对齐格式

对齐是指数据在单元中显示时垂直、水平方向的位置。数值型、日期、时间数据默认右对齐，文本数据默认左对齐。

使用菜单设置：选定要设置的单元格区域，单击"开始"选项卡，在"对齐方式"功能区中选择需要的对齐方式，如图4-7所示，这些对齐包括顶端对齐、垂直居中、底端对齐、左对齐、居中、右对齐。

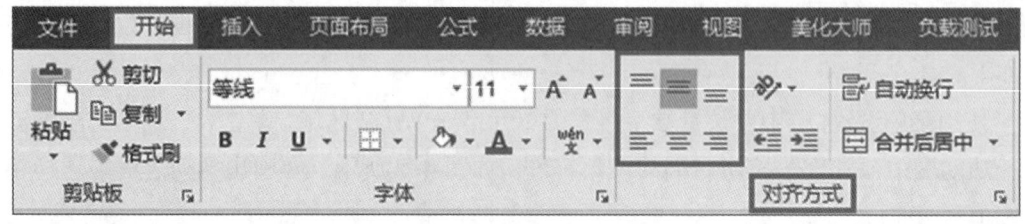

图4-7　设置对齐方式

使用快捷菜单设置：将光标移动到选定需要设置的单元格区域，右击，在弹出的快捷菜单中选择"设置单元格格式"命令，在打开的对话框中选择"对齐"选项，根据需要进行设置即可完成。

5. 设置边框和填充

工作表编辑完成后，对数据区域可以进行边框、填充等操作，以增加表格的美观性。

1）设置边框

默认情况下，工作表中的单元格都设置了浅灰色的边框线，该框线只是便于用户操作，打印时是不显示的。在工作中需要根据不同的要求给工作表设置格式。具体操作方法如下：

选择要设置边框的单元格区域，单击"开始"选项卡"字体"功能区中"下框线"按钮右端的三角符号，如图4-8所示，选择需要的边框样式。也可以选择下拉菜单中的"其他边框"选项，在打开的对话框中设置线条、颜色。

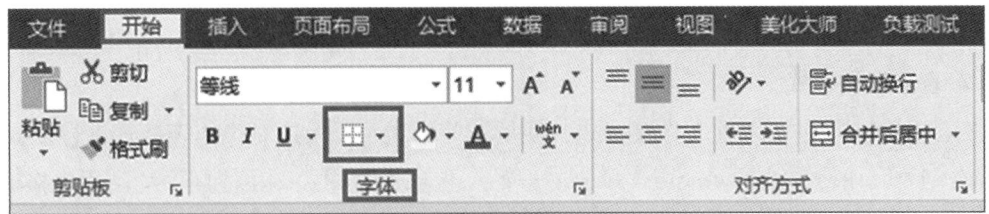

图4-8　设置边框

2）设置填充

选择要填充的单元格区域，单击"开始"选项卡，单击"填充"按钮右端三角符号，在下拉菜单中可以进行主题颜色、标准色、无填充颜色、其他颜色的设置。还可以打开"设置单元格格式"对话框，选择"填充"选项卡，进行背景色、填充效果、其他颜色、图案颜色、图案样式的设置，如图4-9所示。

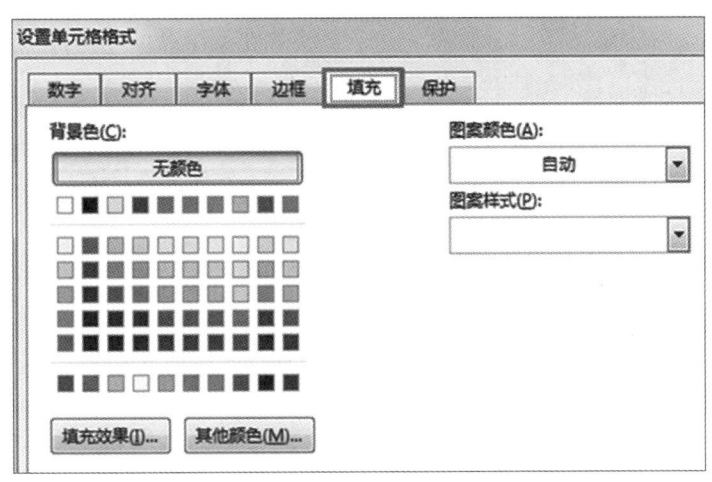

图4-9　填充

6.设置条件格式

在 Excel 中处理数据时，有时希望将某些符合特定条件的单元格醒目地显示出来，条件格式就具备这一功能。条件格式也可以找出重复值、不同类型的特定值，还可以实现数据的可视化，润色表格。

选择要设置条件格式的区域，单击"开始"选项卡"样式"功能区中"条件格式"按钮，如图4-10所示，可以进行突出显示单元格规则、项目选取规则、数据条、色阶、图标集的设置。

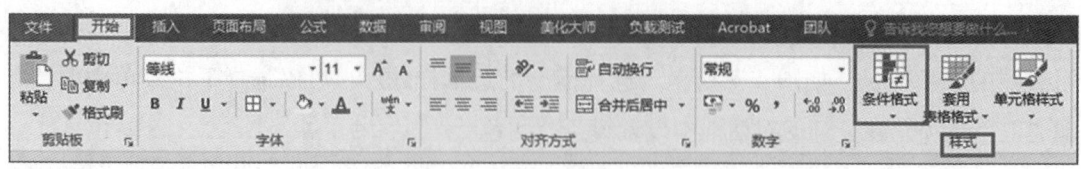

图4-10　设置条件格式

7. 套用表格格式

Excel 2016 提供了多种工作表格式，使用这些格式可以快速对工作表格式进行设置。

选定要套用格式的单元区域，单击"开始"选项卡"样式"功能区中"套用表格格式"按钮，如图 4-11 所示，找到需要的格式并单击，即可完成。

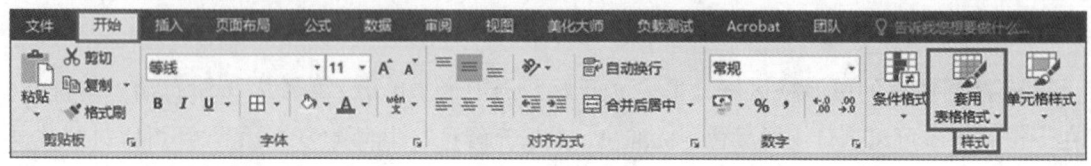

图4-11　套用表格格式

4.1.3　工作表操作

在同一个工作簿中包括多张工作表，为了方便管理工作表，可以对工作表进行重命名、删除、复制、移动、插入等操作。

1. 选定工作表

在对工作表进行编辑时，首先需要选定工作表。工作表的选定有以下几种操作方法：

（1）选定一张工作表：单击工作表标签即可完成选定。

（2）选定相邻的多个工作表：单击要选定的第一个工作表标签，按住【Shift】键的同时单击要选定的最后一个工作表标签即可完成。

（3）选定不相邻的多个工作表：单击要选定的第一个工作表标签，按住【Ctrl】键的同时依次单击需选定的工作标签即可完成。

2. 复制工作表

对工作表进行复制操作时，首先选定需复制的工作表，然后按住【Ctrl】键并将光标移动到选定的工作表标签上，按住鼠标左键拖动到新的位置，依次释放鼠标、【Ctrl】键即可完成。也可以在选定的工作表标签上右击，在弹出的快捷菜单中选择"移动和复制工作表"命令，在打开的对话框中完成工作表复制位置的设置，并选中"建立副本"复选框，即可完成。

3. 移动工作表

需要移动工作表位置时，首先选定需要移动的工作表，然后将光标移动到选定的工作表标签上，按住鼠标左键拖动到新的位置，释放鼠标即可完成。也可以在选定的工作表标签上右击，在弹出的快捷菜单中选择"移动和复制工作表"命令，在打开的对话框中完成工作表目标位置的设置，即可完成。

4. 插入工作表

Excel 编辑中，有时需要增加新的工作表，首先在工作表标签区域选择要插入位置，然后选择"开始"选项卡"单元格"功能区中"插入"按钮，在下拉菜单中选择"插入工作表"即可完成。也可以在要插入位置的后一个工作表标签上右击，在弹出的快捷菜单中选择"插入"命令，在打开的对话框中选择"工作表"即可完成。还可以在工作表标签区单击"⊕"按钮完成。

5. 删除工作表

在 Excel 操作时，有时需要删除多余（或不再使用）的工作表，首先选定要删除的工作表，然后单击"开始"选项卡"单元格"功能区中"删除"按钮，在下拉菜单中选择"删除工作表"即可完成。也可以在选定的工作表标签上右击，在弹出的快捷菜单中选择"删除"命令完成。

6. 重命名工作表

在 Excel 中，为了方便管理工作表，需要对工作表进行命名，首先单击"开始"选项卡"单元格"功能区中"格式"按钮，在下拉菜单中选择"重命名工作表"命令，然后在标签位置输入工作表新名称。也可以在工作表标签上右击，在弹出的快捷菜单中选择"重命名"命令，在标签位置输入工作表新名称。还可以双击工作标标签，然后在标签位置输入工作表新名称。

4.2 数据处理

Excel 可以进行日常统计分析和数据分析，使用户实现定制化的数据处理。这些数据处理功能可以使用户从不同的角度分析和统计数据。

4.2.1 排序

在 Excel 中可以根据特定条件，将数据表中的数据按一定的方式重新排列，这就需要使用排序功能。排序可以分为简单排序和多关键字排序。

1. 简单排序

选定需进行排序的数据列任一单元格，单击"开始"选项卡"编辑"功能区中"排序和筛选"按钮，如图 4-12 所示，在下拉菜单中选择"升序"或"降序"，系统将自动对数据进行排列。

图4-12　排序

2. 多关键字排序

关键字是指参与排序的各个列的标题行内容，如果没有标题行则是第一行单元格的内容。单击"开始"选项卡"编辑"功能区"排序和筛选"按钮，选择下拉菜单中的"自定义排序"，在打开的对话框中可以设置添加条件、删除条件、复制条件、选项、数据包含标题、列、排序依据、次序，如图 4-13 所示。默认情况是使用主要关键字进行排序，可以单击"添加条件"按钮增加次要关键字，利用多个字段排序功能进行排序。

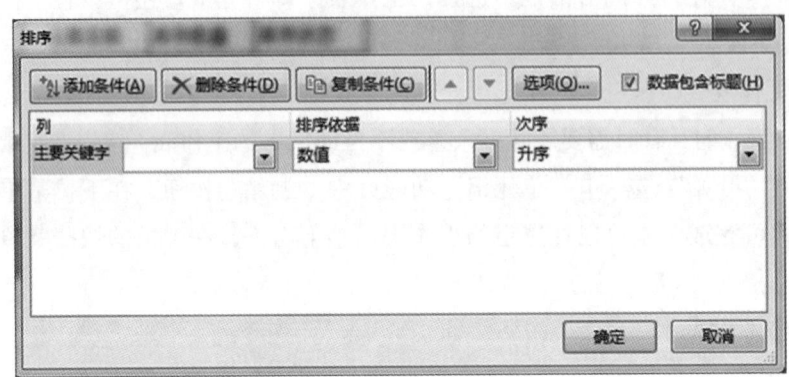

图4-13 多关键字排序

4.2.2 筛选

在 Excel 中，有时只需要显示工作表中满足条件的记录，不需要显示不满足条件的记录。"筛选"可以实现该操作。具体操作如下：

在数据区域中任意单元格单击，单击"开始"选项卡"编辑"功能区中的"排序和筛选"按钮，如图 4-14 所示，在下拉菜单中选择"筛选"，标题行每个单元格的右下角会出现一个倒三角。

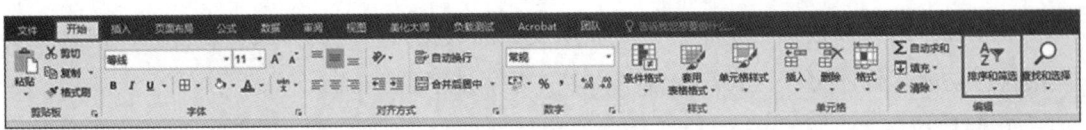

图4-14 筛选

单击需筛选的单元格右下角的倒三角，在弹出的列表框中可以选择：

（1）按颜色筛选：可以选择按单元格颜色筛选、按字体颜色筛选。

（2）文本筛选：可以选择等于、不等于、开头是、结尾是、包含、不包含、自定义筛选。也可以在最下端的列表框中选择需要显示的值。

要取消筛选，只需再次单击"开始"选项卡"编辑"功能区中的"排序和筛选"按钮，在弹出的下拉菜单中选择"筛选"即可。

4.2.3 分类汇总

分类汇总就是对数据表中的某一字段，按某种分类方式进行汇总并显示出来，汇总方式主要有求和、计数、平均值、最大值、最小值等。进行分类汇总前，必须对分类字段进行排序。分类汇总一次只能对具有相同汇总方式的字段进行汇总，如果要进行多个汇总方式，则需要操作多次。

单击"数据"选项卡"分级显示"功能区中的"分类汇总"按钮，如图4-15所示，在打开的对话框中可以设置分类字段、汇总方式、选定汇总项、替换当前分类汇总、每组数据分页、汇总结果显示在数据下方。要取消分类汇总，只需单击对话框中的"全部删除"按钮即可。

图4-15 分类汇总

进行分类汇总后，工作表编辑窗口左上角显示的序号即为分级序号。序号"1"表示显示最后的汇总数据，序号"2"表示各分项的汇总结果，序号"3"表示显示全部的结果。

4.2.4 数据透视表

数据透视表是可以对大量数据进行快速汇总、建立交叉列表的交互式表格，它通过组合、计数、分类汇总、排序等方式从数据中提取总结性信息，制作成分析报表和统计报表。使用数据透视表时需注意每列数据必须有列标题，而且表头中没有合并的单元格。

在数据表任意单元格单击，单击"插入"选项卡"表格"功能区中的"数据透视表"按钮，如图4-16所示，在打开"创建数据透视表"对话框中设置要分析的数据、放置数据透视表的位置、是否想要分析多个表等选项，单击"确定"按钮。在工作表的左端显示布局区域，右端显示数据透视表字段，通过将数据透视表字段中显示的字段移动到下方的"在以下区域间拖动字段："中，筛选器、列、行、值即可创建数据透视表。

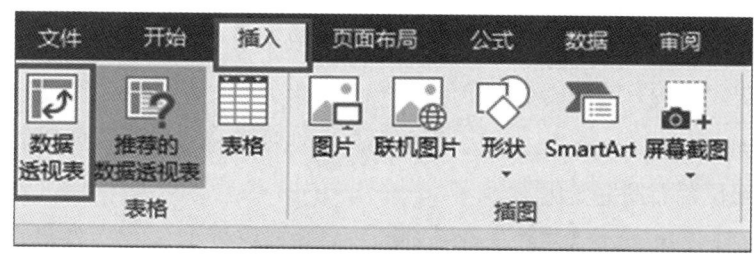

图4-16 数据透视表

4.3 图表创建与美化

Excel 提供了 15 种图表类型，每一种类型又分为多个子类型。用户可以使用图表功能更加直观地表现工作表中数据之间的关系。

常用的图表有：

（1）柱形图：显示一段时间内的数据变化或显示各项之间的比较情况，通常沿水平轴组织类别，沿垂直轴组织数值。

（2）折线图：将同一数据系列的数据点在图上用直线连接起来，以等间隔显示数据的变化趋势，适用于显示在相等时间间隔下数据的变化趋势。

（3）饼图：显示各个值在总和中的分布情况。

（4）条形图：显示各个项目之间的对比，主要用于表现各项目之间的数据差额。

（5）面积图：强调数量随时间而变化的程度。

选择要生成图表的表格数据，单击"插入"选项卡"图表"功能区中要使用的图表类型，如图 4-17 所示，在下拉菜单中选择相应的子图表类型，即可生成图表。图表生成后自动切换到"设计"菜单，可进行图表布局、图表样式、数据、类型、位置等设置。

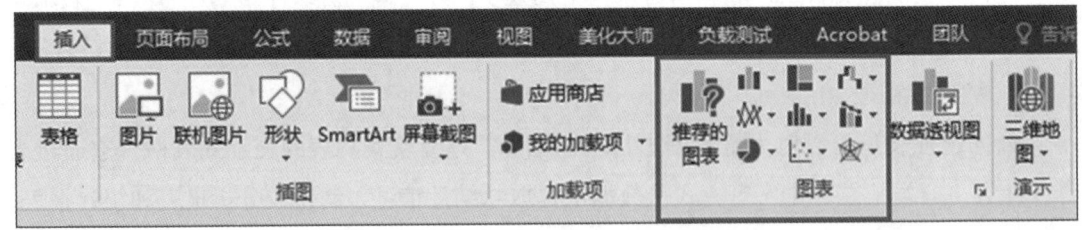

图4-17 图表

4.4 公式和常用函数

基本概念：

（1）公式：工作表中进行数值计算的等式。公式输入均以"="开始。

（2）运算符：对公式中的各元素进行运算操作。运算符分为算术运算符、比较运算符、文本运算符、引用运算符。

（3）函数：预先定义，执行计算、分析等处理数据任务的特殊公式。一个函数只有唯一的名称，它决定了函数的功能和用途。

（4）相对地址：指在公式里直接引用单元格的地址。相对地址在公式复制过程中引用地址（值）会随位置而发生变化。

（5）绝对地址：指在公式里单元格地址的行号和列标前加上"$"符号。绝对地址在公式复制过程中引用地址（值）保持不变。

（6）混合地址：指在公式里单元格地址只在行号或列标前加"$"符号。混合地址在公式复制过程中，加了"$"符号的行号或列标不会发生变化，没有加"$"符号的行号和列标会随位置而发生变化。

4.4.1 公式

公式既可以对工作表数值进行加、减、乘、除、百分数、乘方等算术运算，还可以进行逻辑运算、连接运算等。

1. 算术运算符

算术运算符可以完成基本的数学运算，包括 +（加）、-（减）、*（乘）、/（除）、%（百分数）、^（乘方）。

2. 比较运算符

比较运算符可以对两个数值进行比较，产生的结果为逻辑值 True（真）或 False（假）。比较运算符包括 =（等于）、>（大于）、<（小于）、>=（大于或等于）、<=（小于或等于）、<>（不等于）。

3. 文本运算符

文本运算符为"&"，用于将一个或多个文本连接成为一个组合文本。使用文本运算符时单元格地址可以直接引用，文本字符则需要加英文双引号（""）。例如，A1 单元格中值为"姓名"，A2 单元格中值为"张三"，在 A3 单元格输入"=A1&A2"，运算结果为"姓名张三"；在 A3 单元格中输入"=A1&"李四""，运算结果为"姓名李四"。

4. 引用运算符

引用运算符用于将单元格区域合并运算。

（1）区域运算符":"（英文冒号）：对两个引用之间，包括两个引用在内的所有单元格进行引用。例如，"A1:A5"，表示引用 A1、A2、A3、A4、A5 共 5 个单元格。

（2）联合运算符","（英文逗号）：将多个引用合并为一个引用。例如，"A1,A3,A6"，表示引用 A1、A3、A6 共 3 个单元格。

5. 运算顺序

公式中包含相同优先级的运算符，将从左到右进行计算。如果要修改计算的顺序，则需把要先计算的部分括在圆括号内。

运算符的顺序从高到低依次为：冒号、逗号、负号、%（百分比）、^（乘幂）、*（乘）和 /（除）、+（加）和 -（减）、&（连接符）、比较运算符。

6. 输入公式的方法

单击需存放计算结果的单元格，然后输入公式即可。在输入公式时，需要注意运算顺序。

4.4.2　函数

函数的基本格式：= 函数名 (参数 1, 参数 2, …)

使用函数的操作步骤：

选择需存放计算结果的单元格，单击"开始"选项卡"编辑"功能区中的"∑"按钮右端的三角符号，在打开的下拉菜单中可以选择求和、平均值、计数、最大值、最小值，也可以选择其他函数，找到需要的函数即可完成。还可以选择"公式"选项卡，在函数库中找到需要的函数即可完成，如图 4-18 所示。

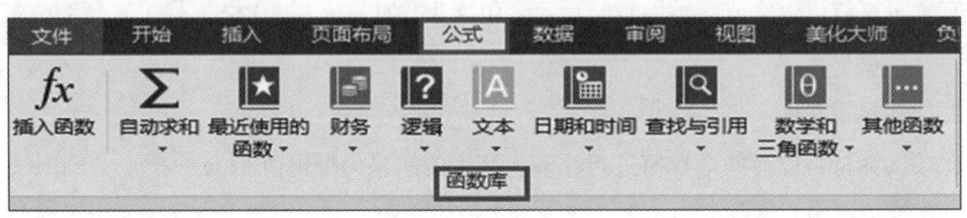

图4-18　函数

常用函数介绍：

1. 求和函数

=SUM(Number1,Number2,…)：计算指定区域中所有数值的和，数值参数最多为 255 个。

2. 平均值函数

=AVERAGE(Number1,Number2,…)：计算指定区域的算术平均值，数值参数最多为 255 个。

3. 计数函数

=COUNT(Value1, Value2,…)：计算区域中包含数字的单元格个数，只对数字型数据进行计数，数值参数最多为 255 个。

4. 最大值函数

=MAX(Number1, Number2,…)：返回一组数值中的最大值，忽略逻辑值及文本，数值参数最多为 255 个。

5. 最小值函数

=MIN(Number1, Number2,…)：返回一组数值中的最小值，忽略逻辑值及文本，数值参数最多为 255 个。

6. 条件计数函数

=COUNTIF(Range, Criteria)：计算指定区域中满足给定条件的单元格数目。

参数 Range 指要计算其中非空单元格数目的区域；参数 Criteria 指以数字、表达式或文本形式定义的条件。

7. 条件求和函数

=SUMIF(Range, Criteria, Sum_range)：对满足条件的单元格求和。

参数 Range 指要计算的单元格区域；参数 Criteria 指以数字、表达式或文本形式定义的条件；参数 Sum_range 指用于求和计算的实际单元格，如果省略，将使用区域中的单元格。

8. 条件函数

=IF(Logical_test, Value_if_true, Value_if_false)：判断是否满足某个条件，如果满足则返回一个值，如果不满足则返回另一个值。

参数 Logical_test 指条件；参数 Value_if_true 指条件满足时返回的值；参数 Value_if_false 指条件不满足时返回的值。

9. 排名函数

=RANK(Number, Ref, Order)：返回某数字在指定区域中的排名。

参数 Number 指要排名的数字；参数 Ref 指排序的数字所处的单元格区域，该参数在使用时通常采用绝对地址，以便复制公式时单元格区域保持不变；参数 Order 指排序的方式，如果为 "0" 或者忽略，则按降序排名，即数值按从高到低的方式排序，如果为非 "0" 值，则按升序排名，即数值从低到高的方式排序。

10. 查找函数

=VLOOKUP(Lookup_value, Table_array, Col_index_num, Range_lookup)：根据所提供的参数去指定区域查找符合要求的相关项。

参数 Lookup_value 指需要查找的数据，可以是数值、文本字符串或引用；参数 Table_array 指需要在其中查找数据的区域，特别注意参数 Lookup_value 中的值必须处于查找区域的第一列；参数 Col_index_num 指返回值在查找区域的列数；参数 Range_lookup 指匹配方式，如果值为 True 或省略，表示返回近似匹配值，而且参数 Table_array 中第一列数值必须按升序排列，如果值为 False，表示返回精确匹配值，参数 Table_array 中第一列数值不必排序。

11. 字符串函数

=MID(Text, Start_num, Num_chars)：从文本字符串中指定的起始位置起返回指定长度的字符。

参数 Text 指准备从中提取字符串的文本字符串；参数 Start_num 指要提取字符的起始位置，从左起第几位开始提取，值必须大于 1，如值大于文本长度，将返回空；参数 Num_chars 指要提取的字符个数。

工作任务一 "工程数量"汇总及分析

说在任务开始前

学习情景	轻松实现"数据分析"			
学习任务一	"工程数量"汇总及分析	学时	课前	3 学时
			课中	6 学时
			课后	3 学时
学习任务背景	浩然在某勘测设计单位工作，最近单位承接了 #### 项目。该工程项目工程数量表繁多，表格格式复杂。浩然为了更好地完成工程数量表的汇总，决定使用 Excel 将各工程数量表与汇总表间建立关联，让数据的修改变得快捷与准确			
准备工作	Microsoft Excel 2016、工程数量数据收集			

学习性工作任务单（任务一）

——一阶任务:表格制作

学习目标	制作圆弧形减速带设置一览表
任务描述	根据"圆弧形减速带设置一览表"对单元格格式进行设置，并使用求和函数完成汇总
步骤 1	纸张大小设置为 A3，方向横向，调整页边距
步骤 2	输入数据，合并相应的单元格，调整列宽、行高、设置边框线，完成表格格式的制作
步骤 3	（1）单元格 B7 到 B13 数据格式使用自定义，显示为 K0+000 模式； （2）N（1 号钢筋根数）=int(横向设置宽度 /0.15)+1 （3）C35 钢筋混凝土 =0.067* 横向设置宽度 * 数量 （4）HPB300 钢筋 =0.237* N(1 号钢筋根数)* 数量 （5）HRB400 钢筋 =(N(1 号钢筋根数)+1)*1.887* 数量 （6）对工程数量进行汇总
步骤 4	更改工作表标签为"减速带"，设置各工作表格式，对工作表进行美化
任务验收标准	（1）按要求完成数据输入； （2）按要求完成页面设置、表格格式； （3）对工作表进行美化； （4）函数使用正确
注意事项	

微课
表格制作

任务素材

任务样本

一阶任务

二阶任务

三阶任务

学习性工作任务单（任务一）

——二阶任务：二栏表格制作

学习目标	制作安全设施工程数量汇总表
任务描述	根据"安全设施工程数量汇总表"，完成同一页面制作两个工程表，并设置相应格式
步骤1	纸张大小设置为A3，方向横向，调整页边距
步骤2	通过设置单元格格式，调整边框线，制作并列两个表格，更改工作表标签为"安全设施（汇总）"
步骤3	输入数据，E22单元格引用工作表"减速带"中G27单元格的值；在E23单元格引用工作表"减速带"中H27单元格与I27单元格的和
步骤4	更改工作表标签为"安全设施（汇总）"，设置工作表格式，对工作表进行美化
任务验收标准	（1）按要求完成数据输入； （2）按要求完成页面设置、表格格式； （3）对工作表进行美化； （4）函数使用正确
注意事项	

微课
二栏表格制作

任务素材

任务样本

学习性工作任务单（任务一）

——三阶任务：函数应用

学习目标	制作主要技术经济指标表
任务描述	完成"主要技术经济指标表"的制作，使用公式或函数引用不同工作表中的单元格
步骤 1	纸张大小设置为 A3，方向横向，调整页边距，更改工作表标签为"主要技术经济指标"
步骤 2	设置单元格格式，调整边框线，完成表格制作
步骤 3	（1）输入数据，单元格 D15、D20 引用 D11 单元格的值； （2）单元格 D21 引用工作表"安全设施（汇总）"中 E6 单元格与 E13 单元格的和； （3）单元格 D22 使用文本运算符，使其显示值为"15.18/20"，其中"15.18"为工作表"安全设施（汇总）"E19 单元格的值，"20"为工作表"安全设施（汇总）"E19 单元格的值除以"0.759"； （4）单元格 D23 引用工作表"安全设施（汇总）"中 E25 单元格； （5）单元格 D24 引用工作表"安全设施（汇总）"中 E26 单元格； （6）单元格 D25 引用工作表"减速带"中 F27 单元格
步骤 4	设置各工作表格式，对工作表进行美化
任务验收标准	（1）按要求完成数据输入； （2）按要求完成页面设置、表格格式； （3）对工作表进行美化； （4）函数使用正确
注意事项	

微课
函数应用

任务素材

任务样本

工作任务二　库存数据统计分析

说在任务开始前

学习情景	轻松实现"数据分析"			
学习任务二	库存数据统计分析	学时	课前	3 学时
			课中	6 学时
			课后	3 学时
学习任务背景	子轩进入 XXX 企业实习，分配到了材料管理部门。为了保证生产或销售的正常进行，子轩需要动态了解库存情况，并告之采购部，以便调整订货情况，使企业存货成本最低，从而保证生产或销售的正常进行			
准备工作	Microsoft Excel 2016、库存数据收集			

学习性工作任务单（任务二）

——一阶任务：表格制作

学习目标	制作入库情况表、出库情况表
任务描述	根据要求，完成入库情况表、出库情况表，设置表格格式，使用公式进行计算
步骤1	输入数据，完成出库情况表制作；完成数量列的汇总；并将工作表标签改为"出库情况"
步骤2	输入数据，完成入库情况表制作；计算出总金额，完成数据列、总金额列的汇总；将工作表标签改为"入库情况"
步骤3	入库情况表、出库情况表纸张大小均设置为A4，方向横向，调整页边距
步骤4	设置各工作表格式，对工作表进行美化
任务验收标准	（1）按要求完成数据输入； （2）按要求完成页面设置、表格格式； （3）对工作表进行美化； （4）函数使用正确
注意事项	

微课 表格制作	任务素材 入库情况素材	任务素材 出库情况素材	任务样本

学习性工作任务单（任务二）

——二阶任务：数据分析

学习目标	分类汇总、数据透视表
任务描述	根据出库情况表进行分类汇总；根据入库情况表完成数据透视表
步骤 1	复制出库情况表，并将新工作表标签改为"出库情况汇总"，按规格字段分类汇总，对数量字段进行求和
步骤 2	在入库情况表中，使用数据透视表，按规格分别对总金额求和，单价求最大值及最小值
任务验收标准	（1）按要求完成分类汇总； （2）按要求完成数据透视表
注意事项	

微课
数据分析

任务样本

学习性工作任务单（任务二）

——三阶任务：函数应用

三阶学习目标	制作工作表库存情况
任务描述	根据要求，完成库存情况表，设置表格格式，使用函数进行计算
步骤 1	输入数据，使用 SUMIF 函数计算入库总数，数据来源于入库情况表中的数量
步骤 2	使用 SUMIF 函数计算出库总数，数据来源于出库情况表中的数量。
步骤 3	使用 IF 函数计算库存状态，库存数量小于最低库存量时，库存状态显示"及时补货"；库存数量大于最高库存量时，库存状态显示"库存太多"；库存数量介于最低库存量与最高库存量之间时，库存状态显示"正常"
步骤 4	纸张大小设置为 A4，横向，对工作表进行美化，并将工作表标签改为"库存情况"
任务验收标准	（1）按要求完成数据输入； （2）按要求完成页面设置、表格格式； （3）对工作表进行美化； （4）函数使用正确
注意事项	

微课 函数应用　任务素材　任务样本

工作任务三　职工基本信息及工资统计

说在任务开始前

学习情景	轻松实现"数据分析"			
学习任务三	职工基本信息及工资统计	学时	课前	3 学时
			课中	6 学时
			课后	3 学时
学习任务背景	诗雅进入企业的人事部门工作，在工作中需要掌握每个部门职工基本信息，同时需要汇总各部门考勤表，这些数据资料需要进行多维统计、组织，并需要以不同的方式展示出来			
准备工作	Microsoft Excel 2016、职工基本信息及工资数据收集			

学习性工作任务单（任务三）

——一阶任务：表格制作

学习目标	制作基本情况表、考勤表
任务描述	根据要求，完成基本信息表、考勤表，设置表格格式，使用公式进行计算
步骤1	输入数据，完成基本信息表制作；并将工作表标签改为"基本信息表"
步骤2	基本信息表纸张大小设置为A4，横向，调整页边距，设置工作表格式，对工作表进行美化
步骤3	输入数据，完成考勤表制作；使用公式计算：①实际出勤天数＝应出勤天数－病事假天数－旷工天数；②迟到早退、病事假、旷工扣发金额；③对迟到早退、病事假、旷工等相应列进行求和
步骤4	考勤表纸张大小设置为A4，横向，调整页边距，设置工作表格式，对工作表进行美化
任务验收标准	（1）按要求完成数据输入； （2）按要求完成页面设置、表格格式； （3）对工作表进行美化； （4）函数使用正确
注意事项	

微课
表格制作

任务素材
基本信息表素材

任务素材
考勤表素材

任务样本

学习性工作任务单（任务三）

——二阶任务：图表制作

学习目标	图标制作、分类汇总
任务描述	根据工作表基本信息表进行分类汇总、图表的制作
步骤1	复制基本信息表，并将新工作表标签改为"汇总"，按职务字段分类汇总，对岗位工资、岗位补贴字段进行求和
步骤2	在基本信息表中，利用岗位工资、岗位补贴创建三维簇状柱形图，并对图表进行美化
任务验收标准	（1）按要求完成分类汇总； （2）按要求完成图表制作，并进行美化
注意事项	

微课
图表制作

任务样本

学习性工作任务单（任务三）

——三阶任务：函数应用

学习目标	制作职工工资表
任务描述	根据考勤表、基本信息表完成职工工资表，表间建立关联，能及时更新数据
步骤 1	输入数据，完成职工工资表
步骤 2	岗位工资、岗位补贴使用 VLOOKUP 函数从基本信息表中查找
步骤 3	全勤奖使用 IF 函数计算，迟到早退 + 病事假 + 旷工扣发金额等于零时，全勤奖为 500，否则为 0
步骤 4	使用求和函数分别计算每个人应发金额、扣发金额的和
步骤 5	迟到早退、病事假、旷工的扣发金额使用 VLOOKUP 函数从考勤表中查找
步骤 6	使用公式计算：养老保险 =（岗位工资 + 岗位补贴）× 8%；医疗保险 =（岗位工资 + 岗位补贴）× 2%；失业保险 =（岗位工资 + 岗位补贴）× 1%
步骤 7	使用求和函数，分别计算应发金额、扣发金额各列的总和
步骤 8	将工作表标签改为"工资发放表"，纸张大小均设置为 A4，横向，设置工作表格式，对工作表进行美化
任务验收标准	（1）按要求完成数据输入； （2）按要求完成页面设置、表格格式； （3）对工作表进行美化； （4）函数使用正确
注意事项	

微课 函数应用	任务素材	任务样本	PPT课件 学习情景四

🔧 实践练习

1. 利用问卷调查汇总表，统计每题中各选项的总数及所占百分比。

2. 收集近 5 年汽车保有量数据，使用折线图直观反映变化情况。

3. 收集某楼盘销售情况，统计各户型销售数量、销售金额总计、最高和最低销售价。

学习情景五

PPT "要你好看"

 知识结构图

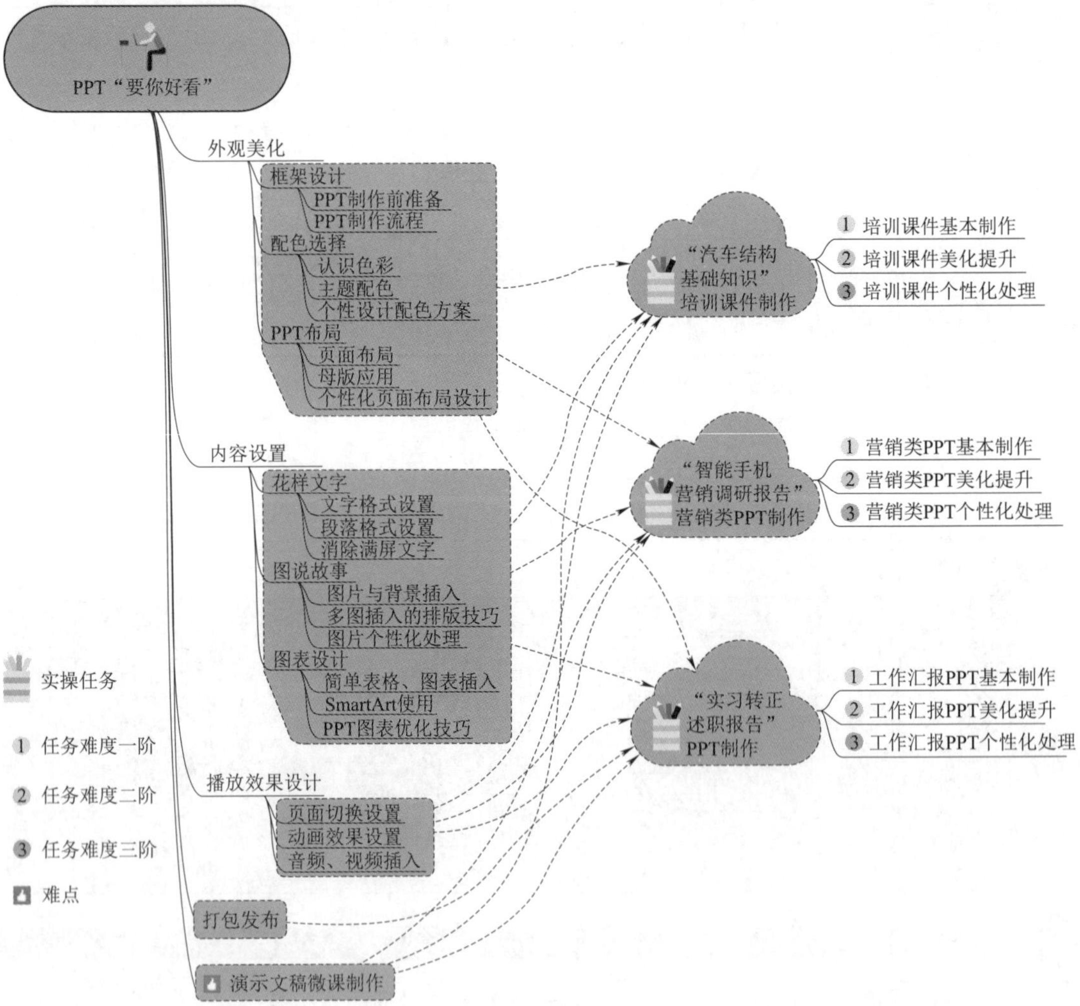

PPT "要你好看"

外观美化
- 框架设计
  - PPT制作前准备
  - PPT制作流程
- 配色选择
  - 认识色彩
  - 主题配色
  - 个性设计配色方案
- PPT布局
  - 页面布局
  - 母版应用
  - 个性化页面布局设计

内容设置
- 花样文字
  - 文字格式设置
  - 段落格式设置
  - 消除满屏文字
- 图说故事
  - 图片与背景插入
  - 多图插入的排版技巧
  - 图片个性化处理
- 图表设计
  - 简单表格、图表插入
  - SmartArt使用
  - PPT图表优化技巧

播放效果设计
- 页面切换设置
- 动画效果设置
- 音频、视频插入

打包发布

演示文稿微课制作

"汽车结构基础知识"培训课件制作
1. 培训课件基本制作
2. 培训课件美化提升
3. 培训课件个性化处理

"智能手机营销调研报告"营销类PPT制作
1. 营销类PPT基本制作
2. 营销类PPT美化提升
3. 营销类PPT个性化处理

"实习转正述职报告"PPT制作
1. 工作汇报PPT基本制作
2. 工作汇报PPT美化提升
3. 工作汇报PPT个性化处理

实操任务
1. 任务难度一阶
2. 任务难度二阶
3. 任务难度三阶
难点

 **学习目标及内容**

序号	学习主线	学习分支	学习内容	难度	学习目标
1	外观美化	框架设计	PPT 制作前准备	一阶	熟练掌握 PPT 以制作主题来确定逻辑结构、配色方案和模板的方法，分易、中、难三级学习目标，因材施教，匹配不同程度的学生，为做出一个"好看"PPT 开个好头
			PPT 制作流程	二阶	
		配色选择	认识色彩	一阶	
			主题配色	二阶	
			个性设计配色方案	三阶	
		PPT 布局	PPT 页面布局	一阶	
			母版的应用	二阶	
			个性化页面布局设计	三阶	
2	内容设置	花样文字	PPT 字体字号设置	一阶	熟练掌握 PPT 制作中选择合适的文字、图片、图表并插入的方法，灵活运用 SmartArt 结构图，完成背景设置，最终实现个性化设计，从易到难，从模仿到独创，符合学习规律，因人而异，各有收获
			PPT 字体、字号、行间距选择技巧	二阶	
			消除满屏的字	三阶	
		图说故事	图片与背景的插入	一阶	
			多图插入的排版技巧	二阶	
			图片个性化处理	三阶	
		图表设计	简单表格、图表插入	一阶	
			SmartArt 逻辑结构图的使用	二阶	
			PPT 图表优化技巧	三阶	
3	播放效果设计	页面切换设置		一阶	熟练掌握利用切换动画的设置表达 PPT 页面内在逻辑的方法；实操页面动画的设置方法，体现 PPT 灵活显示的特点；通过音频、视频插入，增强 PPT 的感染力
		动画效果设置		一阶	
		音频、视频插入		二阶	
4	打包发布	打包发布		三阶	熟练掌握 PPT 打包发布方法
5	演示文稿微课制作	演示文稿微课制作		三阶	熟练掌握 PPT 微课方法，能利用演示文稿录制简单微课

知识准备

PPT 是微软公司推出的 Microsoft Office 2016 办公套件中的一个组件，专门用于制作演示文稿（俗称幻灯片），广泛运用于各种会议、产品演示、学校教学。

5.1 外观美化

5.1.1 框架设计

在开始进行 PPT 演示文稿制作前，有一系列前期工作需要完成。

1. PPT 制作前准备

（1）交流与沟通。首先要知道受众是谁，是实习生、同行还是领导，是授课还是汇报，根据受众的层次调整讲授的内容。其次要了解演示 PPT 的环境设置，如场地大小，关系到制作字体大小，如幕布尺寸，一般是宽屏（16：9）和标准屏（4：3），学校大多是标准屏，各种会议中应用宽屏较多，如果不匹配幕布，上下或左右会出现黑边，影响 PPT 的"颜值"。最后要注意时间，时长决定内容的构思和展示的方式，这些需要沟通和交流来获取。

（2）理清脉络。确定主题后，先要理清逻辑关系，清楚此次展示中要表达的核心内容是什么，以及表达形式。

（3）构建内容与框架。在理清逻辑关系后，需要整理思路，把要表达的内容按照框架结构罗列出来，推荐使用思维导图，也可以使用纸和笔。

（4）文字准备。PPT 内容为王，内容构架有了，要找资料给其补充"血肉"，围绕主题通过各种方法找资料，如教材、文献等，足够的信息才能支撑观点。如果是演讲型的先写逐字稿，如果是教学，先研读课程内容，根据教学大纲的要求，明确教学目的、要求和重点难点，书写 Word 文稿。

（5）绘制 PPT 草图。把文字稿进行总结提炼，画草图把逻辑排版框架理清，在此过程中出现问题能及时修改，可以用 A4 纸，也可以用便签。

（6）工具素材准备。

素材积累：不是每个人都是设计师，模板也是可以套用的，平时看到好的模板可以收集，图片要收集质量高的，图表收集不同风格的，以备不时之需。

素材分类：在搜集素材前，应根据模板、图片、图表、文字或自己的特别需要建立文件夹，以便查找和使用。

2. PPT 制作流程

PPT 制作流程如图 5-1 所示。

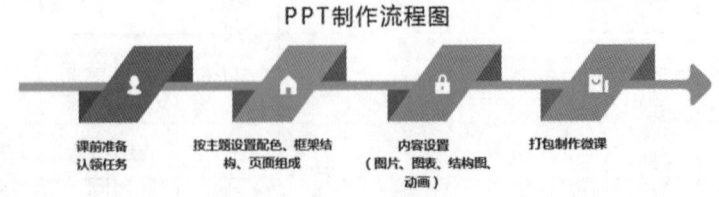

图5-1　PPT制作流程

5.1.2　配色选择

根据 PPT 制作的主题，选择配色方案，有的主题热情奔放，有的主题平淡质朴。

然而，仅靠感觉是不能搭配出"好看"的色彩的，一切还要从基础做起，了解色彩知识，避开搭配雷区，做到平均分配色。再学会模仿和利用，将主题色、配色融入自己的 PPT 中，实现高分配色。

1. 认识色彩

色相、明度、饱和度的概念是做好配色的必备知识，打开 PPT 的颜色对话框，选择 HSL 颜色模式，即可轻松调节颜色的这 3 个参数值。

1）色相（H）

按照色彩理论的解释，色相是色彩所呈现出的本质面貌。通俗来讲，不同色相就是指不同的颜色，如蓝色和红色是两个色相。

将不同的色相放在一起，组成色相环，根据色相环中颜色之间的角度来判断这两种颜色的对比程度。如图 5-2 所示，箭头所指的两种颜色之间的角度约为 60°，这是比较小的角度，因此这两种颜色是色相相近、对比不强烈的。

要想页面颜色和谐、融洽，选择角度小的、隔得近的颜色，要想突出对比、强调内容，选择角度大、隔得远的颜色，颜色数量不超过 4 种。遵循上述配色规律，就可以制作出色彩和谐的 PPT。

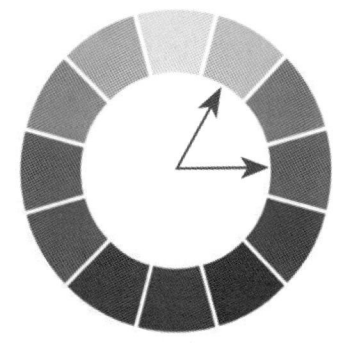

图5-2　色相环示意图

2）明度（L）

明度是色彩在明亮程度这个维度上的强弱情况。每一种纯色都有与其相应的明度，如黄色明度最高，蓝紫色明度最低，红、绿色为中间明度。色彩的明度变化往往会影响到纯度，如红色加入黑色以后明度会降低，同时纯度也会降低；如果红色加入白色则明度会提高，纯度却会降低。

在为 PPT 选择配色方案时，如果配色中包含了多种颜色，应尽量确保颜色的明度一致，否则会使整个 PPT 的颜色看起来有些混乱。

当然也可以选择不同明度的配色：同一色相，不同明度，形成单色系配色方案。这种配色方法可以体现出色彩的层次感，并且呈现简洁美。

3）饱和度（S）

饱和度是指色彩的鲜艳程度。高度饱和的，如鲜红色、鲜绿色。混杂上白色、灰色或其他色调的颜色，是不饱和的颜色，如绛紫色、粉红色、黄褐色等。

饱和度越高，颜色就越明显、艳丽，但是饱和度太高又会有些刺眼，如鲜绿色。因此，饱和度居于较高水平，又没有达到极值时，最能引起人们的注意力。基于此，可以找到 PPT 配色的一个规律：在不刺眼的前提下使用饱和度较高的颜色，可以增加画面的质感，让观众集中注意力。

2. 主题配色

PPT 的主题配色常常被忽略，然而主题配色却有两大用处：可以直接选择系统预设的配色使用，实现较好的配色效果；通过设置主题配色，可以方便后期修改整份 PPT 的配色。

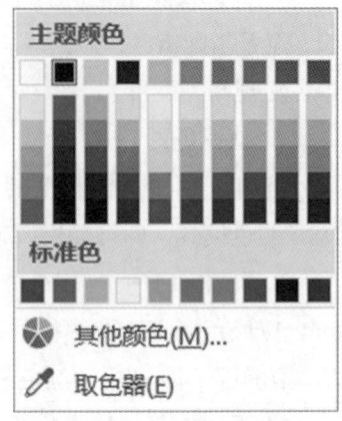

图5-3　主题配色方案选择

1）选择、新建配色

主题配色在"设计"选项卡下，单击"变体"下拉按钮，从弹出的下拉列表中选择"颜色"选项，可以看到系统已经预设好的多种配色方案，这些配色都是经过合理搭配的，可以放心使用，如图 5-3 所示。

2）使用配色

完成配色选择或自定义配色后，在幻灯片页面中插入文字、艺术字、公式、形状、图表、SmartArt 图形、表格等都将自动配好颜色。

完成 PPT 制作后，如果想要更改配色，可以重新选择主题颜色或新建配色方案，只需更改配色方案，页面元素配色将立刻发生改变。

3. 个性设计配色方案

如果要新建主题配色，且保证配色的效果不失败，最简单的方法就是模仿。

1）Color Hunt：专业配色网站

Color Hunt 是一个提供专业配色方案的网站，选择网站中的某种配色时，就会显示出该颜色具体的参数值，如图 5-4 所示。

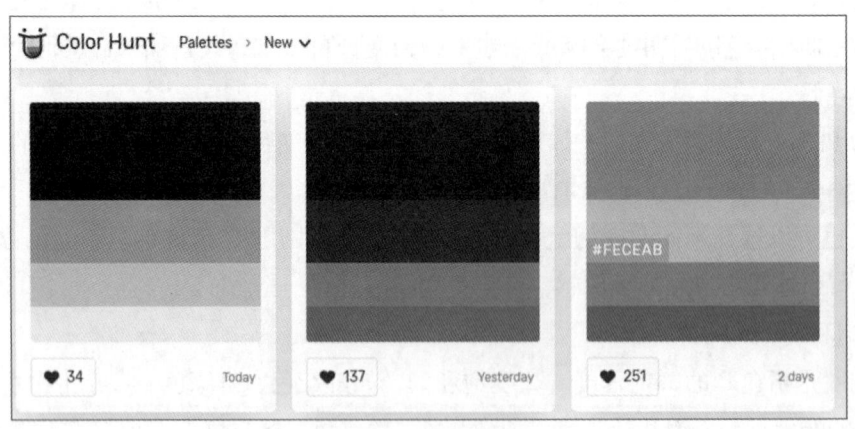

图5-4　Color Hunt专业配色网站

2）Color Blender：在线配色器

Color Blender 是一个在线配色网站，网站中提供的是现成的颜色搭配，可以根据实际需求，设置一种主色，网站再根据这种主题搭配出其他颜色。如图 5-5 所示，选择 RGB 参数值，完成主题设置，上方就会自动搭配出配色方案。有了配色方案后，就可以利用 PPT 中的 "取色器" 工具快速完成内容元素的配色。

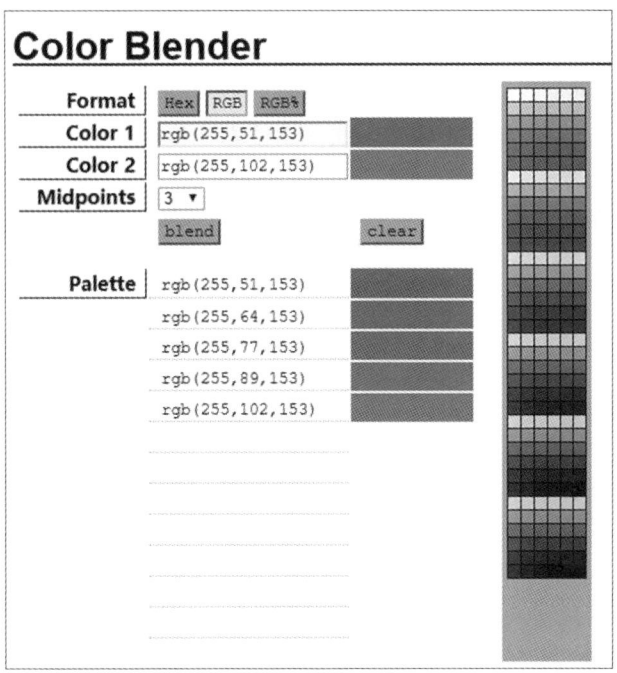

图5-5　Color Blender在线配色网站

完成配色设计后，就可以根据 PPT 主题选择 "模板" 进行格式套用，如图 5-6 所示。

图5-6　PPT主题选择 "模板"

5.1.3 PPT 布局

1. PPT 页面布局

每一个 PPT 页面的结构应由元素与元素之间的关系、元素与元素之间的对齐关系、字体 3 部分构成。PPT 有许多自带的布局格式供用户套用。

选择 PPT 自带的主题格式后，就可以开始进行页面布局的选择和设计了。其中最简单直接的方法是根据页面在整个演示文稿中的位置，选择 PPT 自带的页面布局格式，单击"新建幻灯片"进入页面布局选择框，选择合适的页面布局形式，如图 5-7 所示。

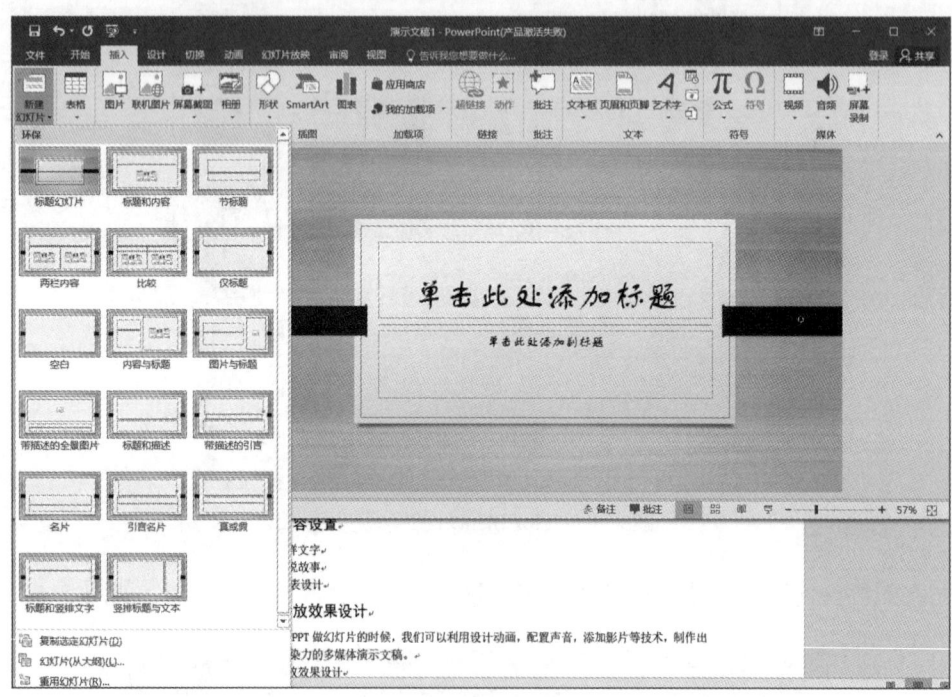

图5-7　PPT自带页面布局格式

2. 母版的应用

母版就是给幻灯片页面预设一个版式。

幻灯片的母版有 3 种类型：讲义母版、备注母版、幻灯片母版。其中讲义母版和备注母版通常用于打印 PPT 时调整格式；幻灯片母版用于用更少的时间，批量快速建立精美 PPT。

"幻灯片母版"选项卡如图 5-8 所示。

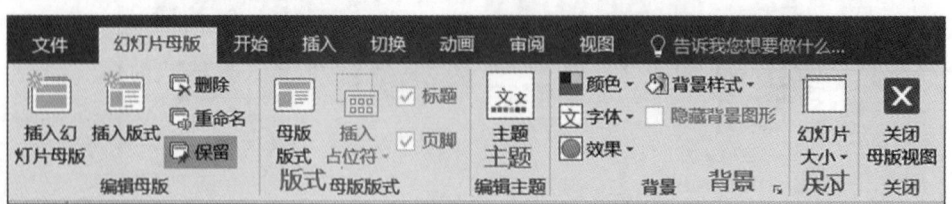

图5-8　幻灯片母版

通过 PPT 母版设计，用户可以减少工作量，提高工作效率。例如，批量添加 logo、添加页眉页脚、添加页码、修改颜色和字体、添加自动匹配格式的占位符等。

3. 个性化页面布局设计

PPT 的页面版式布局，除了使用模板以外，还可以根据主题、需求设计个性化的页面版式布局，划分的原则是页面的对称平衡和黄金分割。PPT 常用的个性化布局方式如表 5-1 所示。

表 5-1　PPT 常用的个性化布局方式

序号	名　称	图　例
1	横向对称型	
2	纵向对称型	
3	矩阵对称型	
4	圆形对称型	
5	横向分割型	
6	纵向分割型	

续表

序号	名　称	图　例
7	横向对称纵向分割型	
8	纵向对称横向分割型	

5.2　内容设置

5.2.1　花样文字

PPT 的字体、字号通常决定着版面的最基本效果，设置选择合适的字体字号势必能给版面阅读效果加分。

1. PPT 字体字号设置

设置版面中文字的字体、字号，首先需选中文字部分内容，在"开始"选项卡"字体"功能区中进行设置，如图 5-9 和图 5-10 所示。

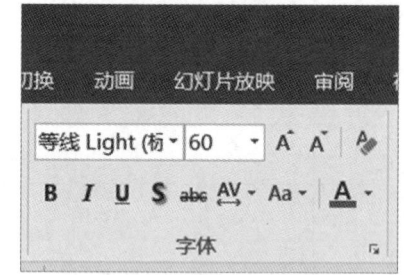

图5-9　字体设置

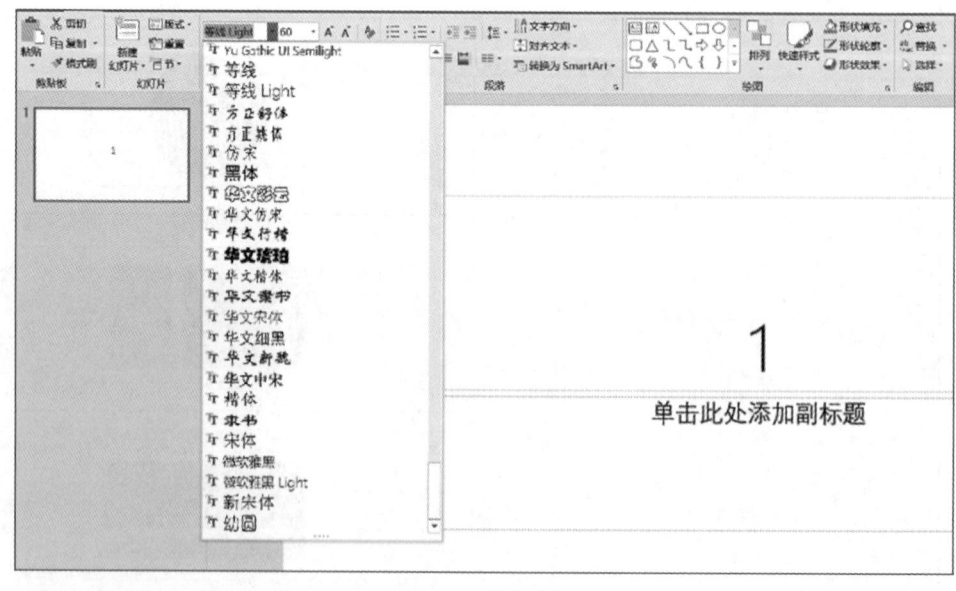

图5-10　字体选择

2. PPT 字体、字号、行间距选择技巧

文字是 PPT 的灵魂，可以帮助用户传达信息。在 PPT 中该选用什么字体？字号多大合适？除此之外还要注意哪些问题？

1）字体

选择字体之前，不妨先考虑哪些字体具有阅读性，而不是单纯地好看。一般的 PPT 中，尽量不要使用书法类字体，除非是与书法相关的内容或者有特殊要求。毛笔字体用来做标题效果很好，用来做正文则会对阅读产生一定的干扰性。

这里给出几种推荐字体，其他字体请自行斟酌，只要能保证阅读性就好。传达信息比字体美观性更重要。

（1）黑体。黑体系列有很多，这里推荐 3 种：微软雅黑、冬青黑体和思源黑体。这 3 种字体看起来比较商务、正式、精致，有现代感，适用于大多数场合。项目汇报、融资路演、策划推广及毕业答辩等都可以使用这 3 种字体。

（2）宋体。宋体不仅限于计算机中自带的宋体。这里推荐 3 个 PPT 里常用的宋体：方正清刻本悦宋简体、方正大标宋简体、造字工房朗宋。这 3 种字体的气质是文艺、古朴、醒目与传统，适用于政府工作报告和带有个人气质的演讲汇报等场合。

（3）圆体。相对于上面两种字体来说，圆体在 PPT 中使用的场景并不多，但也的确有些特殊行业需要用到。这类字体显得柔和、温暖、细腻、趣味和卡通，适合用在表现女性、爱情、儿童等主题的 PPT 中。

（4）书法体。书法体可以说是 PPT 中比较特殊的一类字体，因为它不会通篇应用，而是在某些特殊页面会用到。这类书法体看起来大气磅礴，文化气韵浓厚，有极强的底蕴感，适合用在 PPT 中封面或者文字较少的页面中。

2）字号

PPT 里面默认的字号范围是 8 号~96 号。那么，到底该如何选择字号呢？

在 PPT 的默认设置里面，标题字号是 44 号，一级文本是 32 号，二级文本是 28 号……共有五级文本。建议用到二级字号即可。

PPT 投影时，最小字号最好不要小于 28 号。Word 里面默认的字号范围是初号~八号和 5 号~72 号。PPT 中的 10.5 号相当于 Word 中的五号，作为阅读用的 PPT 文档最小字号建议设为 10.5 号。

常用字体字号搭配推荐如表 5-2 所示。

表 5-2　常用字体字号搭配推荐

序号	场景	搭配字体
1	商务风格	标题：微软雅黑 加粗 28px 正文：微软雅黑 light 20 px

续表

序号	场景	搭配字体
2	科技风格	标题：思源黑体 Medium 28px 正文：思源黑体 light 18px
3	正式风格	标题：方正宋体 24px 正文：微软雅黑 light 18px
4	中国风	标题：思源宋体 Heavy 24px 正文：思源黑体 Normal 18px
5	运动风格	标题：黑体 倾斜 32px 正文：微软雅黑 light 20px

3）行间距

行间距是行与行之间的距离。行间距过于紧凑，会让视线难以从行尾扫视到下一行首。行距过于宽松，字间距会开始形成队列，会阻断行的视觉流。

PPT 设计中，文字间距一般根据字体大小选 1~1.5 倍作为行间距，1.5~2 倍作为段间距。另外，段落与段落之间要有明显的间隔距离，一般设置为 2~3 倍行距。行间距是段落间距的 75% 是非常常见的。实际情况中应灵活运用，大致遵循这样一个比例即可。

3. 消除满屏的字

PPT 中大段满屏文字的页面让观众没有耐心，可以通过以下方法消除满屏的文字。

1）划板块

一大段文字处理的第一个方法：将其分成几个板块。

2）分层次

查看每个段落之间的逻辑关系。

3）删文字

不影响原意的文字都可以删除。任何修饰的词都可以删除。一些连接词、语气助词等可以删除，如共有、包括、分别是等。

4）转形式

为了让观点更突出，删除文字后，可以根据文本的逻辑关系将文字转形式。在转形式时，可以加合适的图标及大气的图片作为背景。

5.2.2　图说故事

做 PPT 的时候插入图片是一项最基本的操作。收集素材时，先按主题要求收集好图片素材，然后将其运用到 PPT 中。

1. 图片与背景的插入

1）通过菜单插入

单击"插入"选项卡"图像"功能区中的"图片"按钮，在打开的对话框中选择图片，单击"插入"按钮，如图 5-11 所示。

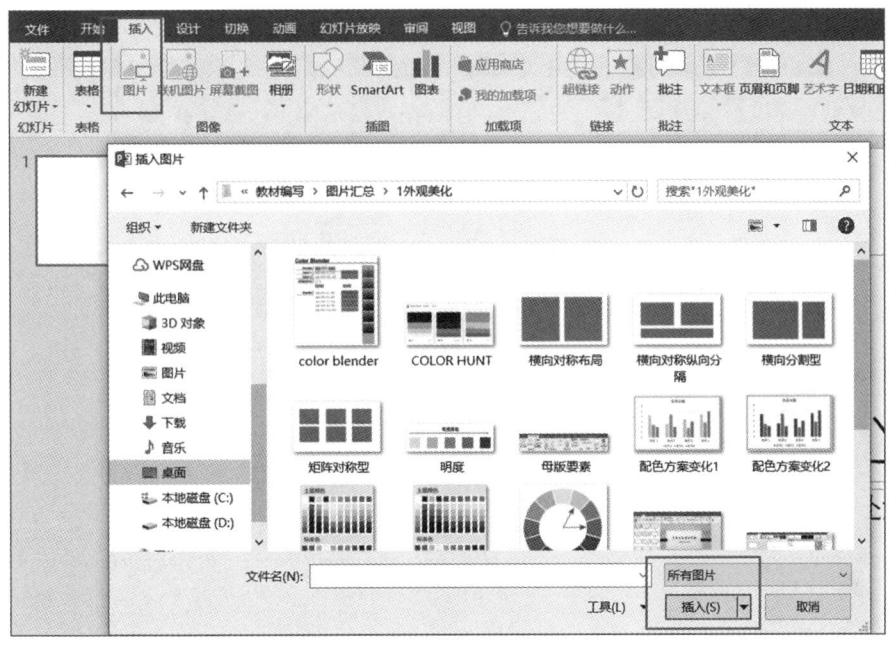

图5-11　插入图片

通过菜单方式插入的图片，大小和位置不一定是想要的，因此需要进行大小缩放、裁剪、调整宽高、移动位置、对齐细节等一系列操作。

2）图片直接拖进 PPT

可以将图片直接拖进 PPT，如图 5-12 所示。

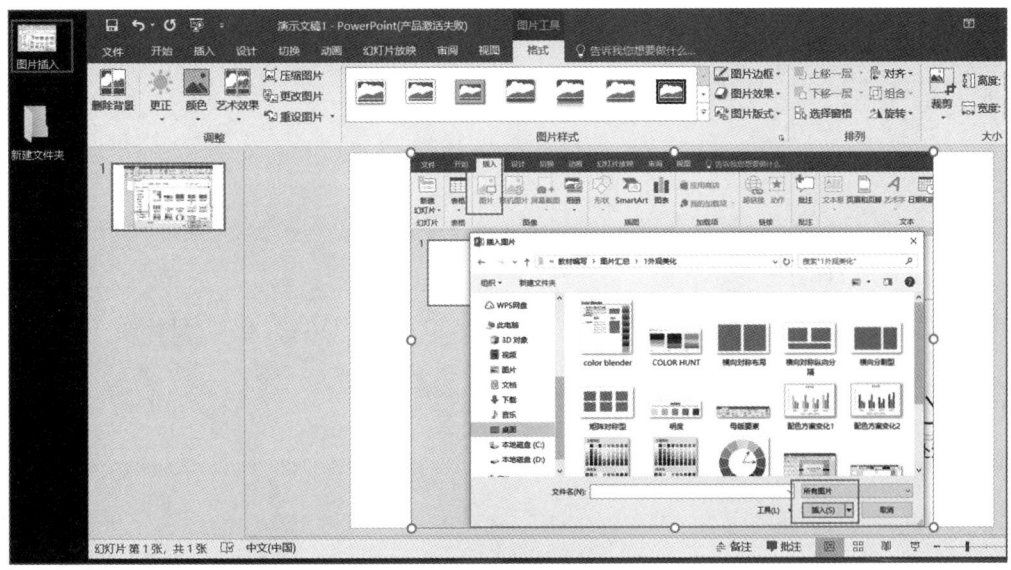

图5-12　图片直接拖进PPT

3）利用图片占位符插入图片

单击幻灯片中的图片占位符，如图 5-13 所示。

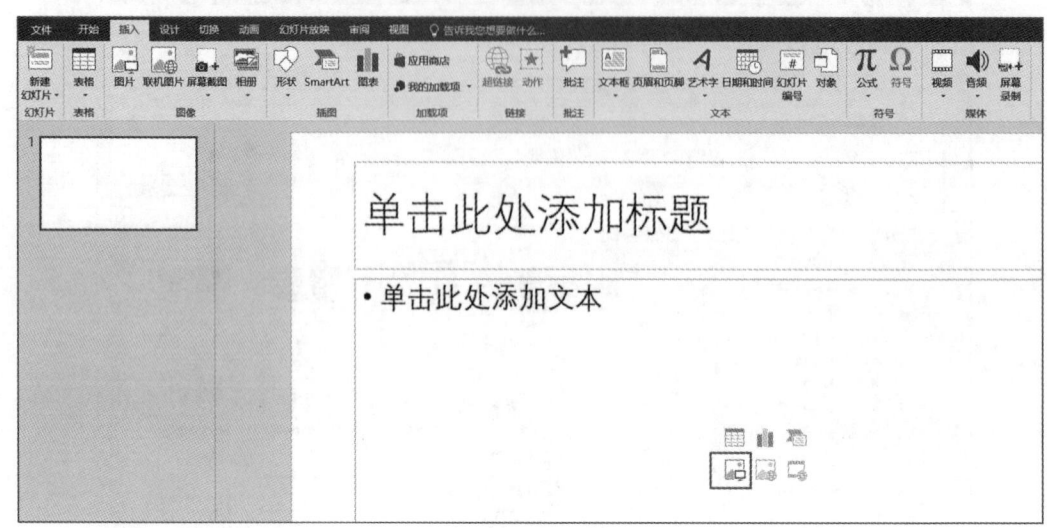

图5-13　利用占位符插入图片

利用"占位符"插入图片方法，做 PPT 的过程中可以先不考虑配图，排版设计时哪里需要图片，就进行占位，全部设计完之后再进行图片填充。这个操作需要借助母版视图，如图 5-14 所示。如果仅需插入一张图片，直接插入即可，如图 5-15 所示。

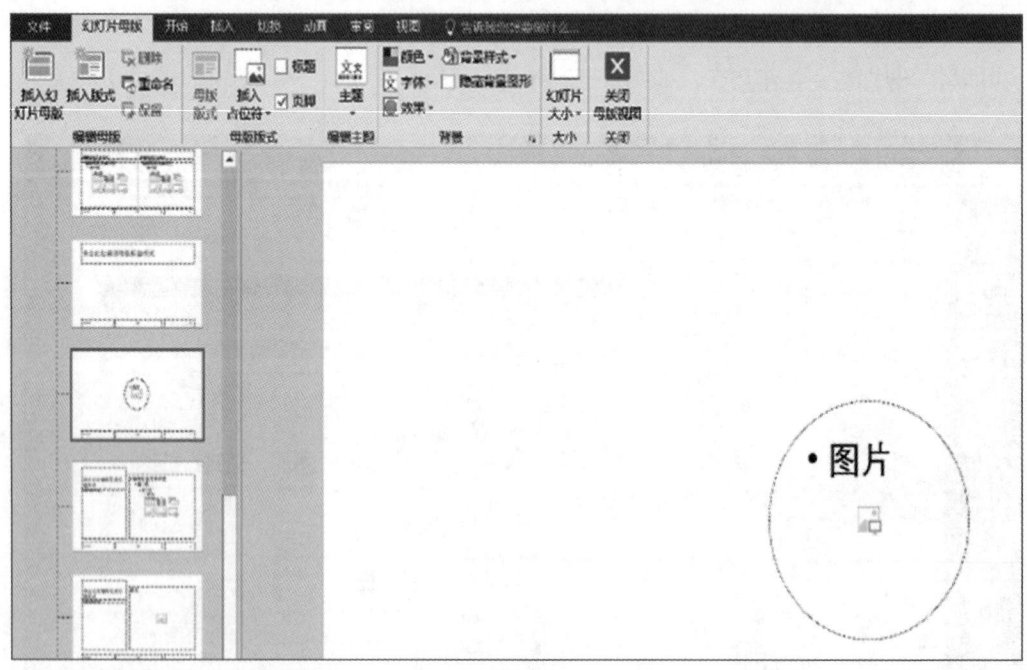

图5-14　模板设置图片占位符

图5-15　利用占位符插入一张图片

2. 多图插入的排版技巧

有时一页 PPT 要插入多张图片。此时，与其一开始就考虑用什么设计效果，不如先理清图片之间的关系。第一种情况是多张图片并列。这种情况非常常见，例如团队介绍。第二种情况是图片之间存在主次关系。

1）通过重复营造整齐美感

当一页 PPT 需要插入大量图片时，它们的横纵比往往不同，直接排版难度很大，容易混乱。对抗这种混乱，需要创造某种一致性，重复图片的边界就是在创造一致性。直接插入多图效果如图 5-16 所示。

图5-16　直接插入多图效果

通过重复营造整齐美感效果，如图 5-17 所示。

图5-17　重复营造整齐美感

2）通过跳跃率营造对比美感

图片跳跃率是最大的图片和最小的图片之间的大小比例关系。对比设计中，跳跃率越高，冲击力越强；跳跃率越低，页面越安静，如图 5-18 和图 5-19 所示。

3. 图片个性化处理

1）图片加蒙版

想让 PPT 中的图片更有意境，可以给这些图片添加蒙版。先插入一个形状，然后右击该形状，在弹出的快捷菜单中选择"设置形状格式"命令，调整该形状的颜色、透明度等，最后拖动该形状，使其完全覆盖图片，如图 5-20 所示。

图5-18　高跳跃率图片对比

图5-19　低跳跃率图片对比

图5-20　图片蒙版效果

2）立体图片

要想让图片更生动、更有趣，可以试试将图片处理成立体图片。单击"插入"选项卡"图像"功能区中的"形状"按钮，选择立体形状，通过鼠标绘制一个立体形状，右击，在弹出的快捷菜单中选择"设置形状格式"命令，在打开的"设置形状格式"任务窗格中选择"图片或纹理填充"单选按钮，单击图片源中的"插入"按钮，在打开的对话框中选择自己想要的图片并插入，效果如图 5-21 所示。

图5-21 立体图片

3）批量排版图片

有时需要在某一页幻灯片中插入多张图片，可以通过"图片版式"来批量排版图片。选择所有图片，单击"格式"选项卡"图片样式"功能区中的"图片版式"按钮，在打开的下拉菜单中选择自己想要的样式，如图 5-22 和图 5-23 所示。

图5-22 未排版前效果

图5-23 批量排版效果

4）创意裁剪

首先在 PPT 里插入一张图片，然后单击"格式"选项卡"大小"功能区中的"裁剪"按钮，在打开的下拉菜单中选择"裁剪为形状"子菜单中的命令，就可以将图片裁剪成各种形状，让图片看起来不会很单调，如图 5-24 所示。

图5-24 创意裁剪

5）图片调色

在 PPT 中，还可以给照片调色。单击"格式"选项卡"调整"功能区中的"颜色"按钮，在打开的下拉菜单中可以给照片重新着色，给图片添上不同的滤镜效果，如图 5-25 所示。

图5-25　图片调色

5.2.3　图表设计

1. 简单表格、图表插入

为了更好地呈现数据分析结果，在 PPT 中经常出现表格和图表。

1）插入表格

单击"插入"选项卡"表格"功能区中的"表格"按钮，在打开的下拉菜单中选择相应选项即可完成操作，如图 5-26 所示。

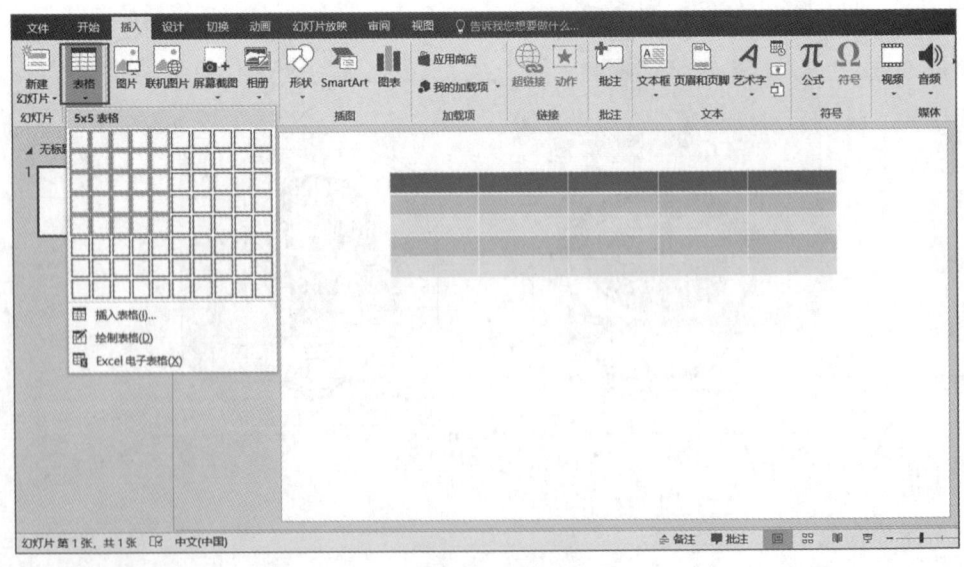

图5-26　表格插入

2）插入图表

单击"插入"选项卡"插图"功能区中的"图表"按钮，在打开的对话框中选择需要的类型，单击"确定"按钮，系统会自动弹出"Microsoft PowerPoint 中的图表"Excel 表格，该表格就是数据源。可以在表格中存放需要的数据，对应图表就会发生相应的变化，如图 5-27 所示。

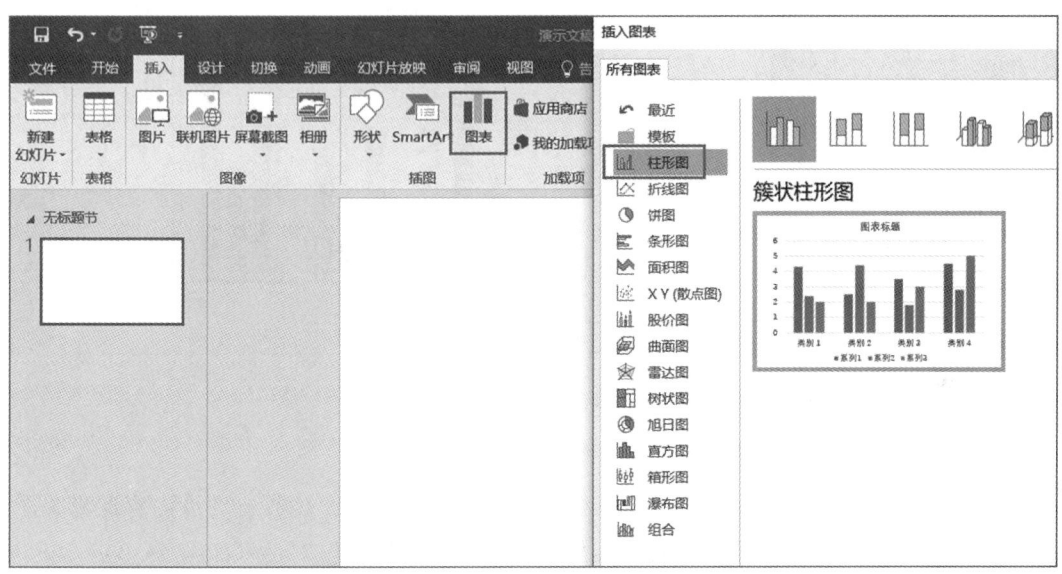

图5-27　插入图表

Excel 数据源对应图表如图 5-28 所示。

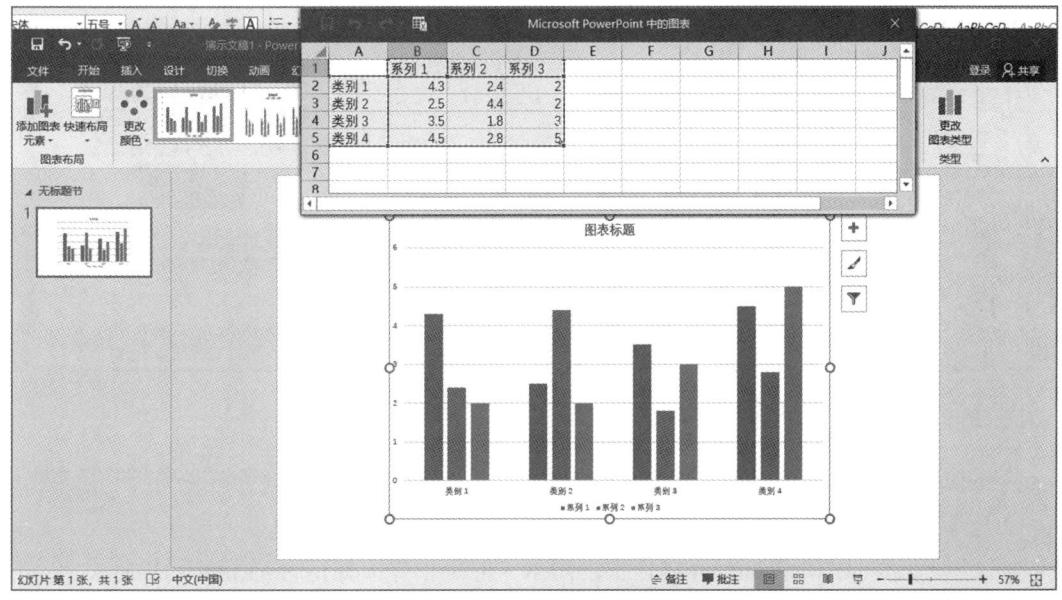

图5-28　Excel数据源对应图表

插入后可修改图表格式及数据，如图 5-29 所示。

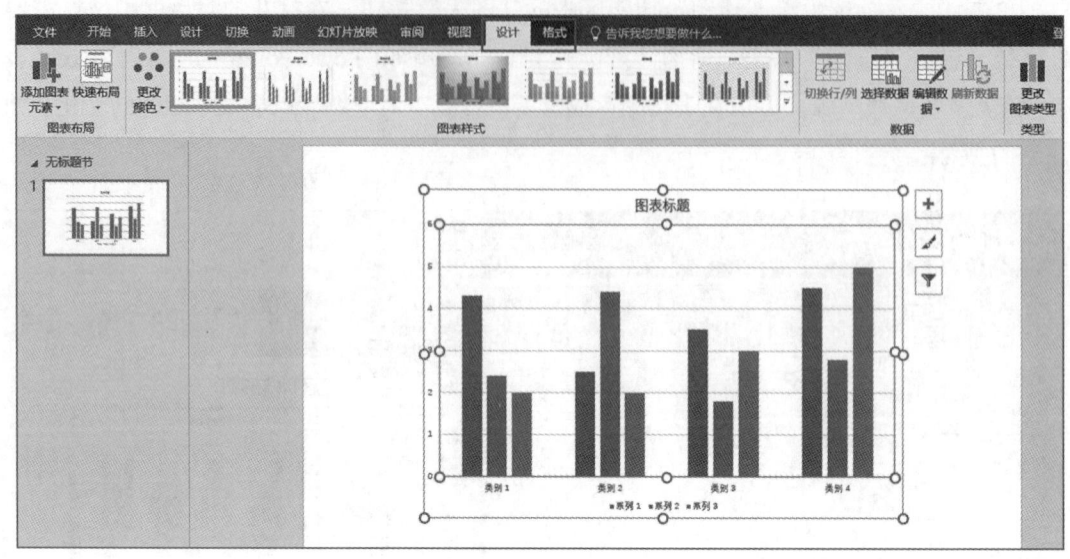

图5-29　图表格式及数据修改

2. SmartArt 逻辑结构图的使用

利用 SmartArt 图形进行逻辑结构表示，一般遵循以下几个步骤：理清内容逻辑关系。匹配整体视觉风格、优化图形排版细节。选择 "SmartArt 图形" 对话框如图 5-30 所示。

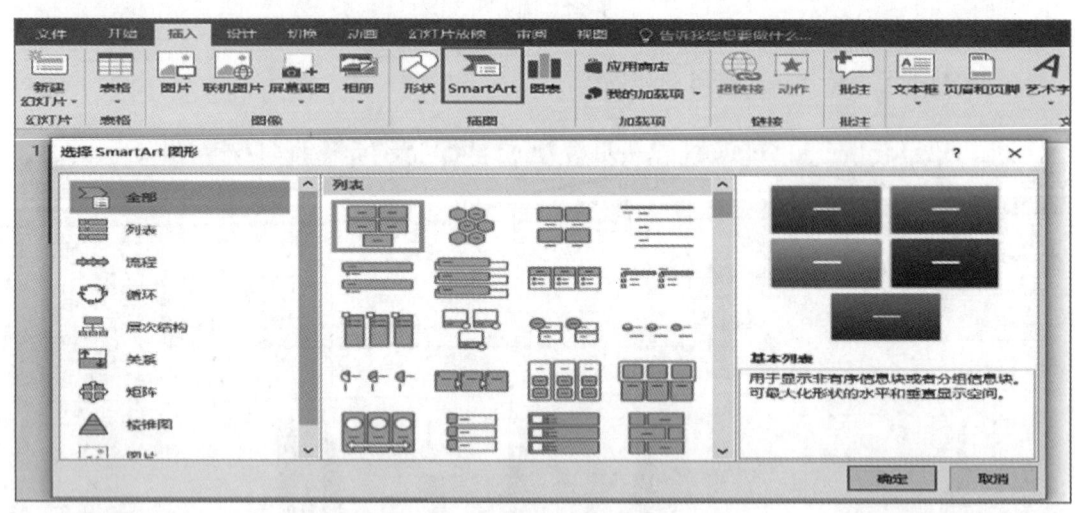

图5-30　插入SmartArt图形

SmartArt 图形可以帮助用户实现 PPT 整体视觉效果的提升。

1）文字转图示

很多人知道可以用 SmartArt 制作很多图示，但是很少人知道 SmartArt 可以将文字直接生成图表。首先按提纲输入文字，如图 5-31 所示。

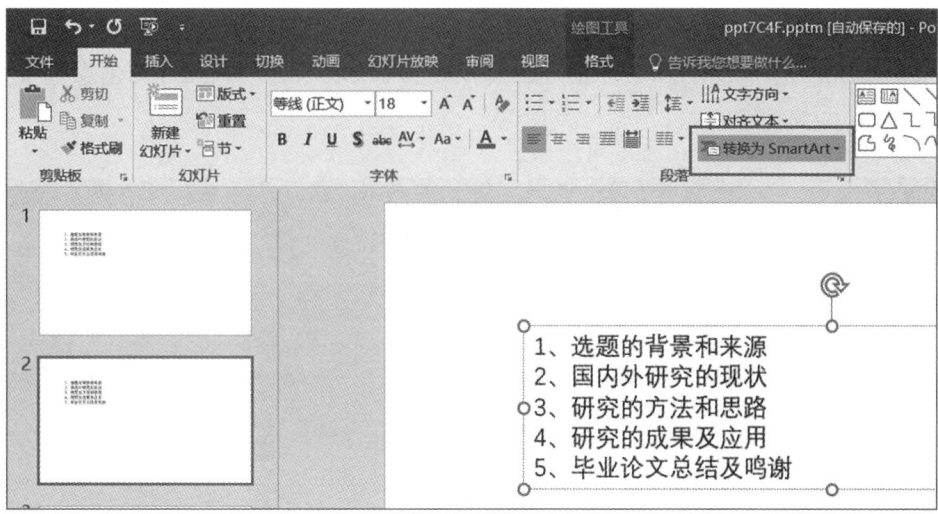

图5-31 输入文字

选择文字，单击"格式"选项卡"段落"功能区中的"转换为 SmartArt"按钮，在打开的下拉菜单中选择格式，即可完成转换。转换为 SmartArt 图形后的效果如图 5-32 和图 5-33 所示。

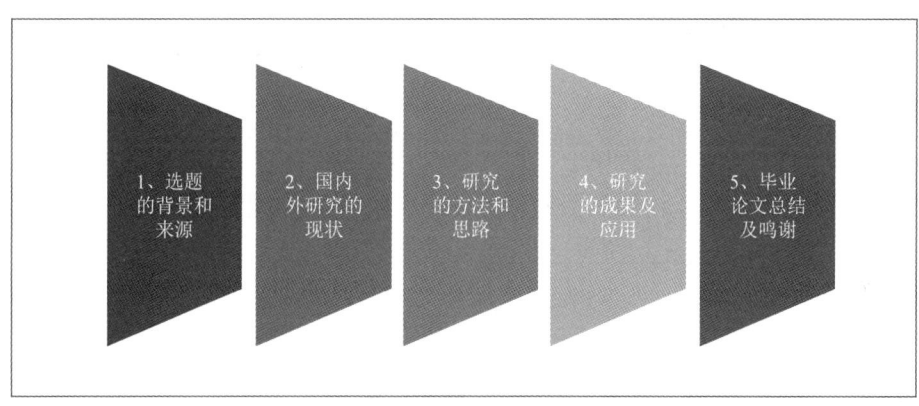

图5-32 文字转图示效果1

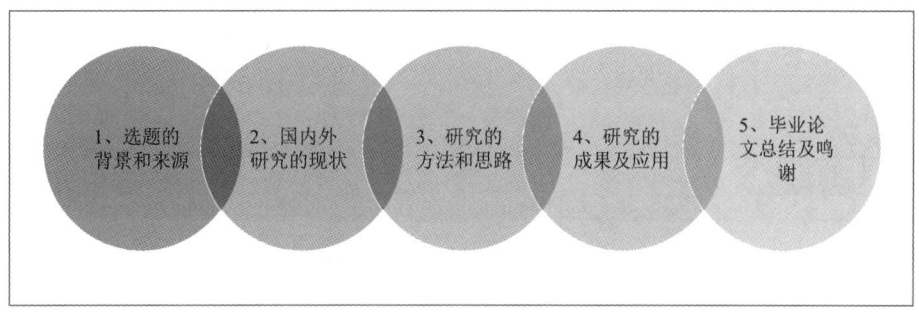

图5-33 文字转图示效果2

2）图片创意排版

SmartArt 除了生成图示图表，还有一个非常重要的功能，就是图片的创意排版。先插入图片，如图 5-34 所示。

图5-34　插入图片未排版

选择图片，单击"格式"选项卡"图片样式"功能区中的"图片版式"按钮，在打开的下拉菜单中选择具体版式，即可完成排版。图片排版后的结果如图 5-35 所示。

图5-35　SmartArt图片排版

3. PPT 图表优化技巧

无论是职场汇报，产品发布，还是学术答辩，都可能会使用数据图表。

1）凸显数据图表重点

在进行图表展示时，强调数据重点，可以有效地获取观众注意力。在优质的 PPT 报告中，当需要凸显数据重点时，常用到以下几种方法：

（1）添加背景浅色块。添加背景浅色块指在需要被强调的数据下方，添加一层与图表颜色一致但色调更浅的形状色块，或者是浅灰色，如图 5-36 所示。

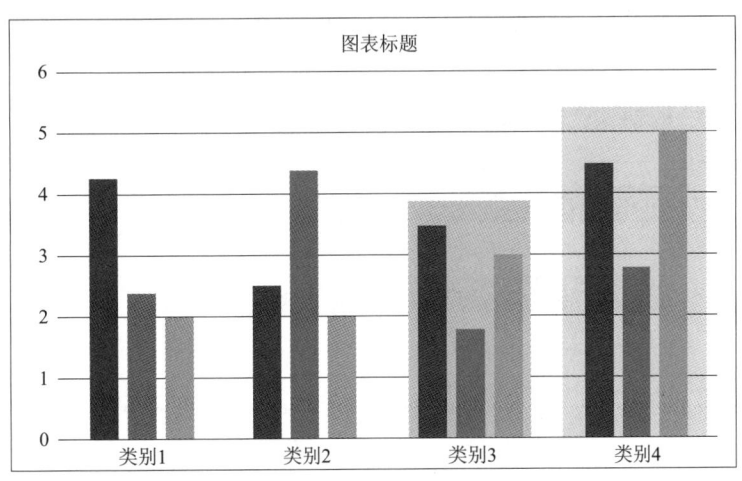

图5-36 数据添加浅色背景条

（2）更改图表透明度、亮暗搭配。通过对非重点图表部分的透明度进行调整，选择"亮色＋暗色"的搭配组合，也可以起到凸显重点的作用。例如，当想要强调左侧内容时，为了避免右侧干扰，可以将其透明化处理，如图 5-37 所示。

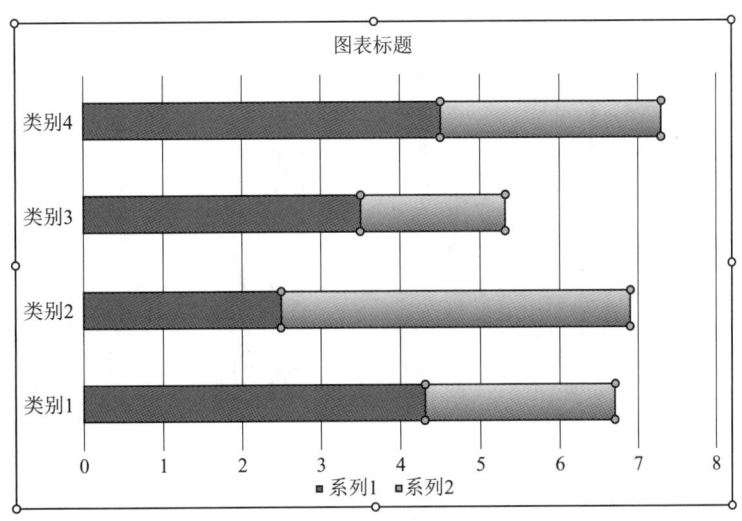

图5-37 图表数据条亮暗调整效果

2）表达更多图表含义

有时需要通过一个图表表达多重含义。例如，柱状图可以很好地表现出各部分数据本身的含义，还能同时表达出各部分数据间的变化率。

（1）添加数据标注。通过为一个图表添加辅助的内容标注，可以更清楚地让读者理解这个图表所表达出的其他含义，如图 5-38 所示。

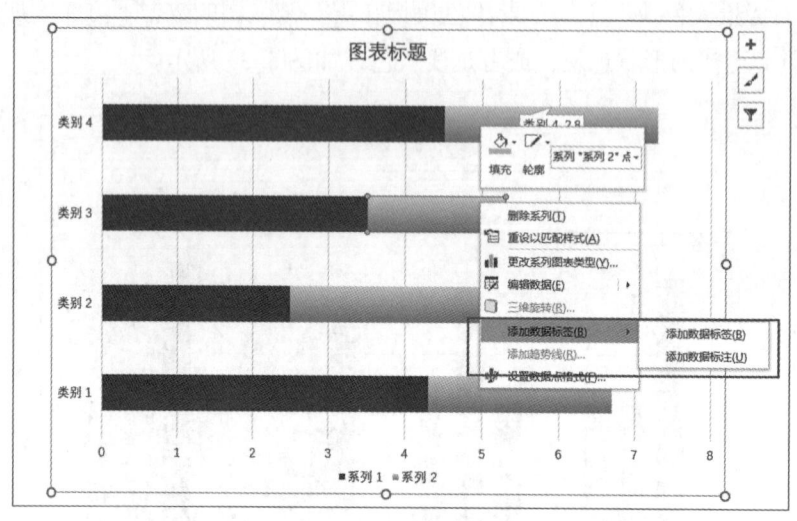

图5-38　图表添加数据标注案例

（2）添加趋势线。为一个图表添加一条合适的趋势线，不仅可以表明图表本身的数据含义，还能够直观地展现出数据的趋势变化，如图 5-39 所示。

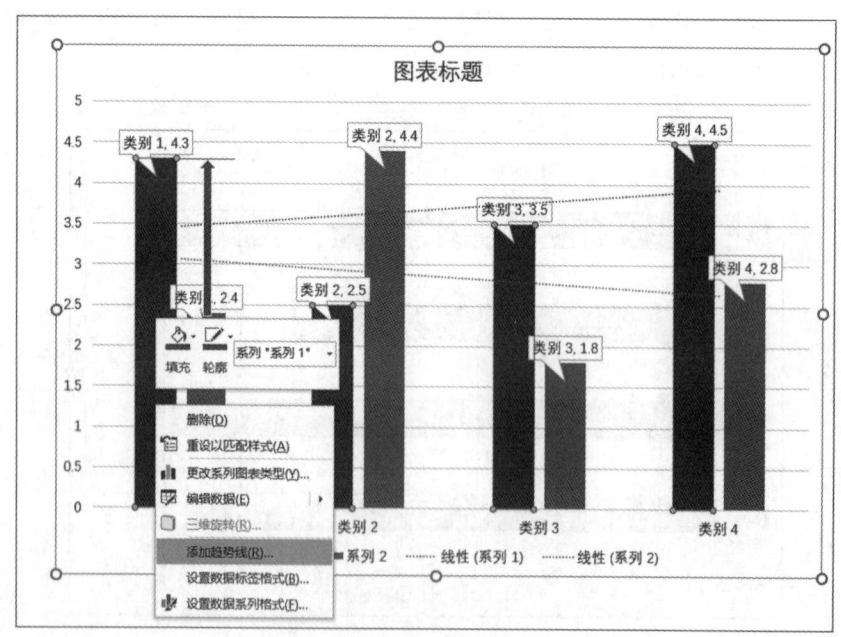

图5-39　图表添加趋势线

（3）将图表与表格相结合。表格的作用是规整大量信息，而图表则用来更直观地展现数据，如果能够很好地将两者合二为一，就能够发挥更大的作用。

3）更加形象地表现数据

图表虽然能够更加直观地展现数据，但是一份 PPT 中，如果存在大量图表，看多了也难免会觉得视觉疲劳，所以把图表做得更加有趣也是一门必修课。

（1）使用图标替代文字。当使用符号化的图表来表达相关的文字含义时，不仅能够让图表变得更加容易理解，而且可以让图表更加有趣。

（2）借助形状来表达数据含义。图表的作用是直观地表达数据信息，只要能够满足"直观"，也可以尝试使用更多其他形状来进行数据表达。

5.3　播放效果设计

用 PPT 做幻灯片的时候，可以利用设计动画、配置声音、添加影片等，制作出更具感染力的多媒体演示文稿。

5.3.1　切换、页面动画效果设置

1. PPT 页面切换

PPT 中前一张幻灯片 A 和后一张幻灯片 B 中的过渡效果称为切换动画，主要实现幻灯片之间的承接和美化，或为增加幻灯片切换之间的关联，或为减少内容变化时的突兀、单调、生硬，而且实现起来非常简单。直接在"切换"选项卡中选择一种效果就可以完成，如图 5-40 所示。

图5-40　幻灯片切换效果设置

选好切换效果后，还可对是否有切换声音、切换持续时间等参数进行设置，最终单击"预览"按钮可以检查切换设置的效果。

2. PPT 页面动画效果设置

除了页面与页面之间能以动画的方式切换，每一张页面上的图片、文字等也可以按一定的出场顺序、出场方式设置动画效果，并可以在动画窗格中设置动画出场的快慢，最终可预览动画效果并保存，如图 5-41 所示。

图5-41　PPT页面动画效果设置

5.3.2　音频、视频的插入

1. 音频插入

为了烘托气氛，PPT 中可以插入背景音乐，或者插入人声独白。PPT 中插入音频的方法有 4 种，分别是：音频直接插入、动画选项插入音频、幻灯切换时逐段插入、录制幻灯片演示插入旁白。每种方法都有不同的适用场景，可以根据不同场景需求选择合适的方法。

1）音频直接插入

最常用的方法就是通过单击"插入"选项卡"媒体"功能区中的"音频"按钮插入，如图 5-42 所示。通过该方式插入音频，支持的格式较为广泛。

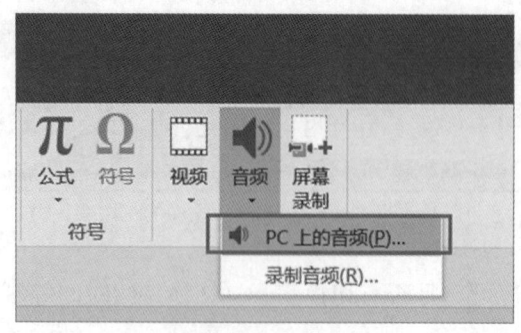

图5-42　插入音频

插入音频后，可以对插入音频的播放形式根据需求进行设置，如图 5-43 所示。

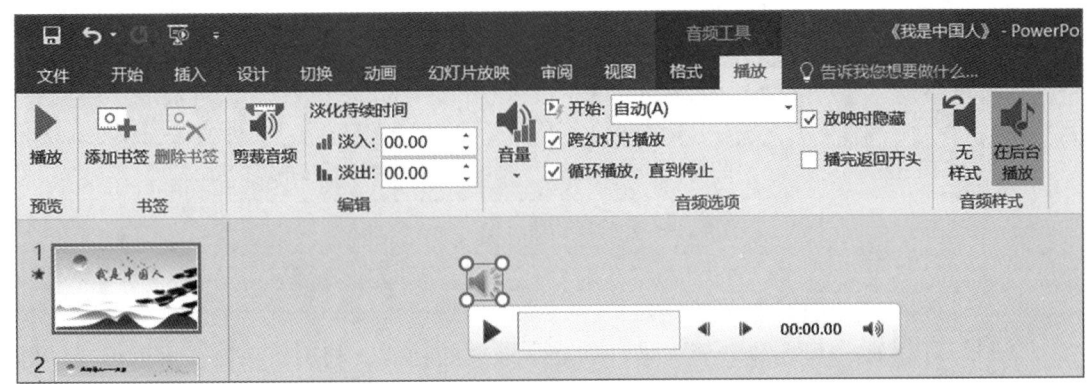

图5-43　音频播放形式设置

2）动画选项插入音效

PPT 中很多动画可以在播放的同时加入 WAV 格式的音效，如图 5-44 所示。

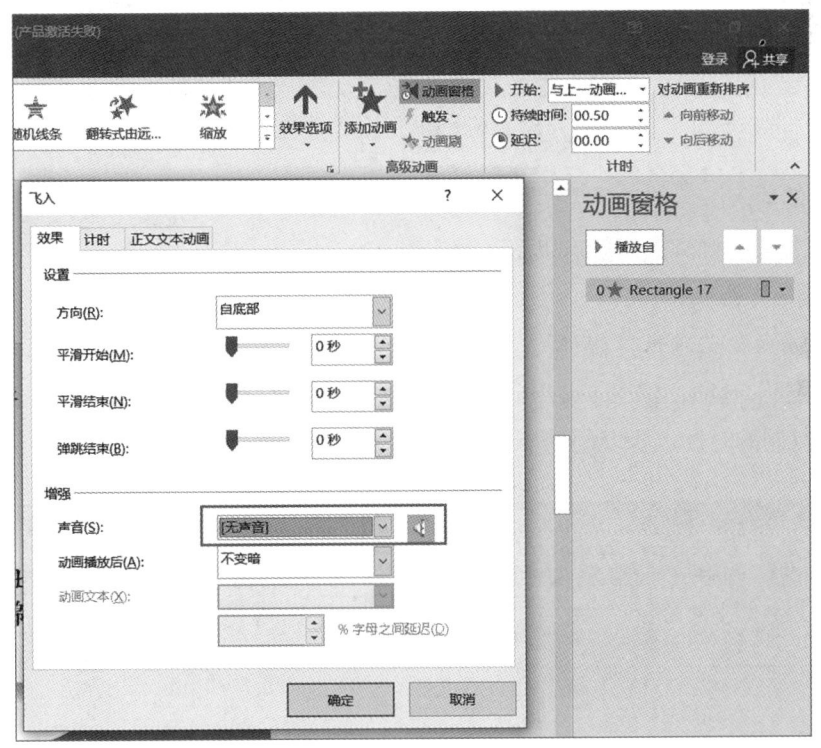

图5-44　动画选项插入音频

3）幻灯片切换时逐段加入

动画效果增强选项将音效播放限定在播放某一动画时，而幻灯片切换时的声音，可以将音频播放限定在某页或某几页之内（仅支持插入 WAV 格式），该功能主要适用于不同

PPT 页面插入不同的背景音乐 / 独白，如图 5-45 所示。

图5-45　幻灯片切换时逐段加入音频

4）录制幻灯片演示插入旁白

录制幻灯片演示（见图 5-46）是一项非常强大的功能。利用该功能，可以记录动画的时长、每页幻灯片的时长，可以加入自己的讲解或朗读，最后得到一个自动换页播放的PPT。

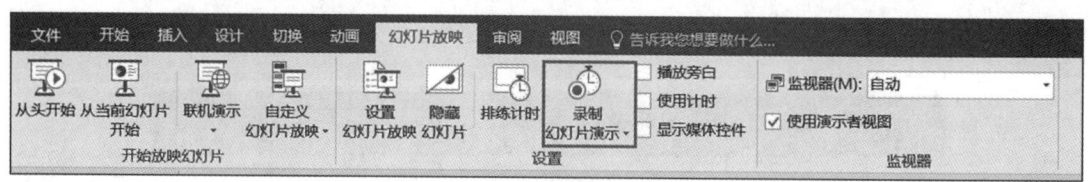

图5-46　录制幻灯片演示

2. 视频的插入

在 PPT 里插入视频，一般有以下 3 种方法：

1）直接插入视频

单击"插入"选项卡"媒体"功能区中的"视频"按钮，在打开的下拉菜单中选择"文件中的视频"选项，如图 5-47 所示。该方法需要将视频文件和 PPT 文件放在同一个文件夹下面，复制的时候也要复制整个文件夹，否则文件会丢失。

图5-47　直接插入视频

2）插入对象的方式

单击"插入"选项卡"文本"功能区中的"对象"按钮，在打开的对话框中选择"由文件创建"单选按钮，如图 5-48 所示。该种方式可以将视频文件嵌入到 PPT 文件里，无论将 PPT 怎么移动，都不会丢失视频文件；播放时，会弹出视频播放软件的窗口。

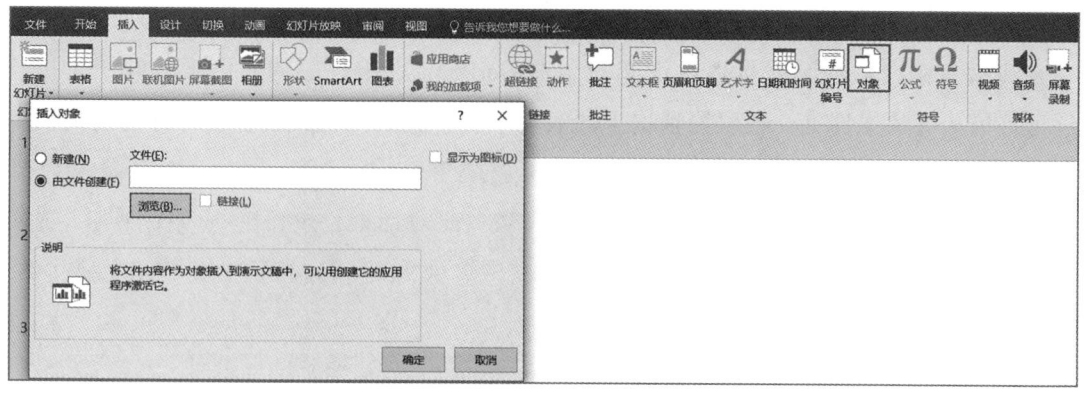

图5-48 插入"对象"的方式插入视频

3）插入控件方式

单击"开发工具"选项卡"控件"功能区中的"其他控件"按钮，在打开的对话框中选择 Windows Media Player 选项。该方法适合更多格式的视频插入，同时界面可调，但是要保证视频和 PPT 在同一个文件夹内。

5.4 打包发布

在 Office 2013 以上的版本中，一般制作完成的演示文稿扩展名为 .pptx。这种文件可以直接在安装有 PowerPoint 应用程序的环境下演示，但是如果计算机上没有安装 PowerPoint，演示文稿文件就不能直接演示。

5.4.1 打包演示文稿

PPT 演示文稿可以打包到磁盘的文件夹或 CD 光盘（需刻录机和空白 CD 光盘）。

打包到 CD 上或打包到文件夹上的方法是：打开要打包的演示文稿，单击"文件"选项卡中的"导出"→"将演示文稿打包成 CD"→"打包成 CD"，如图 5-49 所示，在打开的对话框中进行设置。

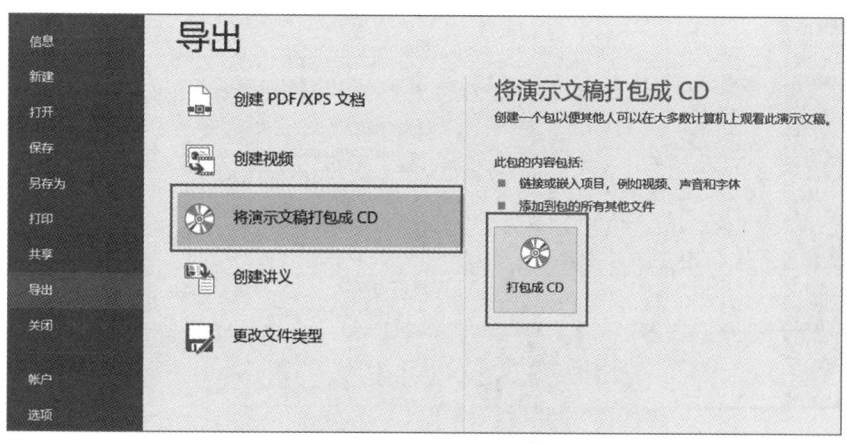

图5-49 打包演示文稿

5.4.2　运行打包演示文稿

演示文稿打包后，就可以在没有安装 PowerPoint 应用程序的环境下放映了。打开包含打包文件的文件夹，在联网情况下，双击该文件夹的网页文件，在打开的网页上单击 DownloadViewer 按钮，下载 PowerPoint 播放器 PowerPointViewer.exe 并安装；启动 PowerPoint 播放器，打开 Microsoft PowerPoint Viewer 对话框，定位到打包文件夹，选择某个演示文稿文件，单击"打开"按钮即可放映该演示文稿。打包到 CD 的演示文稿文件，可在读取光盘后自动播放。

5.4.3　将演示文稿转换为直接放映格式

将演示文稿转换成直接放映格式后，可以在没有安装 PowerPoint 应用程序的计算机上直接放映。

方法：打开演示文稿，单击"文件"选项卡中的"导出"→"更改文件类型"→"PowerPoint 放映"→"另存为"，如图 5-50 所示，将自动保存为 PowerPoint 放映（*.ppsx）格式，在打开的对话框中选择存放路径并设置文件名后，单击"保存"按钮即可。双击放映格式（*.ppsx）文件即可放映该演示文稿。

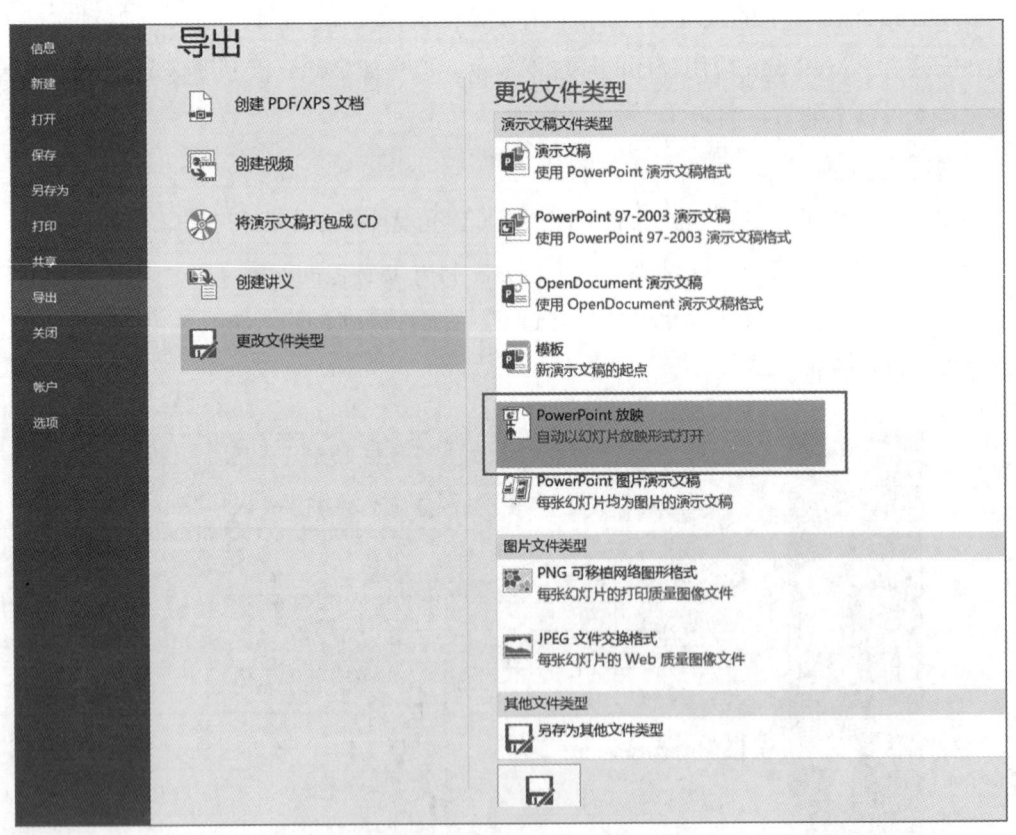

图5-50　将演示文稿转换为直接放映格式

5.5 演示文稿微课制作

5.5.1 演示文稿微课制作准备

利用 PPT 制作微课，首先要做如下准备：带话筒的计算机一台、PPTX 格式课件一份、PowerPoint 2010 以上版本（建议使用 PowerPoint 2016 版本）。

5.5.2 演示文稿微课录制与导出

首先需要利用 PPT 制作课件，接着录制幻灯片演示（见图 5-51），最后输出视频就可以了。

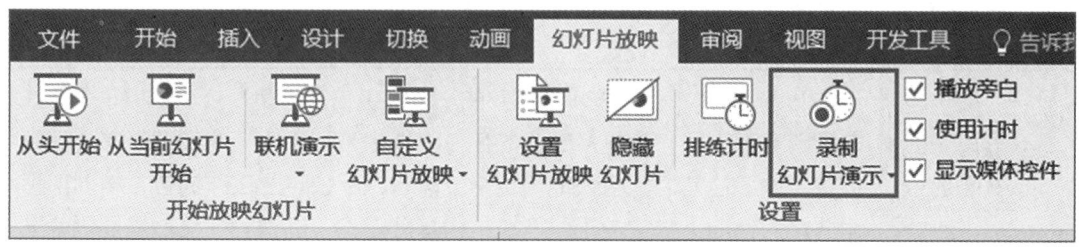

图5-51 录制幻灯片演示

录制完成后，导出视频到指定位置即可，如图 5-52 所示。

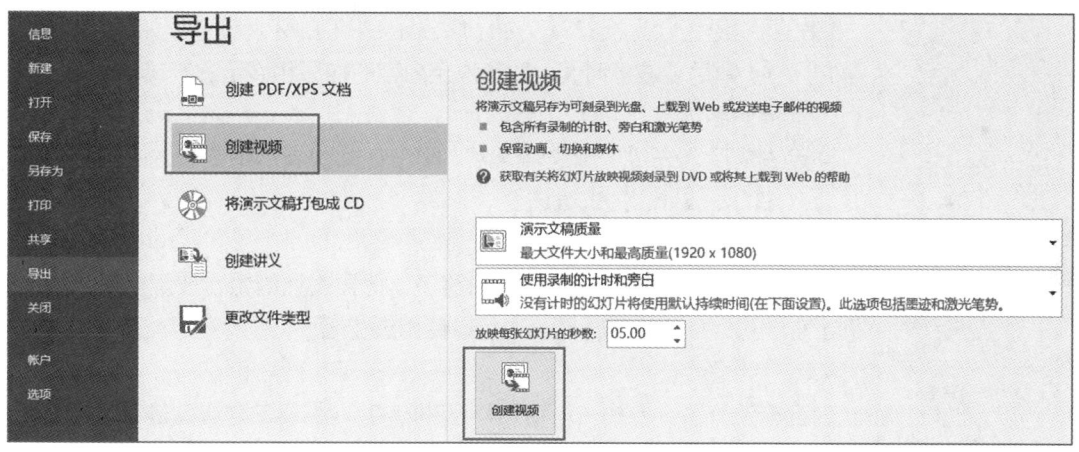

图5-52 导出微课视频

工作任务一　"汽车结构基础知识"培训课件制作

说在任务开始前

学习情景	PPT"要你好看"			
学习任务一	"汽车基础知识"培训课件制作（适用于资源开发与测绘、土建大类、交通运输大类）	学时	课前	1 课时
			课中	2 课时
			课后	0.5 课时
学习任务背景	浩然是 xx 汽车公司技术培训部的一位初级培训人员。公司新招了一批汽车营销实习人员，都是各专业的在校大学生，利用假期充实到汽车营销队伍中。为了让他们能更快地满足岗位需求，尽快走上工作岗位，培训部指派浩然为他们上一堂关于"汽车结构基础知识"的课程，浩然需要提前准备培训课件。他不亦乐乎地忙开了……			
准备工作	1. 交流与沟通 首先要知道受众是谁；其次要了解演示 PPT 的环境设置，如场地大小、幕布尺寸；最后要注意时间，时长决定内容的构思和展示的方式。 2. 理清脉络 确定主题后，先要理清逻辑关系，明白在此次展示中要表达的核心内容是什么，需要按什么形式表达。 3. 构建内容与框架 在理清逻辑关系后，就要整理思路了，把要表达的内容按照框架结构罗列出来，可以使用思维导图，也可以使用纸和笔。 4. 文字准备 内容构架有了，要找资料给其补充"血肉"，围绕主题通过各种方法找资料，如教材、文献等，足够的信息才能支撑观点。 5. 绘制 PPT 草图 把文字稿进行总结提炼，画草图把逻辑排版框架理清，在此过程中出现问题能及时修改，可以用 A4 纸，也可以用便签。 6. 工具素材准备 （1）素材积累：模板可以套用，平时看到好的模板可以收集，图片要收集些质量高的，图表收集一些不同风格的，以备不时之需。 （2）素材分类：在搜集素材前，应根据模板、图片、图表、文字，或自己的特别需要建立文件夹，以便查找和使用			

学习性工作任务单（任务一）

——一阶任务：培训课件基本制作

学习目标	（1）掌握根据任务主题设置框架结构，选择 PPT 主题模板、页面模板等基本技能； （2）熟练掌握插入合适字体、图片、背景的技能； （3）掌握插入表格，并利用表格数据插入图表的能力； （4）学会设置页面动画与页面切换
任务描述	浩然接到制作"汽车基础知识"工作任务后，提前做了准备，了解了被培训对象的情况，理清了脉络，绘制了思维导图，收集了大量的汽车主题的文字、图片素材，并且分类存储，绘制了 PPT 草图；接下来他将通过以下几个步骤，完成任务
步骤 1	新建 PPT 文件，选择符合"汽车"主题的模板，设置此课件主要由以下几个页面构成：①标题页；②目录页；③ 3 页章节页面（汽车分类、汽车内部构造、汽车常用术语）；④每个章节所需内容页
步骤 2	构思每一页的页面布局情况，选择合适的布局模板
步骤 3	根据主题、框架结构，插入合适的字体、图片并调整，让页面和谐美观
步骤 4	在数据分析页，根据数据资料，绘制"2019 年 1-5 月销售数据对比"表格，并插入图表
步骤 5	针对每页的逻辑播放顺序，设置动画形式完成页与页之间的切换设置，预览播放效果，存盘
任务验收标准	制作完成一个具备标题页、目录页、章节分页、内容页等不少于 8 页的"汽车基础知识"培训课件，此课件中实现文字、图片、简单图表内容插入，实现换页切换和页面动画操作
注意事项	

微课
培训课件基本
制作

任务样本

学习性工作任务单（任务一）

——二阶任务：培训课件美化提升

学习目标	（1）掌握根据任务主题选择配色方案的能力； （2）熟练掌握母版应用技巧，学习占位符插入技巧； （3）熟练运用 PPT 字体字号设置的规律，并应用到演示文稿中； （4）利用图片、背景排版、美化处理的技巧，实现图片美化提升； （5）完善表格、图表的外观和内涵； （6）掌握插入视频、音频的技巧
任务描述	通过一阶任务的完成，"汽车基础知识"培训课件的雏形初现，但是培训部领导审核后，发现离预期还有一定的距离：整个培训课件不够美观，还有可以提升的空间，还可以运用"富媒体"的手段更好地诠释这个主题，浩然又开始埋头苦干了……
步骤 1	根据"汽车"这个主题，选择调整配色方案，选择适合主题的字体、字号
步骤 2	利用"幻灯片母版"设计设置有个性的页面布局形式，加入合适的占位符
步骤 3	重新审视各页的图片使用，对图片的排版、表现形式进行优化处理
步骤 4	检查表格、图表的呈现方式，对表格、图表进行外观美化
步骤 5	插入"汽车发动机工作"视频
任务验收标准	在一阶任务完成的基础上，对培训课件实现美化提升。最终完成一个具有主题配色方案，利用母版统一风格，利用占位符功能优化页面布局，图片使用恰当美观，表格图表主题风格突出，"富媒体"运用丰富的培训课件
注意事项	

微课
培训课件美化
提升

任务样本

学习性工作任务单（任务一）

——三阶任务：培训课件个性化处理

学习目标	（1）掌握根据任务主题设计个性配色方案能力； （2）熟练掌握母版中插入占位符，并设计个性化版面的技巧； （3）学会消除页面中满屏字的技巧，并转换为 SmartArt 图形； （4）利用图片、背景排版、美化处理的技巧，实现图片美化提升； （5）掌握演示文稿打包技巧； （6）掌握利用演示文稿制作微课的技巧
任务描述	通过二阶任务的完成，"汽车基础知识"培训课件已经有模有样了，培训部领导审核也通过了，并给予了高度评价。浩然利用这个课件开始对实习生进行培训了，使用过程中，他发现培训课件还有可以调整的部分，对于一些未到场的实习生，还可以做成微课发给他们，他又开始忙起来了……
步骤 1	根据任务主题，对原有配色方案进行微调，个性设计配色方案
步骤 2	利用母版中占位符的运用，个性设计页面布局，不同类型的页面套用不同的页面版式
步骤 3	重新审视页面中是否存在"满屏都是字"这种情况，根据调整规则优化重设，插入适当的 SmartArt 图形
步骤 4	对课件中每一页的图片、每一张图片进行图片美化处理
步骤 5	对课件进行打包，录制微课视频
任务验收标准	在二阶任务完成的基础上，对培训课件实现美化提升、打包发布、制作微课，最终完成一个具有个性主题配色方案，各页版面设计符合主题要求，图片排版恰当美观，灵活运用 SmartArt 结构图，衔接性好，便于理解、易于记忆、赏心悦目的演示文稿
注意事项	

微课
培训课件个性化
处理

任务样本

工作任务二　"智能手机营销调研报告"产品营销类 PPT 制作

说在任务开始前

学习情景	PPT"要你好看"			
学习任务二	"智能手机营销调研报告"营销策划 PPT 制作 （适用于财经类、制造大类、交通运输大类）	学时	课前	1 课时
			课中	2 课时
			课后	0.5 课时
学习任务背景	子轩是 ××× 手机公司营销策划部的一位员工，公司研发部门准备研发一款适合商务人士使用且性价比高的手机，需要子轩对市场上的智能手机进行调研，并向研发部门的同事分享调研结果。他从调研、前期准备开始忙起来了……			
准备工作	1. 交流与沟通 首先要知道受众是谁；其次要了解演示 PPT 的环境设置，如场地大小、幕布尺寸；最后要注意时间，时长决定内容的构思和展示的方式。 2. 理清脉络 确定主题后，先要理清逻辑关系，明白在此次展示中要表达的核心内容是什么，需要按什么形式表达。 3. 构建内容与框架 在理清逻辑关系后，就要整理思路了，把要表达的内容按照框架结构罗列出来，可以使用思维导图，也可以使用纸和笔。 4. 文字准备 内容构架有了，要找资料给其补充"血肉"，围绕主题通过各种方法找资料，如教材、文献等，足够的信息才能支撑观点。 5. 绘制 PPT 草图 把文字稿进行总结提炼，画草图把逻辑排版框架理清，在此过程中出现问题能及时修改，可以用 A4 纸，也可以用便签。 6. 工具素材准备 （1）素材积累：模板可以套用，平时看到好的模板可以收集，图片要收集一些质量高的，图表收集一些不同风格的，以备不时之需。 （2）素材分类：在搜集素材前，应根据模板、图片、图表、文字，或自己的特别需要建立文件夹，以便查找和使用			

学习性工作任务单（任务二）

——一阶任务：营销类PPT基本制作

学习目标	（1）掌握根据任务主题设置框架结构，选择 PPT 主题模板、页面模板等基本技能； （2）熟练掌握插入合适字体、图片、背景的能力； （3）掌握插入表格，并利用表格数据插入图表的能力； （4）学会设置页面动画与页面切换
任务描述	子轩承担了制作"智能手机营销调研报告"PPT 的工作任务后，提前做了准备，了解各款手机针对的客户群体，理清了脉络，绘制了思维导图，收集了大量各款手机的文字、图片素材，并分类存储；接下来他将通过以下几个步骤，完成任务
步骤1	新建 PPT 文件，选择符合手机营销主题的模板，此 PPT 主要由以下几个页面构成：①标题页；②目录页；③3 页章节页面（主流手机品牌介绍、各品牌手机销售对比数据、手机发展趋势预测）；④每个章节所需内容页
步骤2	构思每一页的页面布局情况，选择合适的布局模板
步骤3	根据手机营销主题、框架结构，插入合适的字体、图片并调整，让页面和谐美观
步骤4	在数据分析页，根据数据资料，绘制"手机销售对比数据"表格，并插入分析图表
步骤5	针对每页的播放顺序，设置动画形式，完成页与页之间的切换设置，预览播放效果，存盘
任务验收标准	制作完成一个具备标题页、目录页、章节分页、内容页等不少于 8 页的"智能手机营销调研报告"演示文稿，此文稿中实现文字、图片、简单图表内容插入，实现换页切换和页面动画操作
注意事项	

微课
营销类PPT基本
制作

任务样本

一阶任务　二阶任务　三阶任务

学习性工作任务单（任务二）

——二阶任务：营销类PPT美化提升

学习目标	（1）掌握根据任务主题选择配色方案的能力； （2）熟练掌握母版应用技巧，学习占位符插入技巧； （3）熟练运用 PPT 字体字号设置的规律，并应用到演示文稿中； （4）利用图片、背景排版、美化处理的技巧，实现图片美化提升； （5）完善表格、图表的外观和内涵； （6）掌握插入视频、音频的技巧
任务描述	通过一阶任务的完成，"智能手机营销调研报告"PPT 的框架都已经架构好了，但是没有通过上级部门的初审。整个演示文稿不够美观，还有可以提升的空间，还可以运用"富媒体"的手段更好地诠释这个主题，子轩又开始冥思苦想了……
步骤 1	根据"智能手机营销"这个主题，选择调整配色方案，选择适合主题的字体、字号
步骤 2	利用"幻灯片母版"设计设置有个性的页面布局形式，加入合适的占位符
步骤 3	重新审视各页的图片使用，对图片的排版、表现形式进行优化处理
步骤 4	检查表格、图表的呈现方式是否能突出呈现"各品牌手机销售对比数据"这个主题，对表格、图表进行外观美化
步骤 5	插入相关主题视频
任务验收标准	在一阶任务完成的基础上，对 PPT 实现美化提升。最终完成一个具有主题配色方案，利用母版统一风格，利用占位符功能优化页面布局，图片使用恰当美观，表格图表主题风格突出，"富媒体"运用丰富的营销类演示文稿
注意事项	

微课
营销类PPT美化
提升

任务样本

学习性工作任务单（任务二）

——三阶任务：营销类PPT个性化处理

学习目标	（1）掌握根据任务主题设计个性配色方案能力； （2）熟练掌握母版中插入占位符，并设计个性化版面的技巧； （3）学会消除页面中满屏字的技巧，并转换为 SmartArt 图形； （4）利用图片、背景排版、美化处理的技巧，实现图片美化提升； （5）掌握演示文稿打包技巧； （6）掌握利用演示文稿制作微课的技巧
任务描述	通过二阶任务的完成，"智能手机营销调研报告"PPT 已经有了很大提升了，公司高层给予了高度评价。为了让 PPT 以视频的形式播放，子轩在个性化修改、提升 PPT 内涵的基础上，还需要把 PPT 制作成视频，他又开始忙起来了……
步骤 1	根据任务主题，对原有配色方案进行微调，个性设计配色方案
步骤 2	利用母版中占位符的运用，个性设计页面布局，不同类型的页面套用不同的页面版式
步骤 3	重新审视页面中是否存在"满屏都是字"这种情况，根据调整规则进行优化重设，插入适当的 SmartArt 图形
步骤 4	对课件中每一页的图片、每一张图片进行图片美化处理
步骤 5	对课件进行打包，录制微课视频
任务验收标准	在二阶任务完成的基础上，对此 PPT 实现美化提升、打包发布、制作微课视频，最终完成一个具有个性主题配色方案，各页版面设计符合主题要求，图片排版恰当美观，灵活运用 SmartArt 图形，衔接性好，便于理解、易于记忆、赏心悦目的演示文稿
注意事项	

微课
营销类PPT个性
化处理

任务样本

 工作任务三 "实习转正述职报告" PPT 制作

说在任务开始前

学习情景	PPT "要你好看"			
学习任务三	"转正述职报告"工作汇报 PPT 制作 （适用所有专业）	学时	课前	0.5 学时
			课中	2 学时
			课后	0.5 学时
学习任务背景	诗雅是 xx 公司一名产品运营助理岗位的实习员工，经过一年的实习，她从一名职场小白到慢慢转变为经验丰富的运营助理。实习期满，公司需要实习员工完成转正汇报，确定是否能按期转为正式员工。她从 PPT 的框架结构设计忙起来了……			
准备工作	1. 交流与沟通 首先要知道受众是谁；其次要了解演示 PPT 的环境设置，如场地大小、幕布尺寸；最后要注意时间，时长决定内容的构思和展示的方式。 2. 理清脉络 确定主题后，先要理清逻辑关系，明白在此次展示中要表达的核心内容是什么，需要按什么形式表达。 3. 构建内容与框架 在理清逻辑关系后，就要整理思路了，把要表达的内容按照框架结构罗列出来，可以使用思维导图，也可以使用纸和笔。 4. 文字准备 内容构架有了，要找资料给其补充"血肉"，围绕主题通过各种方法找资料，如教材、文献等，足够的信息才能支撑观点。 5. 绘制 PPT 草图 把文字稿进行总结提炼，画草图把逻辑排版框架理清，在此过程中出现问题能及时修改，可以用 A4 纸，也可以用便签。 6. 工具素材准备 （1）素材积累：模板可以套用，平时看到好的模板可以收集，图片要收集些质量高的，图表收集些不同风格的，以备不时之需。 （2）素材分类：在搜集素材前，应根据模板、图片、图表、文字，或自己的特别需要建立文件夹，以便查找和使用			

学习性工作任务单（任务三）

——一阶任务：工作汇报PPT基本制作

学习目标	（1）掌握根据任务主题设置框架结构，选择 PPT 主题模板、页面模板等基本技能； （2）熟练掌握插入合适字体、图片、背景的能力； （3）掌握插入表格，并利用表格数据插入图表的能力； （4）学会设置页面动画与页面切换
任务描述	诗雅开始策划她的"转正述职报告"PPT。她提前做了准备，理清了脉络，绘制了思维导图，收集了大量实习期间的文字、图片素材，分类存储，绘制了 PPT 草图；接下来她将通过以下几个步骤，完成任务
步骤 1	新建 PPT 文件，选择符合"工作汇报"主题的模板，设置此 PPT 主要由以下几个页面构成：①标题页；②目录页；③ 4 页章节页面（岗位职责、完成情况、胜任能力、目标规划）；④每个章节所需内容页
步骤 2	构思每一页的页面布局，选择合适的布局模板
步骤 3	根据主题、框架结构，插入合适的字体、图片，并进行调整，让页面和谐美观
步骤 4	在数据分析页，根据数据资料，绘制"A、B、C 产品销量对比图"表格，并插入图表
步骤 5	针对每页的逻辑播放顺序，设置动画形式，完成页与页之间的切换设置，预览播放效果，存盘
任务验收标准	制作完成一个具备标题页、目录页、章节分页、内容页等不少于 8 页的"转正述职报告"PPT，此 PPT 中实现文字、图片、简单图表内容插入，实现页面切换和页面动画操作
注意事项	

微课
工作汇报PPT基本制作

任务样本

一阶任务　二阶任务　三阶任务

学习性工作任务单（任务三）

——二阶任务：工作汇报PPT美化提升

学习目标	（1）掌握根据任务主题选择配色方案的能力； （2）熟练掌握母版应用技巧，学习占位符插入技巧； （3）熟练运用 PPT 字体字号设置的规律，并应用到演示文稿中； （4）利用图片、背景排版、美化处理的技巧，实现图片美化提升； （5）完善表格、图表的外观和内涵； （6）掌握插入视频、音频的技巧
任务描述	通过一阶任务的完成，诗雅的"转正述职报告"PPT 已经搭建好框架了她发送给老师帮忙审核，老师提出整个 PPT 不够美观，还可以运用"富媒体"的手段更好地诠释这个主题，诗雅又开始埋头苦干了……
步骤 1	根据"转正述职报告"这个主题，选择调整配色方案，选择适合主题的字体、字号
步骤 2	利用"幻灯片母版"设计加上企业 Logo 等信息，设置有个性的页面布局形式，加入合适的占位符
步骤 3	重新审视各页的图片使用，对图片的排版、表现形式进行优化处理
步骤 4	审视表格、图表的呈现方式是否能突出表现诗雅"工作效率高"这个主题，并对表格、图表进行外观美化
步骤 5	插入相关背景音乐
任务验收标准	在一阶任务完成的基础上，对工作汇报类 PPT 实现美化提升，最终完成一个具有主题配色方案，利用母版统一风格，利用占位符功能优化页面布局，图片使用恰当美观，表格图表主题风格突出，"富媒体"运用丰富的 PPT
注意事项	

微课
工作汇报PPT美
化提升

任务样本

学习性工作任务单（任务三）

——三阶任务：工作汇报PPT个性化处理

学习目标	（1）掌握根据任务主题设计个性配色方案的能力； （2）熟练掌握母版中插入占位符，并设计个性化版面的技巧； （3）学会消除页面中满屏字的技巧，并转换为 SmartArt 图形； （4）利用图片、背景排版、美化处理的技巧，实现图片美化提升； （5）掌握演示文稿打包技巧； （6）掌握利用演示文稿制作微课的技巧
任务描述	通过二阶任务的完成，诗雅的"转正述职报告"PPT 已经有模有样了。公司人事部门建议把这个 PPT 做成视频，发送到各个部门，让普通员工也参与到评分筛选正式员工的工作中来，她又开始忙起来了……
步骤 1	根据任务主题，对原有配色方案进行微调，个性设计配色方案
步骤 2	利用母版中占位符的运用，个性设计页面布局，不同类型的页面套用不同的页面版式
步骤 3	重新审视页面中是否存在"满屏都是字"这种情况，根据调整规则进行优化重设，插入适当的 SmartArt 图形
步骤 4	对课件中每一页的图片、每一张图片进行图片美化处理
步骤 5	对课件进行打包，录制微课视频
任务验收标准	在二阶任务完成的基础上，对工作汇报 PPT 实现美化提升、打包发布、制作微课，最终完成一个具有个性主题配色方案，各页版面设计符合主题要求，图片排版恰当美观，灵活运用 SmartArt 图形，衔接性好，便于理解、易于记忆、赏心悦目的演示文稿
注意事项	

微课
工作汇报PPT个
性化处理

任务样本

PPT课件
学习情景五

一阶任务

二阶任务

三阶任务

实践练习

1. 制作一个"关于汽车发展史"的演示文稿，具体要求如下：

（1）此演示文稿中具备标题页、目录页、章节分页、内容页等，不少于 8 页，实现文字、图片、简单图表内容插入，实现页面切换和页面动画操作；

（2）PPT 实现美化提升，最终完成一个具有主题配色方案，利用母版统一风格，利用占位符功能优化页面布局，图片使用恰当美观，表格图表主题风格突出，"富媒体"运用丰富的 PPT；

（3）对"汽车发展史"PPT 实现打包发布、并制作微课。

2. 制作一个"个人职业生涯规划"的演示文稿，具体要求如下：

（1）此演示文稿中具备标题页、目录页、章节分页、内容页等，不少于 8 页，实现文字、图片、简单图表内容插入，实现页面切换和页面动画操作；

（2）PPT 实现美化提升，最终完成一个具有主题配色方案，利用母版统一风格，利用占位符功能优化页面布局，图片使用恰当美观，表格图表主题风格突出，"富媒体"运用丰富的 PPT；

（3）对"个人职业生涯规划"PPT 实现打包发布、并制作微课。

学习情景六

"图表"表达方式

 知识结构图

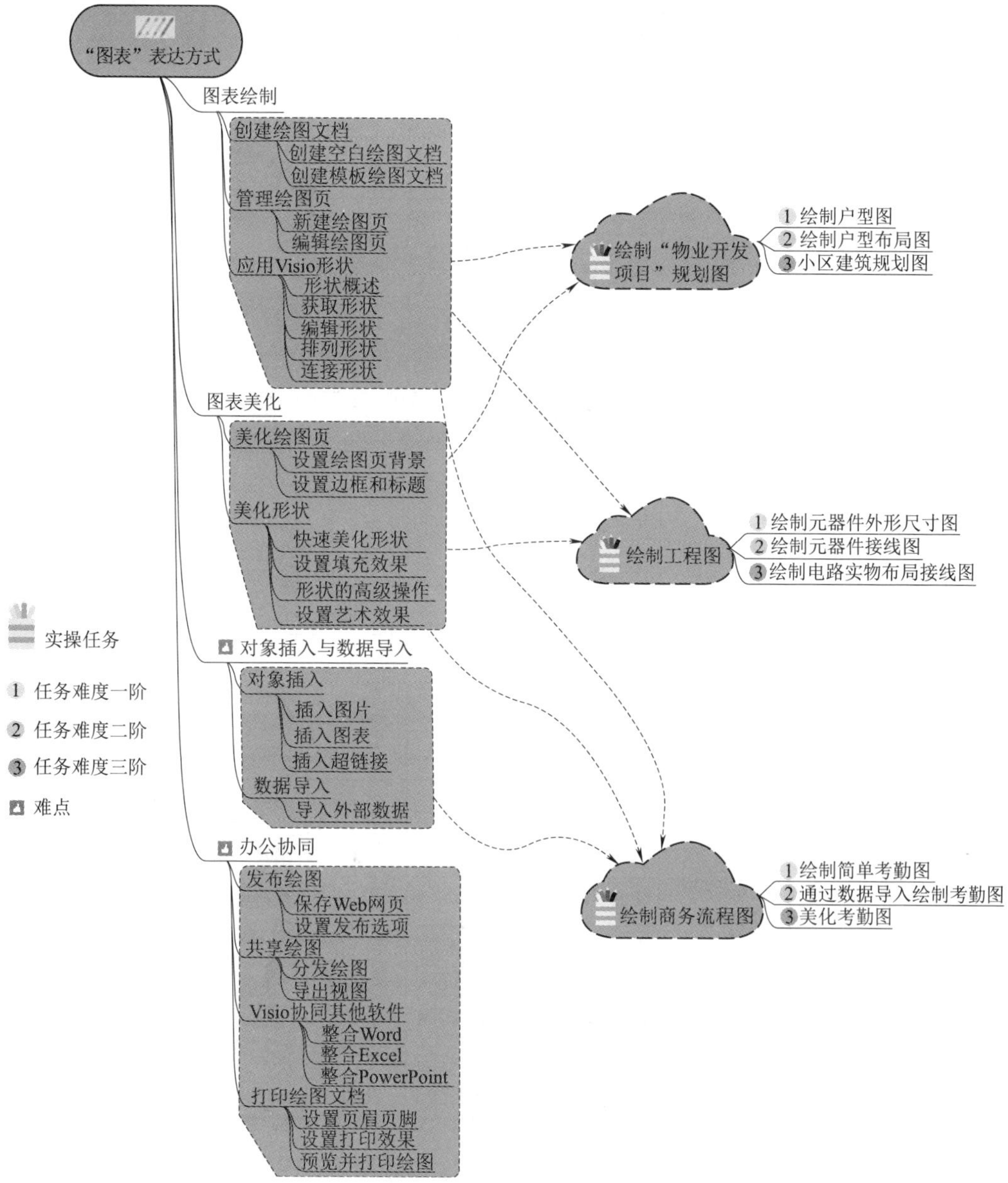

- "图表"表达方式
  - 图表绘制
    - 创建绘图文档
      - 创建空白绘图文档
      - 创建模板绘图文档
    - 管理绘图页
      - 新建绘图页
      - 编辑绘图页
    - 应用Visio形状
      - 形状概述
      - 获取形状
      - 编辑形状
      - 排列形状
      - 连接形状
  - 图表美化
    - 美化绘图页
      - 设置绘图页背景
      - 设置边框和标题
    - 美化形状
      - 快速美化形状
      - 设置填充效果
      - 形状的高级操作
      - 设置艺术效果
  - 对象插入与数据导入 ▲
    - 对象插入
      - 插入图片
      - 插入图表
      - 插入超链接
    - 数据导入
      - 导入外部数据
  - 办公协同 ▲
    - 发布绘图
      - 保存Web网页
      - 设置发布选项
    - 共享绘图
      - 分发绘图
      - 导出视图
    - Visio协同其他软件
      - 整合Word
      - 整合Excel
      - 整合PowerPoint
    - 打印绘图文档
      - 设置页眉页脚
      - 设置打印效果
      - 预览并打印绘图

绘制"物业开发项目"规划图
1 绘制户型图
2 绘制户型布局图
3 小区建筑规划图

绘制工程图
1 绘制元器件外形尺寸图
2 绘制元器件接线图
3 绘制电路实物布局接线图

绘制商务流程图
1 绘制简单考勤图
2 通过数据导入绘制考勤图
3 美化考勤图

实操任务
1 任务难度一阶
2 任务难度二阶
3 任务难度三阶
▲ 难点

学习目标及内容

序号	学习主线	学习分支	学习内容	难度	学习目标
1	图表绘制	创建绘图文档	创建空白绘图文档	一阶	学习创建绘图文档、保存绘图文档、编辑绘图页，设置文档页面和属性，以及使用 Visio 模板，并对模板进行排列、连接等
			创建模版绘图文档	一阶	
		管理绘图页	新建绘图页	一阶	
			编辑绘图页	一阶	
		应用 Visio 形状	形状概述	一阶	
			获取形状	一阶	
			编辑形状	二阶	
			排列形状	二阶	
			连接形状	二阶	
2	图表美化	美化绘图页	设置绘图页背景	二阶	能熟练进行对绘图页和各类形状的美化过程
			设置边框和标题	二阶	
		美化形状	快速美化形状	三阶	
			设置填充效果	三阶	
			形状的高级操作	三阶	
			设置艺术效果	三阶	
3	对象插入与数据导入	对象插入	插入图片	二阶	学习图片、图表的导入方式，并能导入 Excel 数据
			插入图表	二阶	
			插入超链接	二阶	
		数据导入	导入外部数据	二阶	
4	办公协同	发布绘图	保存 Web 网页	二阶	掌握 Visio 与其他组件或者软件进行协同办公，以及发布、共享数据的操作方法和基础知识
			设置发布选项	二阶	
		共享绘图	分发绘图	二阶	
			导出视图	二阶	
		Visio 协同其他软件	整合 Word	三阶	
			整合 Excel	三阶	
			整个 PowerPoint	三阶	
		打印绘图文档	设置页眉页脚	三阶	
			设置打印效果	三阶	
			预览并打印绘图	三阶	

知识准备

6.1 图表绘制

6.1.1 创建绘图文档

在 Visio 2016 中，除了可以创建空白文档和各种类型的模板绘图文档之外，还可以根据本地计算机中的现有绘图文档，创建自定义模板绘图文档。

1. 创建空白绘图文档

空白绘图文档是一种不包含任何模具和模板也不包含绘图比例的绘图文档，适用于需要进行灵活创建的图表。

步骤：启动 Visio 在"文件"选项卡中选择"新建"→"空白绘图"按钮单击"创建"按钮，如图 6-1 所示。

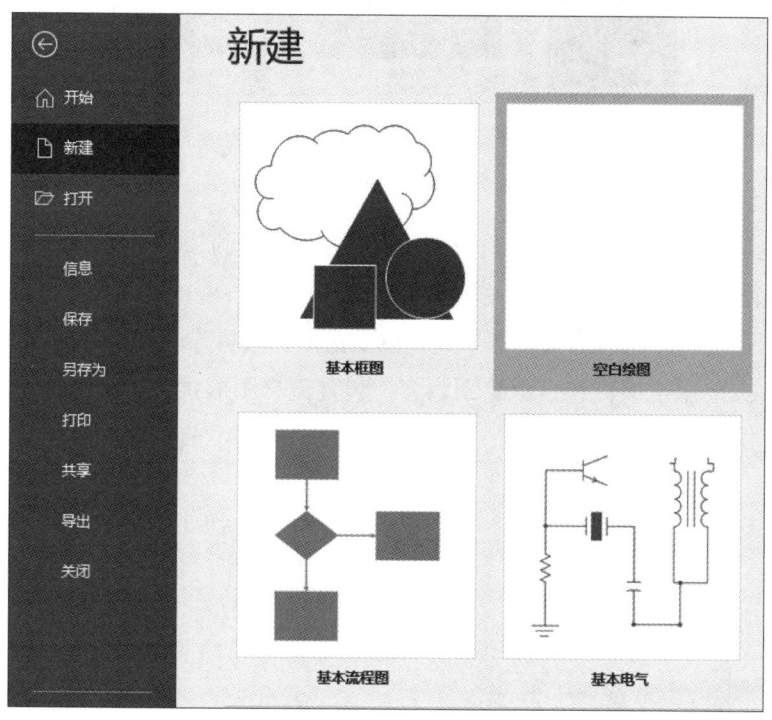

图6-1　创建空白绘图文档

2. 创建模板绘图文档

Visio 2016 中的模板包含常规、地图和平面布置图、工程、流程图、日程安排图等类型。用户可通过创建默认模板、根据类别创建、根据搜索结果创建、根据现有内容创建 4 种方式创建模板文档。

步骤：启动 Visio，在"文件"选项卡中选择"新建"→"类别"，选择所需模板文档，如图 6-2 所示。

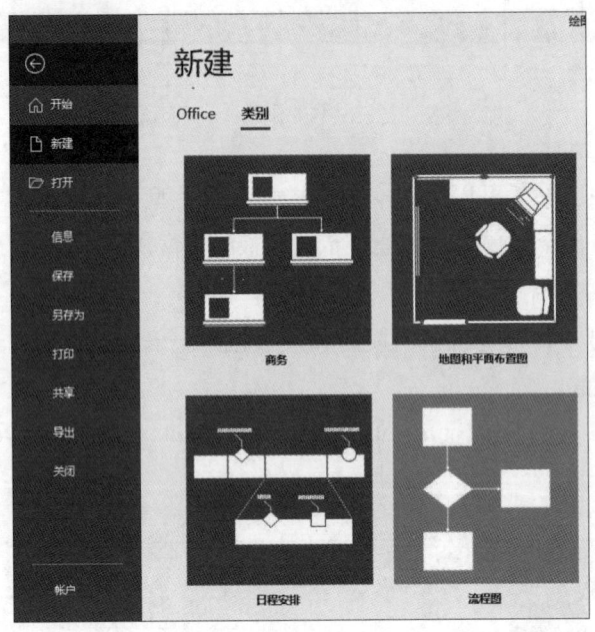

图6-2　创建模板绘图文档

6.1.2　管理绘图页

绘图页是构成 Visio 绘图文档的框架是绘制各类图表的依托。在绘图文档中，用户不仅可以新建绘图页，还可以重命名、排列和指派绘图页。

新建绘图页包括新建前景页和背景页，以及指派背景页等内容。

前景页：主要用于编辑和显示绘图内容，包含流程图形状、组织结构图等绘图模具和模板，是创建绘图内容的主要页面。当背景页与一个或多个前景页相关联时，才可以打印出背景页来。

步骤：在"插入"选项卡中选择"新建页"→"空白页"，如图 6-3 所示。

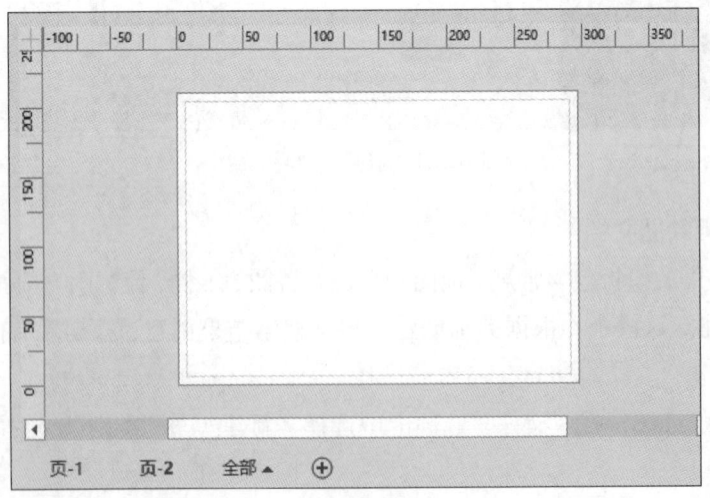

图6-3　创建前景页

背景页：相当于 Word 中的页眉页脚，主要用于设置绘图页背景和边框样式，如显示页面编号、日期、图例等常用信息。

步骤：在"插入"选项卡中选择"新建页"→"背景页"，在打开的对话框中进行设置如图 6-4 所示。

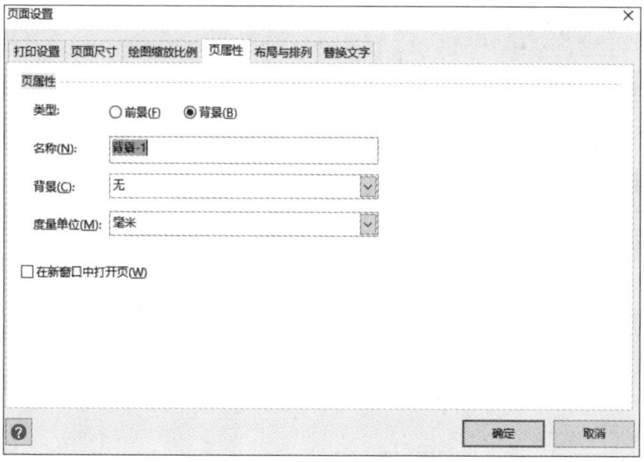

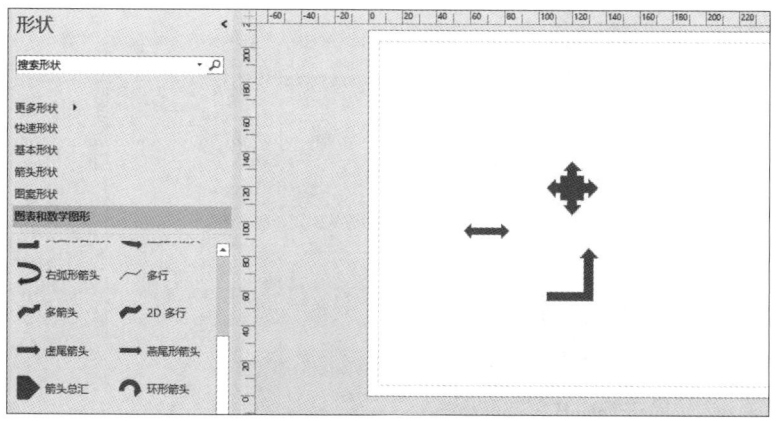

图6-4　创建背景页

6.1.3　应用 Visio 形状

在 Visio 绘图文档中，形状是构成各类图表的基本元素。Visio 根据模板类型分别内置了相对应的多种形状，以方便用户根据绘图方案将不同类型的形状拖放到绘图页中，并利用形状手柄、行为等功能精确、灵活地排列、组合、调整与连接形状。除此之外，用户还可以使用 Visio 内置的绘图工具，轻松绘制各种类型的形状，以弥补内置形状的不足。

1. 形状概述

Visio 中的所有图表元素都称作形状，其中包括插入的图片、公式及绘制的线条与文本框。Visio 绘图的整体逻辑思路，即是将各个形状按照一定的顺序与设计拖放到绘图页中，如图 6-5 所示。

图6-5　Visio中的形状

1）形状分类

在 Visio 中，形状表示对象和概念。根据形状不同的行为方式，可以将形状分为一维和二维两种类型，如图 6-6 所示。

2）形状手柄

形状手柄是形状周围的控制点，只有当形状处于被选中状态时，才会显示形状手柄。在 Visio 中，形状手柄可分为控制手柄、旋转手柄、调整手柄等类型。在图 6-7 中，"空心圆圈"称为"控制手柄"；"旋转箭头"称为"旋转手柄"；"黄色圆圈"称为"调整手柄"。

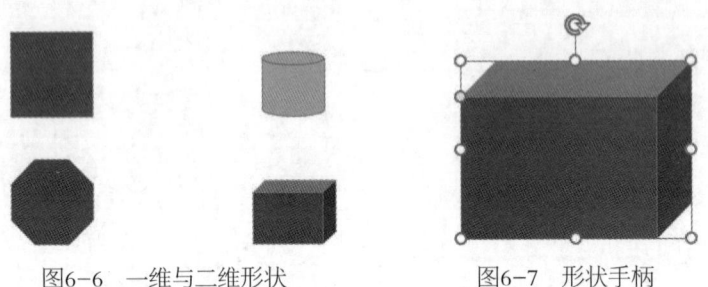

图6-6　一维与二维形状　　　　图6-7　形状手柄

2. 获取形状

在使用 Visio 制作绘图时，每个模板中都包含了本模板相对应的形状。当模板中的形状无法满足用户需求时，可以添加其他模具中的形状。除此之外，用户还可以利用"搜索"与"添加"功能，使用网络或本地文件夹中的形状，如图 6-8 所示。

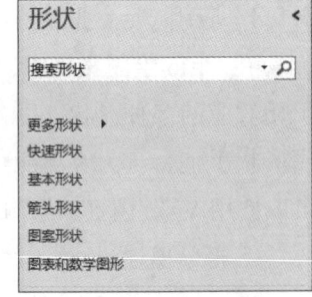

1）添加模具形状

模具是 Visio 中提供的一种图形素材格式，用于包含各种图形元素或图像。Visio 根据不同的模板文档提供了相对应的模具供用户选择和调用，如图 6-9 所示。

图6-8　获取形状

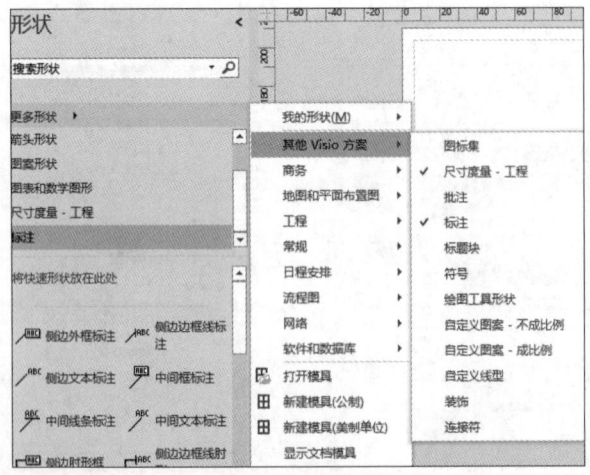

图6-9　添加模具形状

2）绘制形状

在 Visio 中，任何图表都是由各种形状组成的。使用 Visio 可以方便地绘制直线、矩形、圆形等各种几何形状，并将形状组成图形。

3. 编辑形状

形状是 Visio 绘图中操作最多的元素，用户不仅可以通过单纯的调整形状位置来更改图表的布局，而且可以通过旋转、对齐和组合形状来更改图表的整体类型。

4. 排列形状

排列形状是指设置形状的对齐、分布、布局和布局配置方式，不仅可以以横向和纵向均匀地对齐和分布形状，还可以以不同的放置样式、方向和间距来排列形状。

步骤：在"开始"选项卡中选择"排列"，如图 6-10 所示。

5. 连接形状

在绘制图形的过程中，需要将多个相互关联的形状结合在一起，以构成完整的结构。此时，用户可以使用 Visio 中的"连接线"工具、"连接符"形状或"自动连接"功能，自动或手动连接各个形状。

步骤：在"开始"选项卡中选择"工具"-"连接线"，如图 6-11 所示。

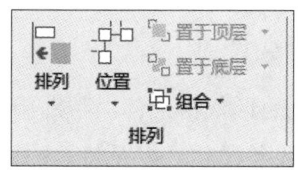　　　　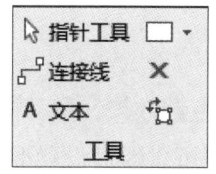

图6-10　排列形状　　　　图6-11　连接图形

6.2　图表美化

6.2.1　美化绘图页

创建并编辑绘图页之后，用户可通过为绘图页添加内置背景样式，以及添加边框和标题样式的方法，来增加绘图页的美观性和可读性。

1. 设置绘图页背景

Visio 内置了技术、世界、活力等多种背景样式，以供用户选择使用，从而增加绘图页的美观性。

步骤：在"设计"选项卡中选择"背景"→"背景"，如图 6-12 所示。

2. 设置边框和标题

边框和标题是 Visio 组件内置的一种效果样式，其作用是为绘图文稿添加可显示的边框，并允许用户输入标题内容。

步骤：在"设计"选项卡中选择"背景"→"边框和标题"，如图 6-13 所示。

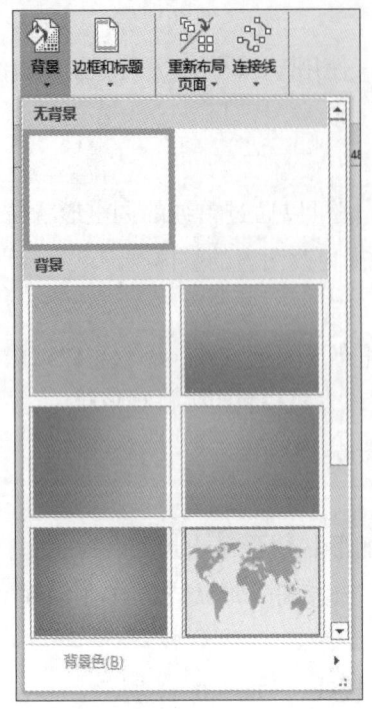 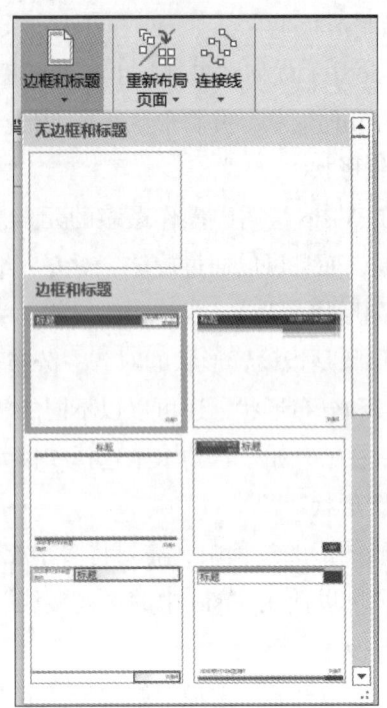

图6-12　添加背景　　　　　　　　图6-13　设置边框和标题

6.2.2　美化形状

Visio 内置了主题效果，每种主题都具有默认的形状格式，以帮助用户丰富形状颜色。除此之外，用户还可以通过设置形状填充颜色、线条样式，以及特有的棱台、发光和映像等艺术效果，来达到自定义美化形状的目的。

1. 美化形状

Visio 内置了 42 种主题样式和 4 种变体样式，以方便用户美化各种形状。

步骤：在"开始"选项卡中选择"形状样式"，如图 6-14 所示。

图6-14　美化形状

2. 设置填充效果

Visio 内置的形状样式取决于主题效果，所以形状样式比较单一。用户可以通过自定义填充效果的方法，设置填充颜色以美化形状。

步骤：在"开始"选项卡中选择"形状样式"→"填充"，如图 6-15 所示。

3. 设置艺术效果

艺术效果是 Visio 内置的一组具有特殊外观效果的命令集合，包括阴影、映像、发光、棱台等效果。

步骤：在"开始"选项卡中选择"形状样式"→"效果"，如图 6-16 所示。

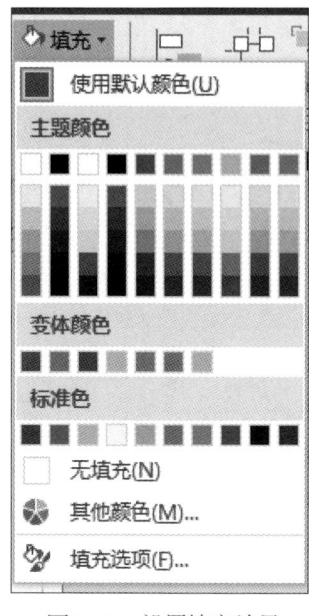

图6-15　设置填充效果

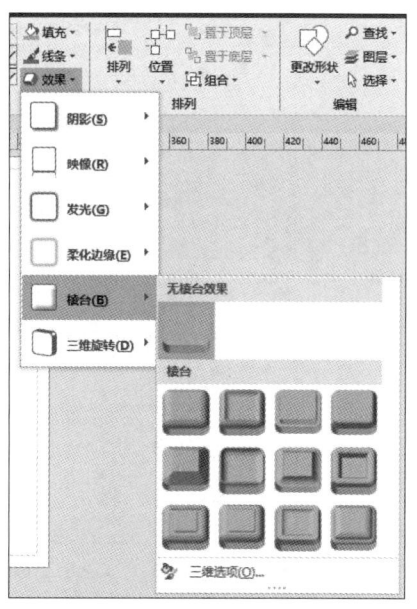

图6-16　设置艺术效果

6.3　对象插入与数据导入

6.3.1　对象插入

在 Visio 的制作过程中，用户需要将外部的图片、图表及超链接等插入到绘图页面，以更好地对绘图页面进行展示。

1. 插入图片

在 Visio 中，用户可通过插入图片、照片或联机图片等方法，来增强绘图文档的美观性和图表的表现力，系统则会将插入的图片理解为嵌入对象。

1）插入本地图片

插入本地图片是指插入本地硬盘中保存的图片，以及链接到本地计算机中的相机或移动硬盘等设备中的图片。

步骤：单击"插入"选项卡"插图"功能区中的"图片"按钮，在打开的对话框中选择图片文件夹并选择图片，如图 6-17 所示。

2）插入联机图片

在 Visio 中，系统用"联机图片"功能代替了"剪贴画"功能。通过"联机图片"功能既可以插入剪贴画，又可以插入网络中的搜索图片。

步骤：单击"插入"选项卡"插图"功能区中的"联机图片"按钮，如图 6-18 所示。

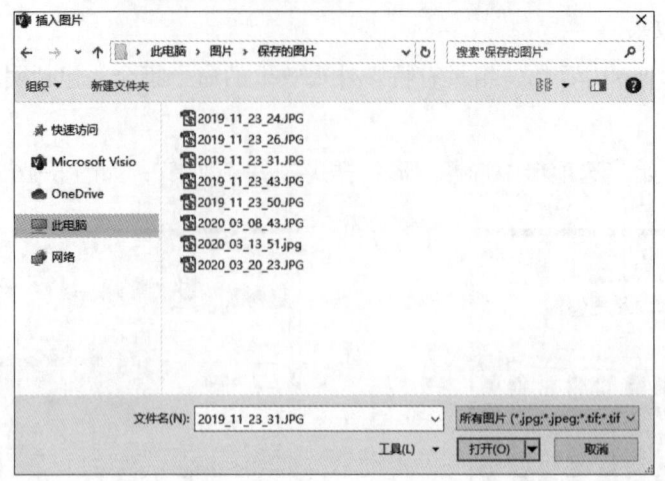

图6-17　插入本地图片

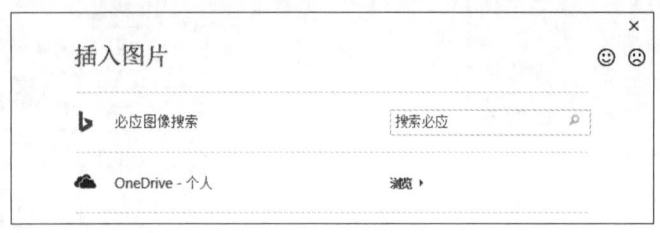

图6-18　插入联机图片

2. 插入图表

图表是将 Visio 中的数据以图表的形式进行显示，从而可以更直观地分析表格数据。Visio 为用户提供了多种图表类型。插入图表功能可将在 Excel 上制作好的图表，直接插入到绘图页面中。

步骤：单击"插入"选项卡"插图"功能区中的"图表"按钮，插入的图表如图 6-19 所示。

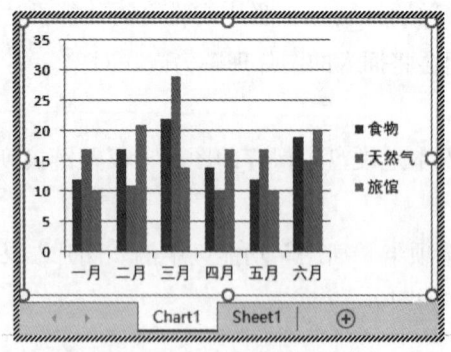

图6-19　插入图表

3. 插入超链接

在 Visio 中，超链接是一种简单和便捷的导航手段。不仅可以链接绘图页与其他 Office

组件，还可以从其他 Office 组件中链接到 Visio 绘图中。

插入超链接是指将本地、网络或其他绘图页中的内容链接到当前绘图页中，主要包括与超链接形状、图表形状与绘图相关联的超链接。

步骤：选择需关联的图形，单击"插入"选项卡"连接"功能区中的"超链接"按钮，在打开的对话框中进行设置，如图 6-20 所示。

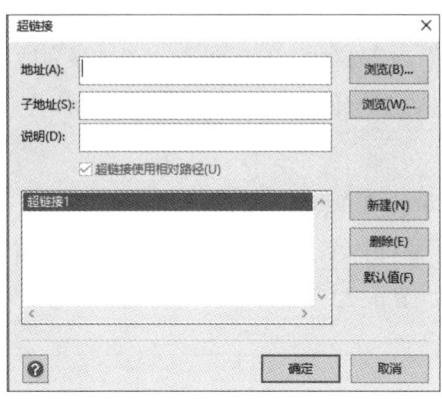

图6-20　插入超链接

6.3.2　数据导入

在使用 Visio 绘制形状之后，用户还可以通过为形状定义数据信息，以及利用"数据链接"功能将数据与形状相融合的方法，以动态式与图形化的方式来显示图表数据，以便于用户查看数据的发展趋势及数据中存在的问题。

在 Visio 中，除了直接定义形状数据之外，还可以将外部数据快速导入形状中，并直接在形状中显示导入的数据。导入数据主要包括 Excel、Access 数据库等 6 种数据类型。

步骤：单击"数据"选项卡"外部数据"功能区中的"自定义导入"按钮，在打开的对话框中进行设置，如图 6-21 所示。

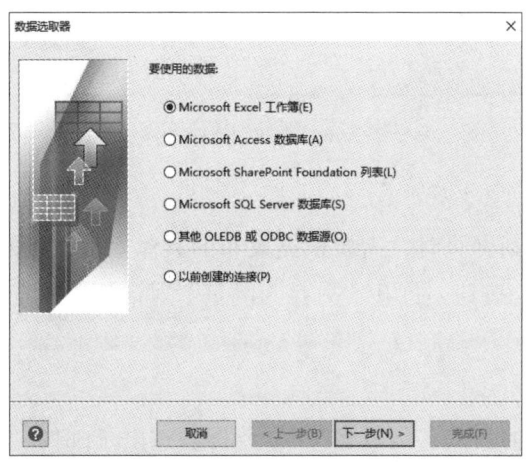

图6-21　导入外部数据

6.4 办公协同

Visio 除了拥有强大的形状绘制与数据结合功能外，还可以与多种软件协同办公，包括 Office 系列软件、Autodesk AutoCAD 以及 Adobe Illustrator 等。用户既可以将 Visio 绘图文档插入这些软件编辑的文档中，也可以在这些软件中编辑相应的文档，并将其方便地导入 Visio 绘图文档中。

6.4.1 发布绘图

在 Visio 中，可以通过将绘图另存为 Web 网页，或另存为适用于 Web 网页的图片文件与 Visio XML 文件，让没有安装 Visio 组件而安装 Web 浏览器的用户观看 Visio 图表与形状数据。

1. 保存到 Web 网页

将制作好的绘图页以 *.htm 或 *.html 的形式进行保存。

步骤：单击"文件"选项卡中的"另存为"，在打开的对话框中将"保存类型"设置为"Web 页（*.htm;*.html）"，如图 6-22 所示。

图6-22　保存为Web网页

2. 设置发布选项

在将绘图数据发布到网页时，需要根据发布的具体要求设置发布选项。在"另存为"对话框中，单击"发布"按钮，打开"另存为网页"对话框，设置需要发布的常规选项与高级选项即可。

6.4.2 共享绘图

为了达到协同工作的目的，可以将 Visio 绘图通过电子邮件发送给同事，或使用公共文件夹共享 Visio 绘图。

1. 分发绘图

分发绘图是指利用电子邮件，将绘图发送给同事或审阅者。另外，对于需要发送多个同事或审阅者，可以将绘图按接收者的顺序分发。

步骤：单击"文件"选项卡中的"共享"→"电子邮件"→"作为附件发送"，如图 6-23 所示。

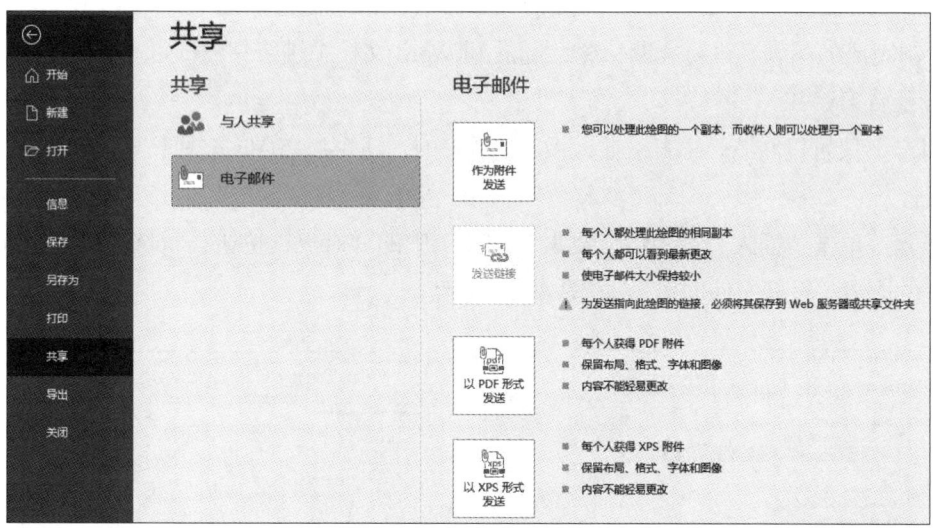

图6-23　分发绘图

2. 导出视图

使用 Visio，用户可以将演示文稿转换为可移植文档格式，也可以将其内容保存为图片或 CAD 等其他格式。

步骤：单击"文件"选项卡中的"导出"→"创建 PDF/XPS 文档"，如图 6-24 所示。

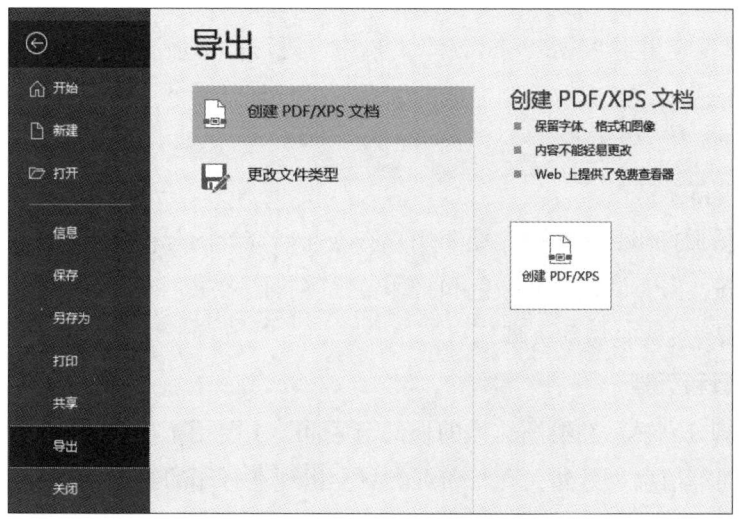

图6-24　导出视图

6.4.3　Visio 协同其他软件

在 Visio 中，不仅可以利用电子邮件与公共文件夹共享绘图，还可以与 Word、Excel、PowerPoint 等 Office 组件进行协同工作。另外，用户还可以通过 Visio 与 AutoCAD、Internet 的相互整合，来制作专业的工程图纸，以及生动形象的高水准网页。

1. 整合 Word

用户可通过嵌入，链接与转换格式 3 种方法，将绘制好的图表放入到 Word 文档中。选取绘制完成的图表，进行复制命令，随后到 Word 文档中进行粘贴即可。

2. 整合 Excel

用户不仅可以将 Excel 表格插入 Visio 图表中，还可以将 Visio 图形的数据导出，生成数据报告。

步骤：单击"插入"选项卡"文本"功能区中的"对象"按钮，在打开的"插入对象"对话框中选中"根据文件创建"，如图 6-25 所示。

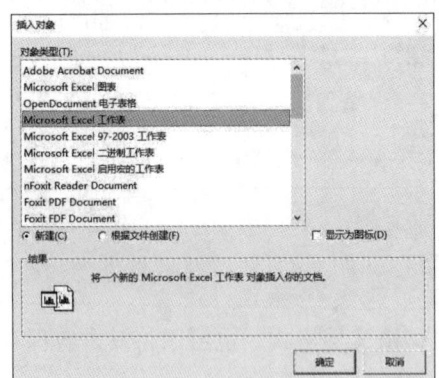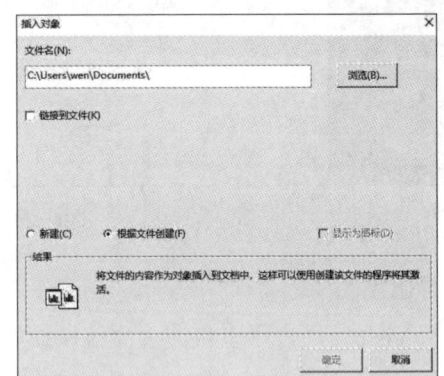

图6-25　将Excel数据嵌入到Visio中

3. 整合 PowerPoint

将 Visio 图表应用到 PowerPoint 演示文稿中，既可以增强演示文稿的美观，也可以使演示文稿更具有说服力。选取绘制完成的图表，进行复制命令，随后到 PowerPoint 文档中进行粘贴即可。

6.4.4　打印绘图文档

可以将绘图页打印到纸张中，便于用户查看与研究绘图与模型数据。在打印绘图之前为了版面的整齐，需要设置打印颜色和打印范围等打印效果。同时，为了记录绘图页中的各项信息，还需要使用页眉和页脚。

1. 设置页眉和页脚

页眉和页脚分别显示在绘图文档的顶部与底部，主要用来显示绘图页中的文件名、页码、日期、时间等信息。另外，页眉和页脚只会出现在打印的绘图上和打印预览模式下的屏幕上，不会出现在绘图页上。

步骤：单击"文件"选项卡中的"打印"→"编辑页眉和页脚"，在打开的对话框中进行设置，如图 6-26 所示。

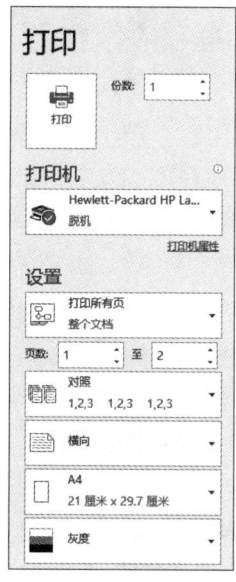

图6-26　设置页眉和页脚

2. 设置打印效果

对于大型的图表来讲，一般都具有多个绘图页。因此，在打印绘图时还需要设置其打印范围，以方便用户查看不同的绘图内容。

步骤：单击"文件"选项卡中的"打印"，如图 6-27 所示。

图6-27　设置打印效果

3. 预览并打印绘图

设置绘图页的页面设置和页眉、页脚元素之后，便可以预览绘图页的页面效果，并打印绘图页。

工作任务一　绘制"物业开发项目"规划图

说在任务开始前

学习情景	"图表"表达方式			
学习任务一	绘制"物业开发项目"规划图	学时	课前	2 学时
			课中	2 学时
			课后	6 学时
学习任务背景	毕业将至，浩然同学进入了一家物业开发项目公司实习。实习期间，浩然需要完成一份物业开发项目规划图。规划图内含有户型介绍、户型设计方案以及整体规划等多方面内容。一份详细的规划图，对项目开发和后期销售起着决定性作用			
准备工作	（1）掌握 Visio 的基本操作方式； （2）会使用 Visio 内提供的相关形状； （3）会使用尺码标注； （4）能进行图形美化操作			

学习性工作任务单（任务一）

——一阶任务：绘制户型图

学习目标	绘制户型图
任务描述	根据所提供的户型图样例，进行绘图
步骤1	新建绘图文档，并设置好绘图缩放比例
步骤2	通过形状状态栏找到所需原始图形
步骤3	建立户型图基础构架并进行修改
步骤4	完善户型后，进行户型尺寸量度标注
任务验收标准	（1）作图标准； （2）合理使用各类形状； （3）完成效果与样本相似
注意事项	（1）注意单一图形的尺寸比例； （2）单一图形间的连接； （3）尺寸标注的准确性

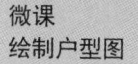

微课
绘制户型图

任务样本

一阶任务

二阶任务

三阶任务

学习性工作任务单（任务一）
——二阶任务：绘制户型布局图

学习目标	绘制户型布局图
任务描述	在一阶任务户型图的基础上，对户型进行布局设计
步骤 1	使用卫生间和厨房平面图形状绘制卫生间、厨房
步骤 2	使用柜子形状对家居进行设计
步骤 3	使用家具形状对家居进行设计
任务验收标准	（1）标注数值准确； （2）标注样式正确； （3）完成效果与样本相似
注意事项	（1）选取形状合理； （2）形状大小调整

微课
绘制户型布局图

任务样本

学习性工作任务单（任务一）

——三阶任务：小区建筑规划图

学习目标	绘制小区建筑规划图
任务描述	使用"路标形状"中的形状来设计小区规划，可以使业主更直观地了解整个小区的布局情况
步骤1	新建三维方向图
步骤2	添加路标形状
步骤3	设置"自动连接"选项
步骤4	设置背景及背景颜色
步骤5	添加图形、连接、调整
步骤6	添加文本框
任务验收标准	（1）布局明确； （2）图形使用正确； （3）颜色选取适当； （4）完成效果与样本相似
注意事项	（1）线条连接时需完整连接； （2）道路添加注意方向； （3）设计注意层次

微课
小区建筑规划图

任务样本

一阶任务

二阶任务

三阶任务

 ⚙ 工作任务二　绘制工程图

说在任务开始前

学习情景	"图表"表达方式			
学习任务二	工程图绘制	学时	课前	2 学时
			课中	2 学时
			课后	6 学时
学习任务背景	子轩从小就喜欢摆弄各种电子元器件，今天他将要设计一套实用电路板。在设计电路板的过程中，首先需要对元器件结构、电路图和布线有非常深入的了解。所以子轩决定，先对元器件的尺寸、形状进行详细绘制，然后设计正确电路图，最后根据电路图进行实物布局，完成整套电路设计			
准备工作	（1）掌握 Visio 的基本操作方式； （2）会使用 Visio 内提供的相关形状； （3）会使用尺码标注； （4）会添加自定义图形； （5）能进行图形美化操作			

学习性工作任务单（任务二）

——一阶任务：绘制元器件外形尺寸图

学习目标	绘制元器件外形尺寸图
任务描述	绘制继电器、二极管和三极管外形尺寸图
步骤1	新建绘图文档，并添加所需
步骤2	通过形状状态栏找到所需原始图形
步骤3	完善图形后，尺寸量度标注
步骤4	添加文本框
任务验收标准	（1）图形绘制规则； （2）图形间连接正常； （3）标注尺寸正确； （4）完成效果与样本相似
注意事项	（1）注意单一图形的尺寸比例； （2）单一图形间的连接； （3）尺寸标注的准确性

微课
绘制元器件外形
尺寸图

任务素材

任务样本

一阶任务

二阶任务

三阶任务

学习性工作任务单（任务二）

——二阶任务：绘制原理图

学习目标	绘制原理图
任务描述	绘制一份光控开关原理图
步骤1	新建绘图文档，并对页面进行设置
步骤2	添加所需要的元器件符号
步骤3	在对应形状中找到所需元器件符号
步骤4	对元器件进行连接
任务验收标准	（1）自定义形状添加正确； （2）电子元器件图形选择正确； （3）布局完整； （4）连接正确； （5）完成效果与样本相似
注意事项	（1）自行添加形状； （2）线形选择和箭头选择； （3）元器件连接处需添加实心点

微课
绘制原理图

任务样本

学习性工作任务单（任务二）

——三阶任务：绘制电路实物图布局接线图

学习目标	实物图布局接线图
任务描述	根据任务二电路图，进行实物图绘制
步骤 1	新建绘图文档
步骤 2	插入图片
步骤 3	使用 PowerPoint 进行图片修改
步骤 4	图片布局
步骤 5	导线连接
任务验收标准	（1）正确制作 PNG 图标； （2）电路摆放合理； （3）电路连接正确； （4）完成效果与样本相似
注意事项	（1）使用 PowerPoint 对图片进行处理的方法； （2）图片布局合理性； （3）导线连接要正确

微课
绘制电路实物图
布局接线图

任务样本

 工作任务三　绘制商务流程图

说在任务开始前

学习情景	"图表"表达方式			
学习任务二	绘制商务流程图	学时	课前	2 学时
			课中	2 学时
			课后	6 学时
学习任务背景	经过多年努力，诗雅成为了公司负责人。然而在公司中却出现因为考勤制度不规范，员工对此深表不满。所以诗雅觉得应当做一份详细的考勤图，通过数据和图表更直观地呈现在员工面前，避免员工产生不满情绪			
准备工作	（1）掌握 Visio 的基本操作方式； （2）会使用 Visio 内提供的相关形状； （3）能进行 Excel 数据导入； （4）能进行图形美化操作			

学习性工作任务单（任务三）

——一阶任务：绘制简单考勤图

学习目标	绘制简单考勤图
任务描述	根据提供的 Excel 数据，绘制一份简单的考勤图
步骤 1	新建流程图文档
步骤 2	添加基本形状和工作流程对象形状
步骤 3	插入文本框
步骤 4	插入"人员"形状
步骤 5	插入基本形状，对形状进行修改、文字插入、修改填充色
任务验收标准	（1）形状插入正确； （2）文本添加正确； （3）布局合理； （4）完成效果与样本相似
注意事项	（1）形状尺寸的设置； （2）填充色的选择

微课
绘制简单考勤图　　　任务素材　　　任务样本

学习性工作任务单（任务三）

——二阶任务：通过数据导入绘制考勤图

学习目标	通过数据导入绘制考勤图
任务描述	运用导入外部数据以及创建数据形态，并通过对数据图形进行相关增强数据效果的设置来制作一份"考勤统计图"
步骤 1	创建模板文档
步骤 2	导入外部数据
步骤 3	添加数据形态
步骤 4	使用数据图形
任务验收标准	（1）图形构建合理； （2）数据导入无误； （3）完成效果与样本相似
注意事项	（1）外部数据导入； （2）数据形态设置

微课
通过数据导入绘
制考勤图

任务样本

学习性工作任务单（任务三）

——三阶任务：美化考勤图

学习目标	美化考勤图
任务描述	在二阶任务的基础上进行考勤图的美化
步骤 1	应用主题
步骤 2	调整间距
步骤 3	应用边框和标题
任务验收标准	（1）布局美观 （2）有层次感 （3）完成效果与样本相似
注意事项	美化合理，对比突出

微课
美化考勤图

任务样本

PPT 课件
学习情景六

一阶任务

二阶任务

三阶任务

实践练习

1. 绘制办公室布局图，如图 6-28 所示。

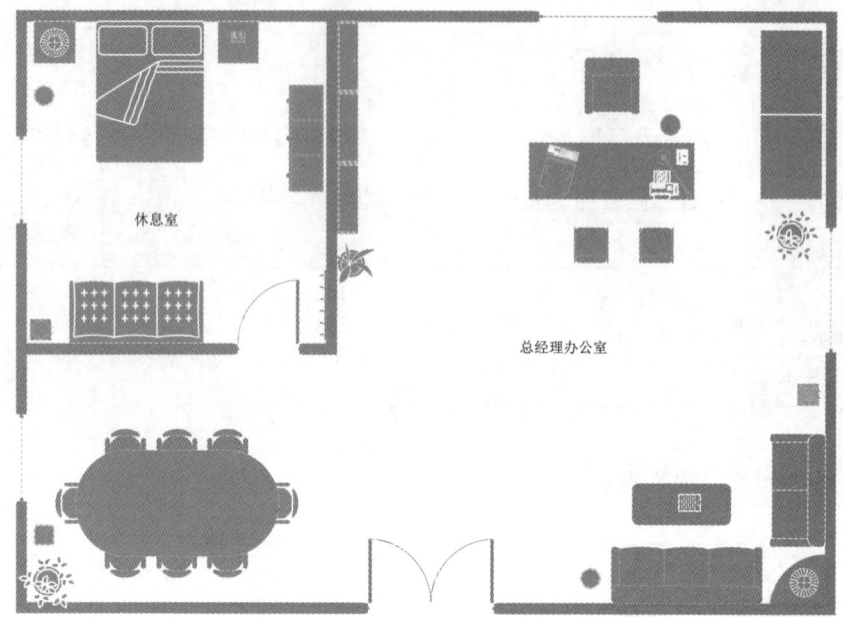

图6-28　办公室布局图

2. 绘制服饰品展区分布图，如图 6-29 所示。

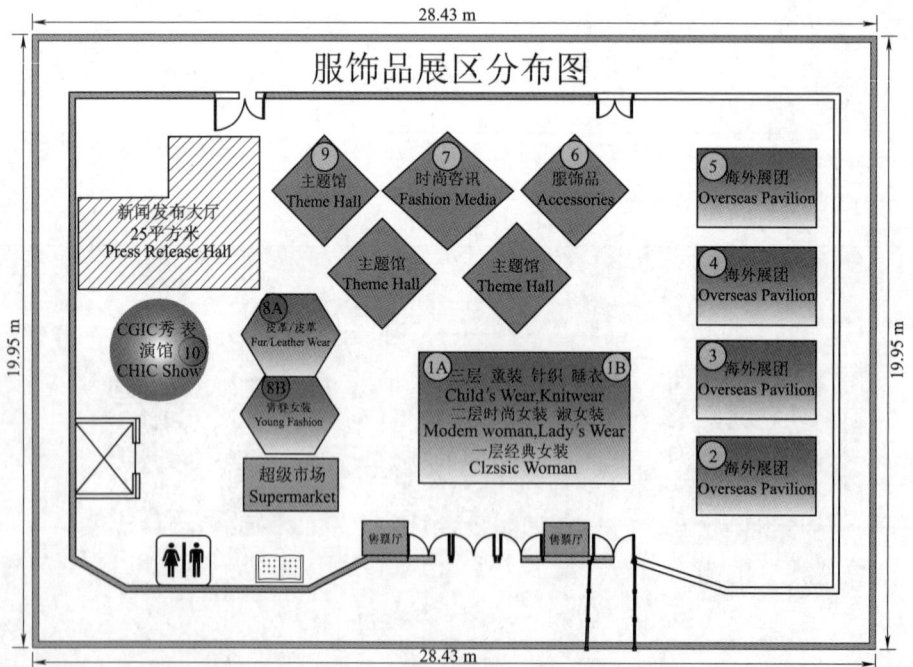

图6-29　服饰品展区分布图

3. 绘制立钻钻孔平面图（单位：mm），如图 6-30 所示。

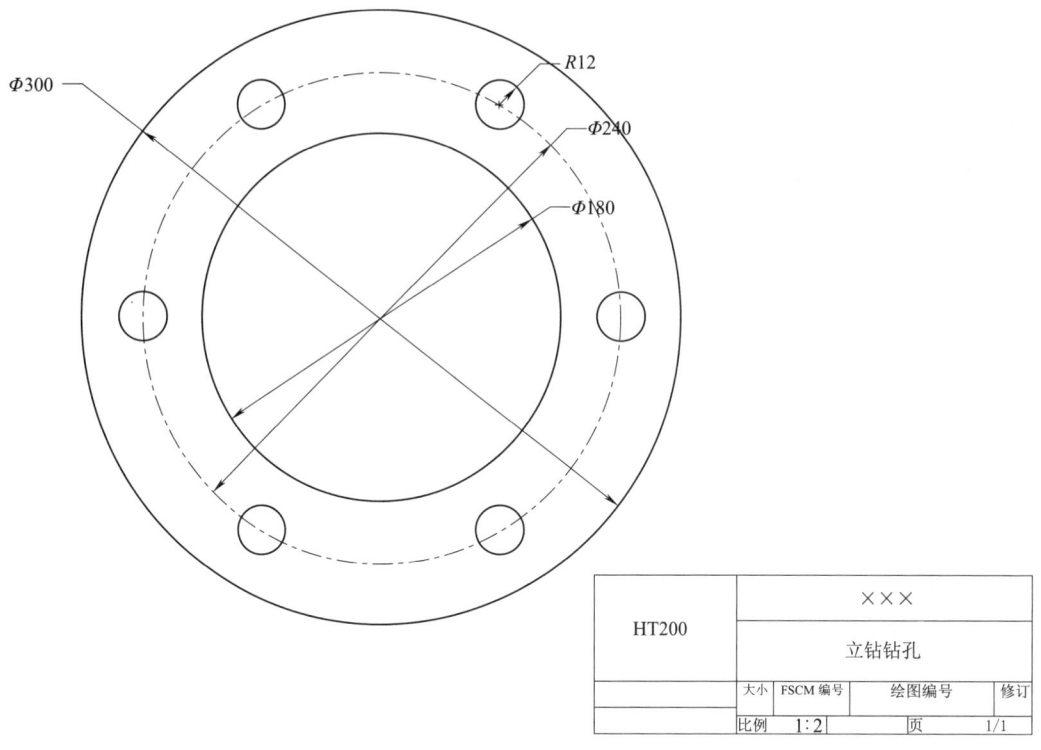

HT200	×××			
	立钻钻孔			
	大小	FSCM 编号	绘图编号	修订
	比例	1：2	页	1/1

图6-30　立钻钻孔平面图

4. 绘制产品销售数据透视表，如图 6-31 所示。

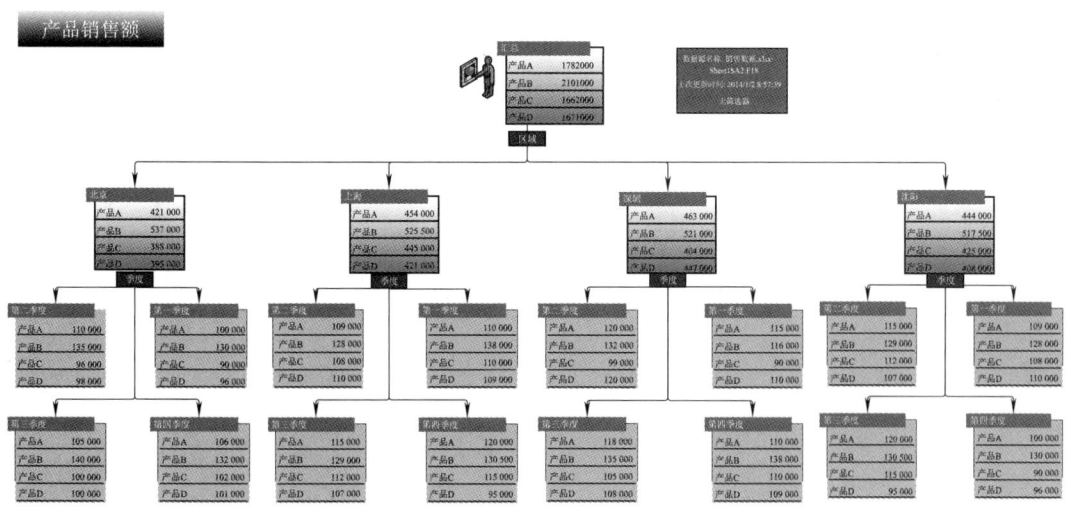

图6-31　产品销售数据透视表

销售数据统计表如图 6-32 所示。

销售数据统计表					
季度	区域	产品 A	产品 B	产品 C	产品 D
第一季度	北京	100000	130000	90000	96000
第二季度	北京	110000	135000	96000	98000
第三季度	北京	105000	140000	100000	100000
第四季度	北京	106000	132000	102000	101000
第一季度	上海	110000	138000	110000	109000
第二季度	上海	109000	128000	108000	110000
第三季度	上海	115000	129000	112000	107000
第四季度	上海	120000	130500	115000	95000
第一季度	沈阳	109000	128000	108000	110000
第二季度	沈阳	115000	129000	112000	107000
第三季度	沈阳	120000	130500	115000	95000
第四季度	沈阳	100000	130000	90000	96000
第一季度	深圳	115000	116000	90000	110000
第二季度	深圳	120000	132000	99000	120000
第三季度	深圳	118000	135000	105000	108000
第四季度	深圳	110000	138000	110000	109000

图6-32 销售数据统计表

学习情景七

你和世界只隔个"网络"

 知识结构图

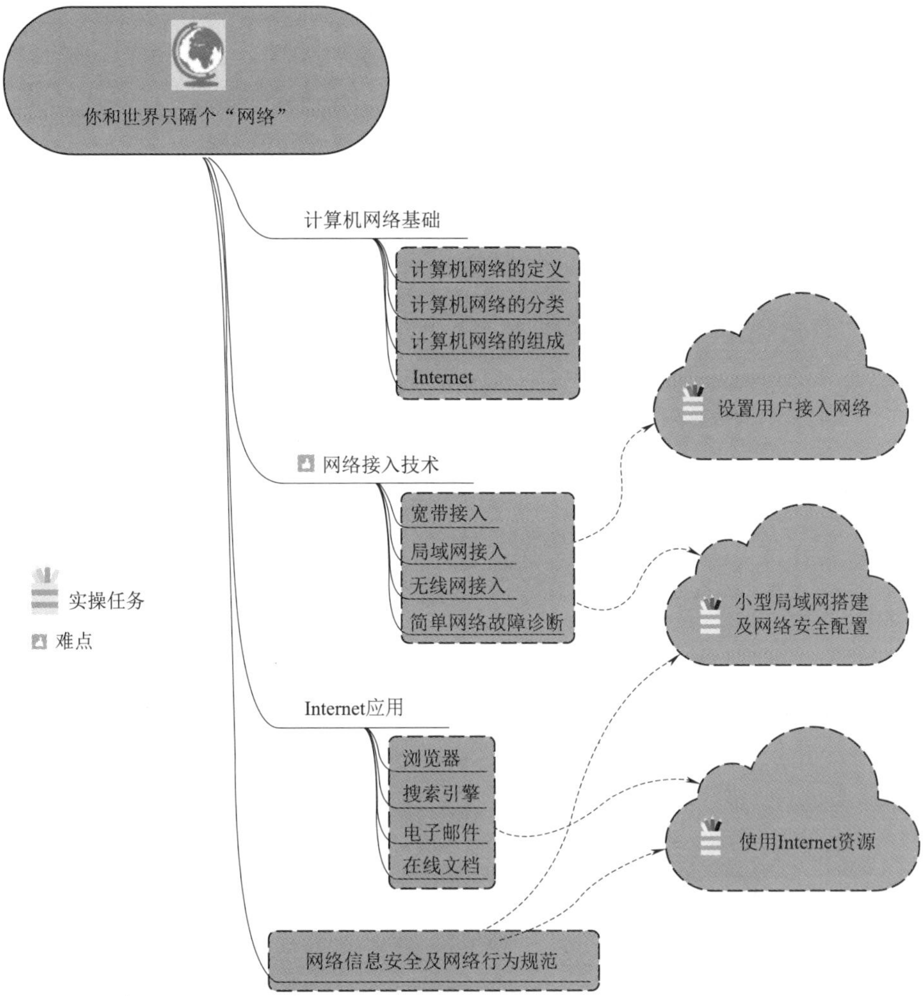

你和世界只隔个"网络"

计算机网络基础
- 计算机网络的定义
- 计算机网络的分类
- 计算机网络的组成
- Internet

网络接入技术
- 宽带接入
- 局域网接入
- 无线网接入
- 简单网络故障诊断

Internet应用
- 浏览器
- 搜索引擎
- 电子邮件
- 在线文档

网络信息安全及网络行为规范

设置用户接入网络

小型局域网搭建及网络安全配置

使用Internet资源

实操任务

难点

学习目标及内容

序号	学习主线	学习分支	学习内容	学习目标
1	计算机网络基础	计算机网络的定义	网络的含义	对计算机网络有基本认识，理解网络的基础概念和分类，掌握常见的网络软硬件及简单的网络结构知识，会设置本机 IP 地址
		计算机网络的分类	不同的网络分类，简单的网络结构	
		计算机网络的组成	常见的网络软硬件	
		Internet	TCP/IP 及 IP 地址	
2	网络接入技术	宽带接入	选择合适设备和传输介质，配置本地计算机，接入宽带网络	能够掌握常见的接入 Internet 的技术，并对简单的网络故障做出检测和判断
		局域网接入	选择合适设备和传输介质接入局域网；搭建小型局域网的知识，会配置家用路由器	
		无线网接入	配置无线设备接入无线网络	
		简单网络故障	常见网络故障检测方法	
3	Internet 应用	搜索引擎	搜索引擎使用技巧	掌握浏览器的使用技巧，能够使用搜索引擎准确搜索资源，能熟练收发电子邮件，能使用在线文档进行多人协同编辑和分享
		浏览器	浏览器	
		电子邮件	收发电子邮件	
		在线文档	使用在线文档，创建、多人协同编辑，分享文档	
4	网络信息安全及网络行为规范		遵守网络用户的行为规范，保护信息安全的基本工具和方法	了解保护网络信息安全的基本方法，了解网络用户的行为规范

知识准备

7.1 计算机网络基础

7.1.1 计算机网络的定义

计算机网络是把一些分散的、具有独立功能的计算机通过通信设备和通信线路连接起来形成资源共享的系统,在系统中通信遵守统一的网络协议和信息交换的方式。

7.1.2 计算机网络的分类

从网络的范围分类,计算机网络可以分为局域网、城域网和广域网。

(1)局域网(LAN)是在一个局部的地理范围内(如一个学校)将各种计算机、外围设备等互相连接起来组成的计算机通信网,它可以由办公室内几台设备组成,也可能是由多栋楼上千上万台设备组成。学校内的网络就是一个大型的局域网。

(2)城域网(MAN)是在一个城市范围内所建立的计算机通信网,它将位于同一城市内不同地点的主机、数据库,以及局域网等互相连接起来,它的传输媒介主要采用光缆。

(3)广域网(WAN)是连接不同地区局域网或城域网计算机通信的远程网。通常跨接很大的物理范围,所覆盖的范围从几十千米到几千千米,它能连接多个地区、城市和国家,或横跨几个洲并能提供远距离通信,形成国际性的远程网络。

通常来说,城域网内部是由一个一个的局域网互联,而广域网又是一个一个城市的城域网以及局域网互联形成的,如图7-1所示。

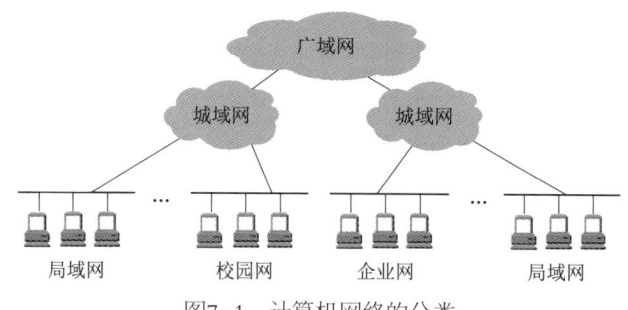

图7-1 计算机网络的分类

7.1.3 计算机网络的组成

计算机网络是由传输介质、网络硬件设备及网络软件几个部分组成的。

1. 传输介质

传输介质是网络中传输信息的载体,常用的传输介质分为有线传输介质和无线传输介质两大类。

(1)有线传输介质:目前市面上常用的有线传输介质有同轴电缆、双绞线、光纤,如表7-1所示。

表 7-1　有线传输介质

有线传输介质	特　　点	示　例　图
同轴电缆	共由 4 层组成，以单根铜导线为内芯，外裹一层绝缘材料作为绝缘层，绝缘层外覆网状金属网作为屏蔽层，最外面是塑料保护层。同轴电缆具有抗干扰能力强、频带宽、质量稳定、可靠性高等特点，是早期普遍采用的传输介质	
双绞线	由两条相互绝缘的铜导线彼此缠绕而成，故称"双绞线"。现行的双绞线电缆一般由 4 个双绞线对组成，每对双绞线均由不同的颜色标示。单根双绞线最大传输距离为 100 m，是当今局域网使用最广泛的有线传输介质	
光纤	是一种利用光在玻璃或塑料纤维中的全反射原理而制成的光传导介质。光纤柔软纤细，容易断裂，所以多数光纤在使用前必须由几层保护结构包覆，包覆后的缆线即称光缆。光纤的频带宽、容量大、损耗低、质量小、抗干扰能力强、传输质量好，是当前计算机网络中最理想的传输介质，当然其成本也更高	

（2）无线传输介质：常用的无线传输介质有红外线、蓝牙、无线电波等，如表 7-2 所示。

表 7-2　无线传输介质

无线传输介质	特　　点
红外线	红外线是不可见太阳光线中的一种，用它通信不易被干扰，保密性强，红外通信设备体积小结构简单，价格也便宜，但是红外线传输距离短且距有方向性，目前只限于室内短距离通信
蓝牙	主要用于便携式设备，支持点对点及点对多点通信，能在包括移动电话、无线耳机、笔记本电脑等众多设备之间进行无线信息交换
无线电波	无线电波是指在自由空间（包括空气和真空）传播的射频频段的电磁波。当前广泛应用的无线网络就是采用这种无线电波传输的

2. 网络硬件设备

　　网络硬件设备是指由传输介质连接在计算机网络中的各种设备，包括计算机上的网卡、集线器、调制解调器、交换机、路由器等，如表 7-3 所示。

表 7-3　网络硬件设备

设备	特　　点	示　例　图
网卡	是计算机与网络相连的硬件设备，所有需要接入网络的设备都必须装有网卡。它不仅将设备与网络传输介质连接起来，更实现数据帧的收发、封装与解封，数据缓存，访问控制等功能	
集线器	是局域网中使用的连接设备，它具有多个端口，可连接多台计算机。在局域网中常通过集线器将分散的上网设备连接起来	
调制解调器	可以完成数字信号和模拟信号之间的转换，以实现计算机之间通过电话线路传输数据信号的目的，一般用于通过电话线接入网络的场景。后来有的用户升级为了光纤宽带入户，也需要使用专门的调制解调器来解析光信号	
交换机	是一种在通信系统中完成信息交换功能的设备。交换机能把各个终端进行暂时的连接，互相独立地传输数据。随着网络技术的迅速发展，以太网成为了迄今普及率最高的计算机网络，而以太网的核心部件就是交换机	
路由器	又称网关，其主要功能是路径选择，即为经过路由器的数据包寻找一条最佳的传输路径，并转发出去。常见的家用的路由器，它体积小巧，可以兼容各种宽带接入商提供的接入方式，带有可视化的管理界面，能针对不同的上网场景配置不同的网络策略	

3. 网络软件

网络软件是指用于支持网络中数据通信或提供各项业务的软件。主要包括：

（1）网络操作系统：支撑网络管理软件或应用系统等网络软件的操作系统，常见的网络操作系统有 Linux、Windows Server、UNIX 等。

（2）网络协议软件：为了让全球的用户能够通信，在计算机网络中交换信息就要遵守一套大家共通的语法规则和协议，这套协议就是网络协议。当前互联网采用最广泛的协议是 TCP/IP 协议。网络协议软件的主要作用就是完成网络各层协议所规定的功能。

（3）通信软件：用来管理和控制计算机的通信工作的软件。

（4）应用系统：实现网络中各项业务，提供网络服务、资源共享等功能。

7.1.4 Internet

Internet 又称因特网，是网络与网络之间所串连成的庞大网络。

网络上每一个节点都必须有一个独立的 Internet 地址（也称 IP 地址），这相当于我们的门牌号，现实中有了门牌，我们才收得到快递，而网络里有了 IP 地址，对方才知道该将通信数据发向哪个目标。现有的因特网是在 IPv4 协议的基础上运行的，IP 地址是一个 32 位的二进制数，通常被分隔为 4 段 "8 位二进制数"，用 "." 来分隔，但是二进制数字太难记了，所以人们习惯转换成 4 段十进制数字来记忆，如图 7-2 所示。

32位的二进制数：11000000.10101000.00000001.00000001
转换成十进制数：　192　.　168　.　1　.　1

图7-2　IP地址

IPv4 约有 43 亿个地址，随着上网的设备越来越多，IPv4 的地址空间即将被耗尽。IPv6 是下一版本的互联网协议，它采用 128 位的地址长度，大大扩展了地址空间。现在全球范围内支持 IPv6 的设备还很有限，但是相信不远的将来，随着 IPv6 各项技术的成熟，会很快投入使用和普及。

IP 地址数字难以记忆，就像我们平时打电话，要记住每个人的电话号码是不可能的，我们的手机可以用通讯录来存储联系人的姓名和电话，每次我们要拨电话只需要找到对应的姓名就好了。域名就相当于联系人的姓名，它与特定的 IP 地址对应，我们要通信时不需要记得目标的 IP 地址，只需要呼唤它对应的域名即可。

7.2　网络接入技术

如何将我们的计算机接入网络呢？现在比较常见的接入方式有：通过宽带网路接入、局域网接入和无线网接入。

7.2.1　宽带接入

早期上网一般是通过电话线入户，后来升级为光纤宽带入户。接入时，需要向网络运营商申请，由工作人员到户接通网络、安装设备。这里以家庭用户为例说明。

1. 只有一台有线设备联网

将网线的一端连接调制解调器，另一端连接自己计算机上的网卡插孔。打开计算机上的 "Windows 设置" → "网络和 Internet" → "网络和共享中心"，选择 "设置新的连接或网络" → "连接到 Internet" → "设置新连接" → "宽带（PPPoE）"，填写运营商提供的用户名和密码，单击 "连接" 按钮就设置完成了。

2. 通过家用路由器连网

如果家里有多台设备需要上网，还要配备一个家庭用的路由器，将与调制解调器相连的网线接入路由器的 WAN 口，再将连接计算机网卡的网线接入路由器的任意 LAN 口，如图 7-3 所示。

3. 配置家用路由器

线路连接好之后，需要简单配置路由器。市面上有很多品牌的路由器，配置的操作都很简单，按照说明书填写好运营商提供的上网账号和密码即可。

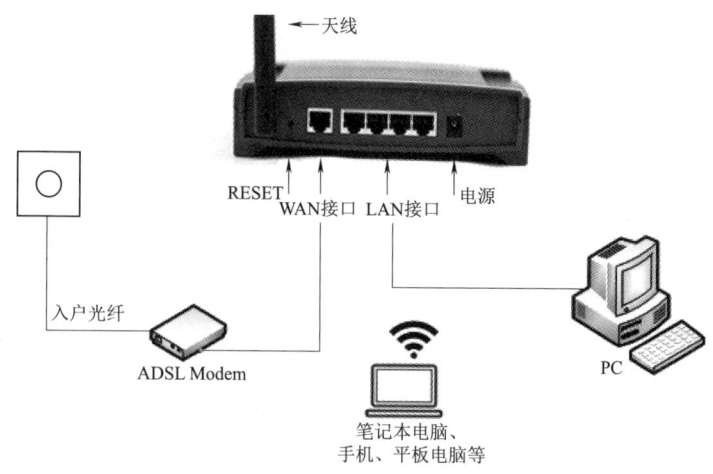

图7-3　家用路由器接线

其实，连接了家用路由器的网络，虽然只有简单的几台设备，也构成了一个小型的家庭局域网。家用路由器不但可以简单管理局域网，还能监控上网的设备和流量，起到保护局域网安全的作用。例如，在"DHCP 服务"页面，可以设置由此台路由器管理的局域网内，能够获取到的 IP 地址范围，当接入的设备数量超过这个范围，就不能再接入了。也可以将IP 地址与设备 Mac 地址绑定，只允许绑定过的设备获得 IP，这样就能保证不被蹭网了。

7.2.2　局域网接入

在学校上网，要先接入学校所在的局域网，再通过局域网接入 Internet。一般来说，这种局域网中都已经配置好了网络设备，会自动向接入该网络的设备发放 IP 地址，我们只需要按照网络管理员指定的方式将网线一端连接自己计算机上的网卡插孔，另一端接入墙上的信息点或者指定设备，就完成了硬件的连接。

接下来，在计算机上将自己设备的 IP 地址改为"自动获取"的方式就可以了。步骤为：打开"Windows 设置"→"网络和 Internet"→"网络和共享中心"→"更改适配器设置"，右击"本地连接"，在弹出的快捷菜单中选择"属性"命令，在打开的对话框中双击"Internet协议版本 4（TCP/IPv4）"，选择"自动获得 IP 地址"和"自动获得 DNS 服务器地址"，再单击"确定"按钮即可。

7.2.3　无线网接入

要接入无线网络，首先接入设备必须有无线网卡，一般常见的笔记本电脑和手机都是配置有无线网卡的，台式计算机可以外接一个无线网卡设备。其次，还要确定接入网络的地点是有 Wi-Fi 覆盖的。

接入家庭无线局域网络，只需搜索在路由器上设置好的无线网络名称，填写密码之后即可连接。

接入公共区域的无线网络，有时需要进行认证，搜索到无线网络名称连接之后，再根据页面提示填写好信息即可。

7.2.4 简单网络故障检测

在上网的时候，偶尔会遇到网络不通，下面介绍一些简单的故障检查办法。

（1）线路不通。可以查看连接网线的指示灯是否正常，也可以用专业的测线仪用来测试网线的连通情况。

（2）计算机设置不正确。在计算机"Windows 设置"→"网络和 Internet"→"状态"页面可以查看设备的网络连接情况。

可以检查下自己的本地连接是否还没启用："Windows 设置"→"网络和 Internet"→"更改适配器设置"，右击"本地连接"在弹出的快捷菜单中选择"启用"命令。

再检查是否获得了正确的 IP 地址："Windows 设置"→"网络和 Internet"→"状态"→"查看网络属性"，这里显示的 IP 地址是否与局域网分配的 IP 地址相符，不同的局域网分配的 IP 地址是不相同的，要根据局域网中路由器的设置来配置自己的 IP 地址，其中 169.254.*.* 这样的地址为私有地址，一般情况下这个地址的计算机是无法访问网络的。

（3）Wi-Fi 不通。确保接入网络的设备打开了 Wi-Fi 开关，或者 Wi-Fi 密码是否正确。如果是通过家庭路由器接入，那么还要检查路由器的参数设置。

7.3 Internet 的应用

互联网给人们的生活学习提供了诸多便捷，在网络的世界畅游，人们可以借助 Internet 浏览各地资讯、获取自己所需的各类资料、与世界各地的朋友通信、与距离很远的同事一起完成工作。

接下来介绍几个常用的 Internet 工具，用来轻松地查阅资料、和朋友通信以及完成协同工作。

7.3.1 浏览器

浏览器是一种应用程序软件，用于显示 Web 页面和内容。可以使用这种软件访问存储在 Internet 上的文字、图像及其他信息。

1. 浏览器介绍

通过浏览器，可以浏览新闻、搜索资源、下载文件和应用程序安装包、看视频等。使用浏览器上网，在地址栏输入网址，如图 7-4 所示。

图7-4 浏览器

浏览器会向 DNS（域名服务器）提供网址，由它来完成域名到 IP 地址的映射。然后将请求提交给具体的服务器，再由服务器将结果以 HTML 编码格式返回给浏览器，浏览器执行 HTML 编码，将结果显示在用户看到的界面上。

目前常用的浏览器有 Edge、IE、360、谷歌、火狐、遨游等。

2. 浏览器技巧

我们以微软的浏览器 Microsoft Edge 为例进行介绍。双击打开浏览器，在地址栏输入要访问网页的地址，按【Enter】键确定之后网页的内容就出现了。如果这是你经常访问的网页，那就可以收藏到网页收藏夹，下次进入收藏夹，单击网页标题就可以直接访问了，如图 7-5 所示。

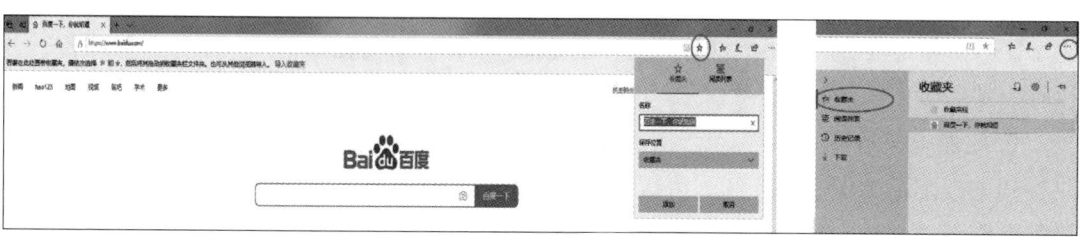

图7-5　收藏网页

7.3.2　搜索引擎

有时候并不知道所需要的信息在哪个网页，这时候就要用到搜索引擎。

1. 搜索引擎介绍

搜索引擎为用户提供检索服务，在互联网中发现和搜集信息，将用户检索的相关信息展示给浏览器。

常用的搜索引擎有百度、谷歌、搜狗、360 搜索等，下面以百度为例进行介绍。假设我们要了解 Office 软件的相关知识，在搜索框输入关键字 Office，单击 "百度一下"，搜索引擎就找到了所有与 Office 有关的网页。

2. 搜索引擎技巧

（1）多个关键字搜索。如果关键字范围太广，不利于快速精确地查找到想要的内容，可以设置多个关键字来缩小范围。例如，可以设置关键字为 Office 和 "下载"，所得到的结果中就是包含了 Office 和 "下载" 两个关键字的页面。

（2）寻找指定类型的资源。如果想要找的只是 Office 的视频教程，就可以在关键词后面加上表示视频类型的 .mp4，搜索范围就缩小到只包含了 MP4 类型的资源。

（3）下载资源。遇到想要保存下来的图片资源，在图片上右击，在弹出的快捷菜单中选择 "将图片另存为" 命令，设置好保存的本地路径就可以下载了。如果是文件类的资源，例如 Office 安装包，可以搜索 "Office 免费安装" 的网页，单击页面上的 "本地下载" 按钮进行下载。

（4）甄别资源。需要注意的是，要学会甄别下载资源，有的链接中带有很多用户不需要的捆绑软件，有的甚至带有病毒，要注意看下载的文件名称是否正确，下载后立即用杀毒工具进行杀毒之后再打开。

7.3.3 电子邮件

电子邮件指用电子手段传送信件、资料等信息的通信方法，通过网络的电子邮件系统，用户可以用非常低廉的价格、以非常快速的方式，与世界上任何一个角落的网络用户联系，这些电子邮件可以包含文字、图像、声音等各种形式。

1. 电子邮件介绍

电子邮件要在 Internet 上传送需要负责邮件收发的服务器，服务器含有众多用户的电子信箱。目前常用的服务器有 QQ 邮箱、126 邮箱、新浪邮箱、Hotmail 邮箱、微软的 Outlook 等。

就像邮局寄信一样，用户发送电子邮件时必须填写收件人的电子邮件地址。电子邮件地址的格式由 3 部分组成。第一部分代表用户信箱的账号，对于同一个邮件接收服务器来说，这个账号必须是唯一的；第二部分"@"是分隔符；第三部分是邮件接收服务器的域名，用以标识邮件服务器，如图 7-6 所示。

2. 收发电子邮件

以 QQ 邮箱为例进行介绍。可以用浏览器登录邮箱服务器地址 mail.qq.com，直接用 QQ 账号密码即可进入邮箱界面，也可以从 QQ 客户端面板上的邮箱按钮进入。下面以网页端邮箱为例，介绍如何收发电子邮件。

User@qq.com

邮箱账号　　分隔符　　服务器域名

图7-6　电子邮件地址

（1）发送电子邮件。单击界面左侧的"写信"按钮，进入写信页面，如图 7-7 所示。

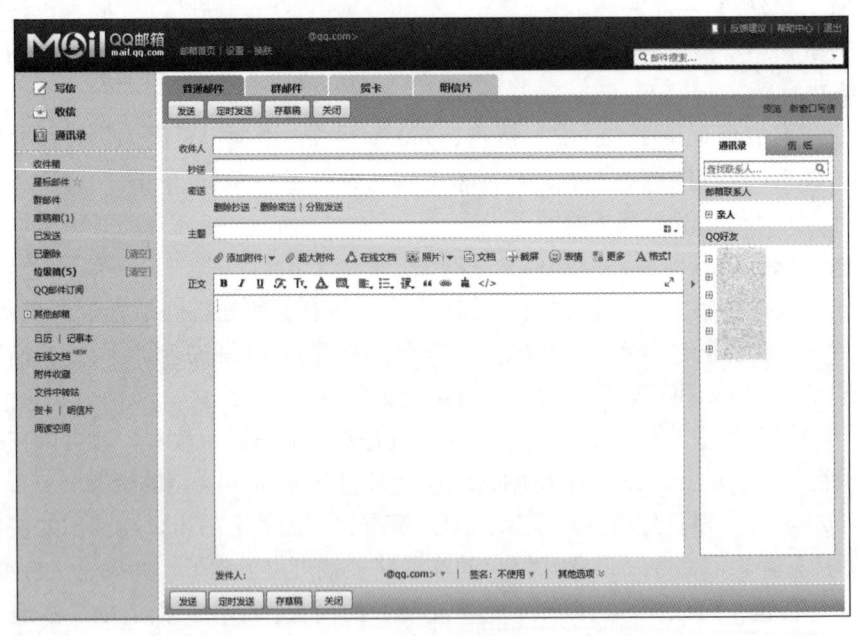

图7-7　写信界面

收件人：填写收件人的邮箱地址，也可以从右侧的 QQ 联系人中选择。

主题：每一封邮件尽量包含主题，以让收件人知道这封邮件是关于什么。

正文：在正文框中书写邮件的正文，如果正文中包含图片，可以单击正文框上方的"照片"按钮插入图片。

附件：随邮件还可以发送一些文件、压缩包等附件，可单击"添加附件"按钮，选择存储在本地的附件，发送的附件可以是 Word、Excel、PPT 文档，也可以是视频、图片、压缩包等，如果附件太大，就可以用"超大附件"来发送。

抄送：如果一封邮件要同时发给多个人，可以将多个人的邮箱地址写在抄送中，抄送列表中的收件人都能够看到邮件，并且也能看到这封邮件被抄送给了哪些人。

发送：填好上述信息后，可以立即发送邮件，也可以选择"定时发送"在某个时间点自动发送，还可以"存草稿"待下次编辑好之后再进行发送。

（2）接收电子邮件。单击界面左侧的"收信"按钮，进入收件箱页面。

阅读邮件：收件箱中会将未读邮件标识出，单击主题即可进入邮件的正文页面了。

回复邮件：在邮件正文下方单击"回复"按钮，就可以进入回复该邮件的页面，这个页面和发送邮件类似，只是收件人已经自动填写好，在邮件正文也会列出之前两人通信的内容。

转发邮件："转发"按钮支持将通信内容发送给第三个人，操作和发送邮件类似。

7.3.4 在线文档

在线文档可实现多人协作在线同时编辑一个文件，这个文件可以是文档，也可以是表格、幻灯片等，文件保存在云端，设置权限之后有权限的用户打开网页就可以查看和编辑，不用安装软件，非常方便。

目前很多平台都支持在线文档的功能，下面以腾讯文档为例进行介绍。

腾讯在线文档的网址是 https://docs.qq.com，也可以从 QQ 客户端左下角单击"腾讯文档"按钮进入。

（1）新建。

单击页面左侧的"新建"按钮，选择文件的类型，即可新建一个在线文档，如果是本地已经做好的文件，也可以通过"导入本地文件"按钮导入，如图 7-8 所示。

腾讯在线文档为每种文件都准备了很多模板，可以选择适合的模板进行编辑，也可以直接点"加号"新建一个空白的文档。在线文档的编辑界面与我们常用的文档编辑界面相似，稍有一点不同的是在线文档会自动保存所有操作到云端，不需要手动去保存文档。

（2）分享。文档建好后就可以分享给其他人一起来编辑了。单击右上角的"分享"按钮，如图 7-9 所示。

可以设置谁可以查看这篇文档，默认情况下是只有自己可以查看，单击"仅我可查看"按钮，可以设置查看和编辑的权限。

单击下方的"QQ"或"微信"就可分享给 QQ 好友或者微信好友，如果对方不是好友，也可以复制链接、生成二维码、生成图片等方式，然后将链接发送给对方。

（3）协同编辑。收到好友的邀请之后，可以直接单击链接或者扫描二维码进入该文档的编辑页面。也可以登录腾讯文档，单击"我的文档"进入所有自己参与的文档目录。

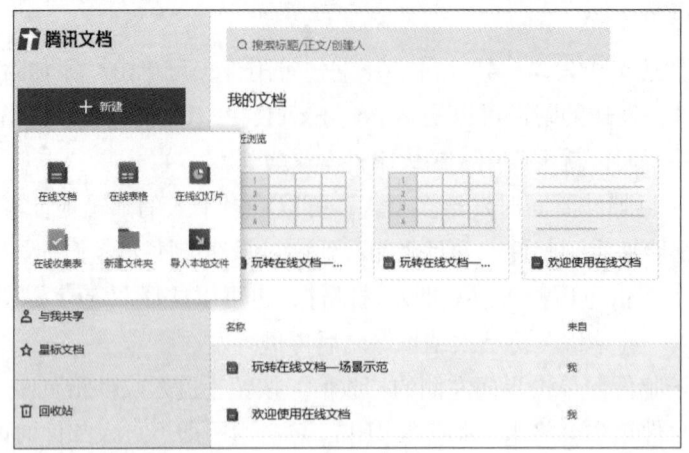

图7-8 新建在线文档

图7-9 分享在线文档

在线文档支持多人同时在线编辑，所有对该文档的操作都会记录在云端，并且所有参与者都能看到其他人正在编辑的操作。

（4）设置权限。文档的创建者可以在任何时候设置和更改该文档的权限，再次单击"分享"按钮即可。在"更多高级设置"里，还可设置有权限给文档添加批注和评论的用户、文档的有效期、给文档加水印等。

文档定稿之后，创建者就可以取消他人的编辑权限，改为"所有人可查看"，这样在分享时也保证了定稿文档的唯一性。

7.4 网络信息安全及网络行为规范

7.4.1 网络信息安全

由于网络的开放性、互联性等特征，致使网络易受病毒、黑客、恶意软件和其他不轨行为的攻击。为了上网时能够保护好自己的计算机免受病毒和黑客的攻击，就需要从多个方面将安全工作做到位。

1. 网络安全工具

既然网络里存在那么多的攻击，那么我们肯定就要使用一些工具来防御，一般来说单位的局域网内会安装网络防火墙来隔离外部网络和内部网络用以保证局域网内的安全。个人计算机上也要安装杀毒软件以及防火墙，并定期进行杀毒和清理。

2. 密码安全

尽量不设置太过简单的密码，以防消息被窃取或破解。例如，可以设置包含字母、数字和符号的密码组合；密码中不要包含生日、连续相同的数字等容易被破解的组合；密码长度最好大于 6 位；等等。

3. 病毒防范

定期检测计算机系统，及时更新系统漏洞补丁，不要随便浏览陌生或不良网站，不轻易打开来历不明的电子邮件，对公用软件和共享软件要谨慎使用，下载软件最好到正规官方网站，对 U 盘或其他移动存储设备要先杀毒再使用，从网上下载软件或文件后，一定要先扫描杀毒再运行，使用 QQ、微信等聊天工具时不要轻易接收陌生人发来的文件，发过来的网络链接也不要随意单击打开，建立系统的应急计划，重要文件定期备份。

4. 信息安全

在网络上发言时，不随意透露自己的个人信息、账号密码等，当别人通过网络索要自己的信息或借钱时，注意甄别提高警惕，不轻信不明广告或中奖消息等。

7.4.2 网络行为规范

作为网络时代的大学生，我们在网络里的言论、行为是我们对网络持有的态度，也体现了我们个人的风貌。维护良好的网络环境是我们的责任，我们应自觉遵守网络道德，遵守上网行为规范。

作为当代青年，上网时应该遵守的网络行为规范有：

（1）要依法律己，遵守"网络文明公约"，自觉维护公共信息安全，维护公共网络安全，不制作、传播计算机病毒，不非法侵入计算机信息系统，自觉维护网络秩序。

（2）加强思想道德修养，弘扬优秀民族文化，遵守网络道德规范，诚实友好交流，不侮辱、欺诈和诽谤他人，不侵犯他人的合法权利。

（3）要净化网络语言，坚决抵制网络有害信息和低俗之风，不信谣不传谣，不浏览、发布不良信息。

（4）正确运用网络资源，善于网上学习，不沉溺于虚拟时空，不在网上进行色情活动，保持身心健康。严格自律，学会自我保护。

（5）增强自我保护意识，不在网上公开个人资料，不随意约见网友，慎重交友，益友多交，损友少碰，要学会辨别益友与损友，不参加无益身心健康的网络活动。

工作任务一　设置用户接入网络

说在任务开始前

学习情景	你和世界只隔个"网络"			
学习任务一	设置用户接入网络	学时	课前	1 学时
			课中	1 学时
			课后	1 学时
学习任务背景	浩然购入了一台新计算机，兴奋的他打开计算机想赶快上网冲浪，那么他需要哪些联网的设备？怎样接线？怎么设置自己的计算机才可以联网呢？ 不同的网络场景的网络结构是不同的，接入方法也不太一样。本任务以学校局域网场景为例，分别用有线、无线的方式接入学校的局域网，进而接入 Internet。 让我们赶快和浩然一起，通过简单的接线和配置，把自己的计算机接入网络吧			
准备工作	（1）能够连接 Internet 的教室或其他地点； （2）用以接入网络的设备：个人计算机、网线； （3）了解学校有线、无线网络的接入方式，所需认证账号、认证客户端、无线网络名称等			

学习性工作任务单（任务一）

学习目标	用有线、无线两种方式将设备接入网络
任务描述	（1）用有线的方式将个人计算机接入学校网络； （2）用无线的方式将手机接入学校无线网络
步骤 1	用网线将个人计算机与教室的网络交换机相连（根据网络场景不同，有时也可能连接墙上信息点或者调制解调器、光猫等）
步骤 2	设置个人计算机 IP 地址：（有的网络场景需要设置固定的 IP 地址，需要根据网络情况，按照网络管理员的要求设置） 打开 "Windows 设置" → "网络和 Internet" → "网络和共享中心" → "更改适配器设置"，右击 "本地连接"，双击 "Internet 协议版本 4（TCP/IPv4）"，选择 "自动获得 IP 地址" 和 "自动获得 DNS 服务器地址"，再单击 "确定" 按钮即可
步骤 3	打开浏览器输入任意网址，在弹出的校园网认证界面输入网络管理员提供的用户名及密码登录连通网络（用户名为学号，密码为个人校园网络密码）
步骤 4	在计算机 "Windows 设置" → "网络和 Internet" → "网络和共享中心" → "更改适配器设置" → "本地连接"，右击 "状态"，选择 "详细信息" 页面，检查是否获取到合法的 IP 地址，如 IP 地址为 172.16.*.* 或 192.168.*.* 则正确，169.254.*.* 则未获得局域网内服务器分配的 IP
步骤 5	在计算机 "Windows 设置" → "网络和 Internet" → "WLAN" 菜单单击 "显示可用网络" 搜索学校无线网，单击连接
步骤 6	打开浏览器输入任意网址，在弹出的校园网认证界面输入网络管理员提供的用户名及密码登录连通网络 （根据无线网络情况，有的无线网络在加入时输入管理员提供的密码就能连接，无须再打开浏览器认证）
步骤 7	在计算机 "Windows 设置" → "网络和 Internet" → "状态" 页面检查无线网络连接是否成功
任务验收标准	（1）网线连接正确； （2）加入学校有线网络，IP 地址获取正确； （3）加入正确的无线网络，并能访问 Internet
注意事项	（1）如条件限制无法连接 Internet，接入学校局域网即可； （2）如学校未覆盖无线网络，也可配置热点网络完成

微课
将设备接入网络

任务样本

工作任务二　小型局域网搭建及网络安全配置

说在任务开始前

学习情景	你和世界只隔个"网络"			
学习任务二	小型局域网搭建及网络安全配置	学时	课前	1 学时
			课中	1 学时
			课后	1 学时
学习任务背景	这几天在宿舍上网课，浩然想用手机播放网课视频的同时，用计算机在网络上查阅资料、记笔记，他发现如果要将两台以上的设备接入网络，就要借助家用无线路由器。在宿舍搭建一个小型的局域网，不但可以将多台设备接入网络，还可以同时接入有线和无线设备。 搭建好小型局域网之后，浩然发现总有陌生的设备加入到自己的无线局域网中蹭网，于是他想通过设置路由器来限制陌生的设备连入自己的局域网。 这个任务就让我们来满足浩然的小小需求吧			
准备工作	（1）用以搭建网络的设备：个人计算机、网线、手机、家用路由器； （2）了解配置路由器的方法步骤			

学习性工作任务单（任务二）

学习目标	（1）使用家用路由器搭建小型局域网； （2）配置路由器 DHCP 参数及无线网络参数
任务描述	（1）使用家庭路由器搭建小型局域网； （2）配置路由器只允许接入至多两台设备； （3）配置路由器的无线参数
步骤 1	用一根网线连接路由器的 WAN 口和网络交换机（根据网络场景不同，有时也可能连接墙上信息点或者调制解调器、光猫等）；再用一根网线连接路由器的 LAN 口和计算机的网卡插口
步骤 2	登录路由器管理页面：打开浏览器输入地址 :http://192.168.1.1，输入用户名：admin；登录密码：admin （不同设备管理地址及用户名密码可能不同，请根据实际情况输入）
步骤 3	单击"系统工具"→"修改登录口令"，修改路由器用户名及登录密码。单击"网络参数"更改路由器的默认地址
步骤 4	单击"设置向导"配置路由器的网络参数，选择"动态 IP"选项，开启无线状态，配置 SSID 和无线安全密码
步骤 5	单击"DHCP 服务器"，配置 DHCP 服务，设置地址池开始地址为：192.168.1.x，地址池结束地址为：192.168.1.(x+2)，使得接入该路由器的设备至多两台
步骤 6	单击"DHCP 服务器"→"客户端列表"，查看连接到路由器的客户端；检查连接该路由器的个人计算机是否获得了合法的 IP 地址
步骤 7	使用另外一台设备连接该路由器的无线网络，检查 IP 地址
步骤 8	邀请其他同学使用第 3 台设备尝试接入该路由器，观察有什么现象
任务验收标准	（1）网线连接正确； （2）参数配置正确； （3）有线、无线设备均能加入局域网； （4）DHCP 配置正确，第 3 台设备无法加入该局域网络
注意事项	（1）路由器如要接入 Internet，需根据实际网络环境配置； （2）同一局域网内的路由器地址以及 DHCP 地址池不能相同，否则会 IP 冲突； （3）同一场景如有多个无线局域网，应设置 Wi-Fi 名称不同，以免混淆

微课
小型局域网搭建
及网络安全配置

任务样本

工作任务三　使用 Internet 资源

说在任务开始前

学习情景	你和世界只隔个"网络"			
学习任务三	使用 Internet 资源	学时	课前	1 学时
			课中	2 学时
			课后	1 学时
学习任务背景	互联网给人们的生活学习提供了诸多便捷，人们可以借助 Internet 浏览各地资讯、获取自己所需的各类资料、与世界各地的朋友通信、与距离很远的同事一起完成工作。 今年浩然有两个小伙伴参加了高考，目前正面临填报志愿的关键时期，他们向已经念大学的浩然求助，希望能帮忙提供一点大学毕业生就业的资料作为参考。 这个任务就让我们帮助浩然的朋友，充分利用 Internet 资源，再借助几个最常用、最基本的工具，让不在同一城市的他们，打破时空限制，通过互联网查阅资料，再在网络上无障碍沟通，并且一起协同完成一份《大学生就业情况报告》吧			
准备工作	（1）可以连接 Internet 的计算机或手机； （2）每 3 人组队准备资料； （3）用于收发邮件、编写在线文档的 QQ 账号			

学习性工作任务单（任务三）

学习目标	掌握 Internet 常用资源的搜索，电子邮箱、在线文档工具应用
任务描述	（1）搜索当年大学毕业生数据、大学生就业资料，并下载； （2）将资料整理后发送至另外两个成员的电子邮箱中； （3）运用在线文档功能多人协作编辑完成《大学生就业情况报告》； （4）将最终报告书分享，以供其他同学查阅和下载
步骤 1	3 位同学组成一组，利用搜索引擎分别搜索报告所需三部分资料：①当年大学生毕业数据；②当前大学生就业现状；③大学生就业趋势分析，并将搜索到的资料复制到本地，保存在 Word 文档里
步骤 2	将自己负责部分资料筛选、整理资料成一个文档，发送至小组另外两个成员的邮箱
步骤 3	由组长建立腾讯在线文档，标题为《大学生就业情况报告》；导入自己负责的那部分文档；生成在线文档链接，并设置分享权限
步骤 4	利用电子邮件发送文档链接，沟通，讨论各自分工，报告最终呈现格式等事宜
步骤 5	报告分为 3 部分：第一部分为大学生毕业数据，第二部分为大学生就业现状，第三部分为就业趋势分析；三人同时在线编辑该文档，分别负责各自部分内容的撰写
步骤 6	将最终报告以在线文档形式分享，以供其他同学查阅和下载；设置文档权限，所有人仅能查看和导出
任务验收 标准	（1）最终报告为在线文档形式，由多人协作完成，格式标准统一； （2）权限设置正确； （3）在线文档有三人编辑历史痕迹； （4）有电子邮件收发过程
注意事项	（1）遵守网络安全准则和行为规范，注意下载文件的安全性。 （2）引用文档请标明出处，注意版权

微课
使用 Internet
资源

任务样本

PPT 课件
学习情景七

实践练习

1. 了解宿舍或家里的有线或无线网络接入的步骤，并写出接入网络的步骤和配置参数，包括：①网线如何连接？②网络和 Internet 配置步骤？③获得的 IP 地址是多少？

2. 请了解宿舍或家里的路由器配置步骤，并修改如下路由器配置使得上网环境更安全：①修改路由器登录密码；②设置 DHCP 服务只允许最多 n 台设备接入（n 取决于实际需要连接合法设备数量）；③设置无线网络密码使得其复杂度满足包含大写、小写字母和数字，长度在 8 位以上。

3. 请根据在线文档的操作步骤，新建一个统计全班同学每天晨、中、晚体温情况的在线表格，并分享给班上其他同学填写。注意设置权限和分享范围。

学习情景八

让“数字媒体”点亮你的生活

 **知识结构图**

让“数字媒体”点亮你的生活

图像处理

- Photoshop软件基础知识
- 照片剪裁
- 人物形态校正
- 照片曝光调整
- 人物面部瑕疵去除
- 人物磨皮
- 照片调色
- 更换照片背景
- 照片排版

证件照后期处理
① 证件照后期基础处理
② 证件照磨皮调色
③ 证件照更换背景

 实操任务

① 任务难度一阶
② 任务难度二阶
③ 任务难度三阶
④ 难点

音频处理
- 音频处理基础知识
- 万兴喵影音频处理基础操作
- 多音轨音频合成
- 音频特效

诗配乐朗诵
音频合成
① 人声与配乐合成
② 音频基础处理
③ 音频特效添加

视频处理
- 视频处理基础知识
- 万兴喵影视频处理基础操作
- 视频导入
- 多轨道视频合成
- 音、视频分离
- 视频配音
- 片头片尾制作
- 视频特效添加
- 视频字幕添加
- 作品渲染导出

 Vlog制作
① 视频剪辑与合成
② 视频片头片尾与配音的添加
③ 视频特效与字幕的添加

学习目标及内容

序号	学习主线	学习分支	学习内容	难度	学习目标
1	图像处理	Photoshop 软件基础知识		一阶	通过学习，了解 Photoshop 软件，学会 Photoshop 基本功能，能运用所学知识自己独立完场成证件照后期图像处理
		人像修图	照片剪裁	一阶	
			人物形态校正	一阶	
			照片曝光调整	一阶	
			人像面部瑕疵去除	一阶	
			人物磨皮	二阶	
			照片调色	二阶	
			更换证件照背景颜色	三阶	
		照片输出	照片排版	三阶	
			文件保存	一阶	
2	音频处理	音频处理基础知识		一阶	通过学习，了解视频处理基础知识；掌握音频采集与合成操作
		喵影工场软件音频基础知识		一阶	
		音频导入		一阶	
		音频处理	多音轨音频合成	一阶	
			音频基础处理	二阶	
			音频特效	三阶	
		音频输出		一阶	
3	视频处理	视频处理基础知识		一阶	通过学习，了解视频处理基础知识；掌握视频导入、视频剪辑与合成等操作
		万兴喵影软件视频基础知识		一阶	
		视频导入		一阶	
		视频处理	多轨道视频合成	一阶	
			音视频分离	一阶	
			视频配音	二阶	
			片头片尾制作	二阶	
			视频特效添加	三阶	
			视频字幕添加	三阶	
		视频输出	作品渲染导出	一阶	

知识准备

8.1 图像处理

图像处理是用计算机对图像进行优化调整，以达到所需结果的技术，在当今 "数字媒体" 领域普及率极高。能掌握图像处理技术基础并加以运用，必将为大家的生活、学习和工作增色不少。在本学习情景中，我们将通过完成证件照的图像后期处理，了解 Photoshop 软件及其基本功能。

8.1.1 Photoshop 软件概述

Adobe Photoshop，简称 "PS"（见图 8-1），是由 Adobe Systems 开发和发行的图像处理软件，主要处理由像素构成的数字图像。PS 在图像、图形、文字、视频、出版等各方面都有涉及，是目前市场上运用最广泛、功能最强大的图像处理软件之一。本学习情景以 Photoshop CC 软件为工具，为大家讲解图像处理的一些基础内容。

双击桌面 Photoshop 图标或在 "开始" 菜单中找到 Photoshop 程序运行。程序打开后，可以选择新建文档或者打开要处理的照片文件。初次运行 Photoshop CC 时，工具箱和一些常用调板会默认显示在界面上（见图 8-2）。菜单栏用于执行图像的存储、选择、特效、滤镜等操作，在各下拉菜单中有丰富的功能供用户选用，以实现不同的图像效果。工具箱可以对图像进行选择、移动、修饰等操作，将鼠标放在工具上时就会显示其功能及使用方法。利用裁剪工具，可以对图像进行自由剪裁，也大大简化了尺寸调整的步骤，还可以对裁剪尺寸进行预设。

图8-1 Photoshop软件图标

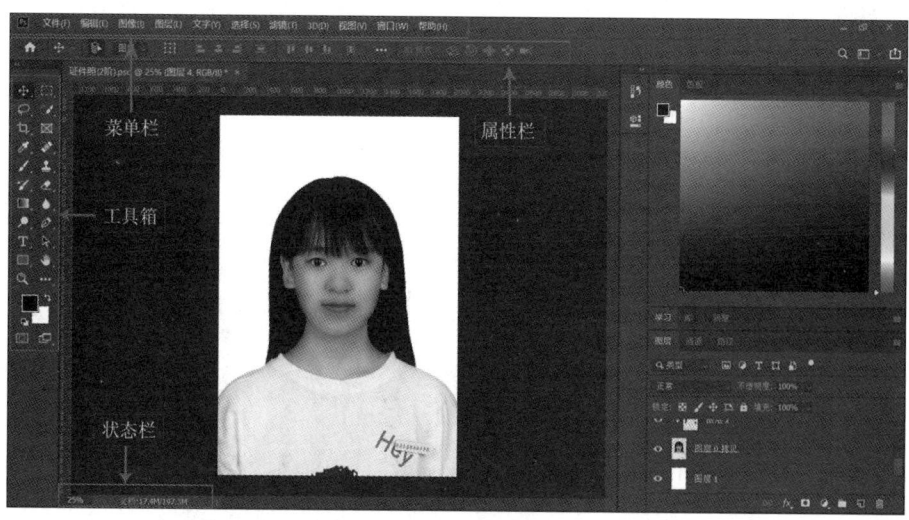

图8-2 PS工作界面

8.1.2 拾色器

拾色器在 Photoshop 中是拾取颜色的器具，多用吸管表示，在颜色上单击就能拾取颜色。单击前景色或背景色进入拾色器（见图 8-3），可以基于 HSB（色相、饱和度、亮度）、RGB（红色、绿色、蓝色）颜色模型、CMYK（青色、洋红、黄色、黑色）颜色模型、Lab（亮度分量、绿色 - 红色轴、蓝色 - 黄色轴）颜色模型来选择颜色。如果图像应用于数字媒体中，一般选择 RGB 颜色模型。如果图像需要印刷输出，一般选择 CMYK 颜色模型。

8.1.3 图层

Photoshop 中的"图层"面板（见图 8-4）列出了图像中的所有图层、图层组合、图层效果等。图层可以在不影响整个图像中其他元素的情况下处理其中某一个元素。可以把图层理解为一张张透明玻璃纸，每一张透明玻璃纸上都有不同的画面。图层没有厚度，可以任意改变其顺序从而达到不同的视觉效果。图层之间通过叠加，产生最终图像效果。

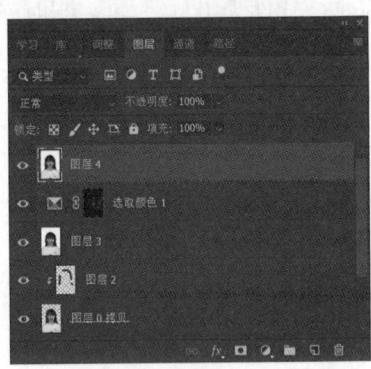

图8-3　拾色器　　　　　　　　　　　图8-4　图层面板图

8.1.4 滤镜

Photoshop 中的滤镜主要是用来实现图像的各种特殊效果，具有非常神奇的作用。滤镜的操作并不复杂，但要达到所需的艺术效果，除了要结合其他工具使用还应具备丰富的想象力。

1. Camera Raw 滤镜

Camera Raw 滤镜使得图片不需要 Raw 格式也能在 Camera Raw 的环境下对白平衡、曝光、色彩饱和度等进行调整（见图 8-5）。

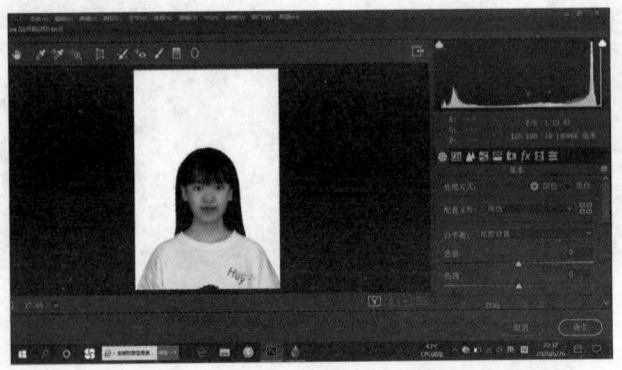

图8-5　Camera Raw滤镜设置面板图

2. 液化

"液化"滤镜可用用于推、拉、旋转、膨胀图像的任意区域。"液化"滤镜对修饰人像有很好的效果，它可以识别人物面部并对眼睛、鼻子、嘴巴等进行调整（见图 8-6）。

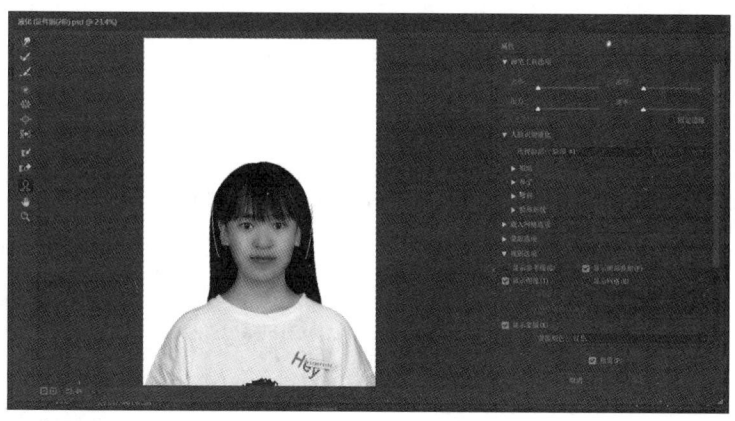

图8-6 "液化"滤镜面板图

8.2 音频处理

声音媒体是人们最熟悉的传递信息的方式，在日常工作、生活和学习中都会或多或少地接触到声音媒体。当需要对声音进行编辑、合成等复杂操作时，通常是将工作交由专门的音频处理软件来完成。市面上专业的音频编辑软件很多。但考虑到视频处理软件也包含了基础的音频处理功能，以及大家在学习、工作中软件的轻便性，在本学习情景中，我们将在万兴喵影软件中完成音视频的编辑。

8.2.1 音频格式

音频格式即音乐格式。音频格式是指要在计算机内播放或是处理音频文件，是对声音文件进行数模转换的过程。目前音乐文件播放格式分为有损压缩和无损压缩两种。使用不同的格式的音乐文件，在音质的表现上有很大的差异。有损压缩顾名思义就是降低音频采样频率与比特率，输出的音频文件会比原文件小。无损压缩能够在 100% 保存原文件的所有数据的前提下，将音频文件的体积压缩得更小，而将压缩后的音频文件还原后，能够实现与源文件相同的大小、相同的码率。常见的音频格式如表 8-1 所示。

表 8-1 音频格式表

音频格式	介 绍
CD	标准 CD 格式也就是 44.1K 的采样频率，速率 1411K/ 秒，16 位量化位数，因为 CD 音轨可以说是近似无损的，因此它的声音基本上是忠于原声的
WAV	是 WaveForm 的简写，微软公司开发的一种声音文件格式，用于保存 Windows 平台的音频信息资源，被 Windows 平台及其应用程序所支持
MPEG	目前 Internet 上的音乐格式以 MP3 最为常见。虽然它是一种有损压缩，但是它的最大优势是以极小的声音失真换来了较高的压缩比。普通的 MPEG4 文件扩展名是 .mp4，M4A 是 MPEG-4 音频标准的文件的扩展名

续表

音频格式	介　绍
WMA	格式来自于微软，音质要强于 MP3 格式，更远胜于 RA 格式，以减少数据流量但保持音质的方法来达到比 MP3 压缩率更高的目的，WMA 的压缩率一般都可以达到 1∶18 左右
AMR	是一种主要用于移动设备上的音频文件格式，由于占用资源小，每秒钟的 AMR 音频大小可控制在 1K 左右。然而同样是因为"个头"小，AMR 格式的歌曲音质不会很好
FLAC	是目前流行的数字音乐文件格式之一。FLAC 可实时播放已压缩的音频资料。不同于其他有损压缩编码如 MP3 及 AAC，它不会破坏任何原有的音频资讯，所以可以还原音乐光盘音质

现在人们越来越多地使用手机的录音功能进行音频采样。智能手机常见的音频保存格式为 WAV、AMR 或 M4A 格式。而从网络下载的音乐或音频素材多为 MP4 和 FLAC 格式。

8.2.2　打开万兴喵影软件

万兴喵影是一款由万兴科技开发的适用于初学者学习剪辑的国产软件。在万兴喵影中既能完成音频的剪辑，又能完成视频的剪辑。在音频处理章节中，我们先学习万兴喵影软件的音频处理功能。

我们可以到官网免费下载万兴喵影软件（见图 8-7），打开软件后界面如图 8-8 所示。

图8-7　万兴喵影图标

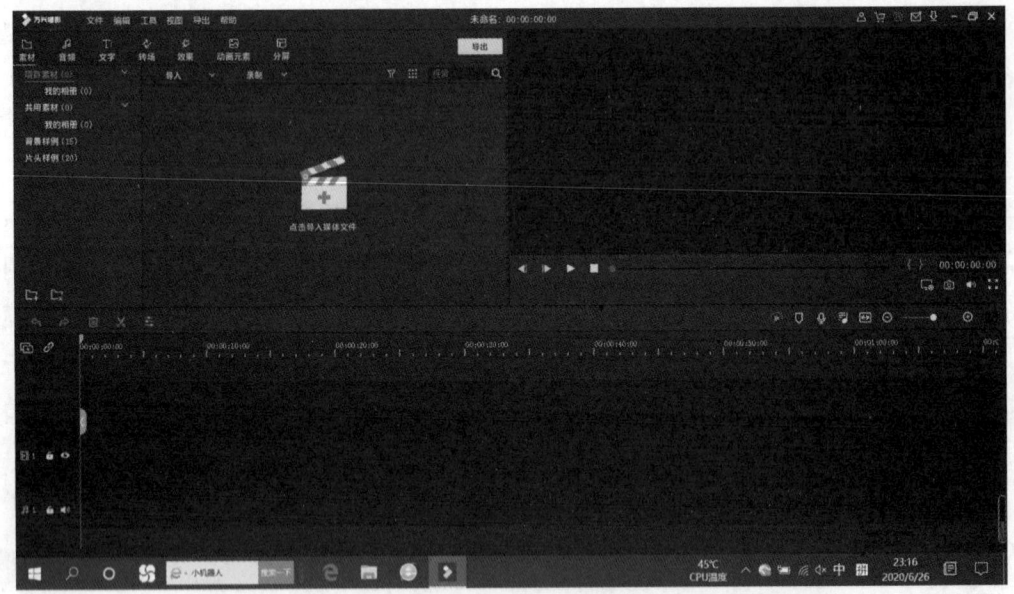

图8-8　万兴喵影界面

1. 媒体库

首先需要把前期准备好的音频素材导入到媒体库中。导入音频素材后，在媒体库中可以找到导入的素材并将其拖入音频轨道进行编辑，如图 8-9 所示。

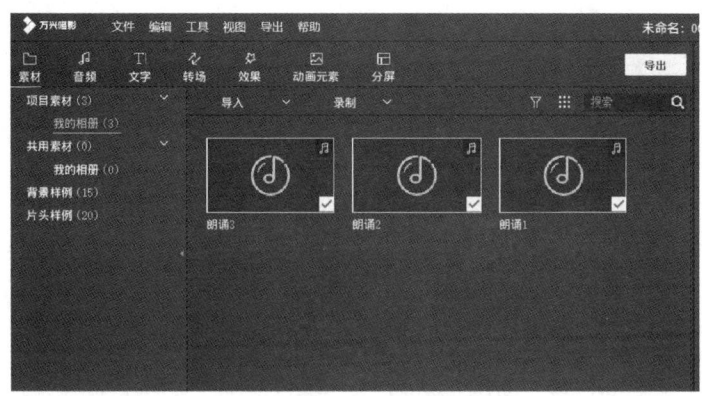

图8-9　媒体库

2. 音频轨道

音频轨道是指音视频编辑软件中用于摆放和编辑声音文件的轨道，如图 8-10 所示。可以在软件中建立多条音频轨道，并在音频轨道中添加不同的音频文件。多个音频轨道上的音频叠加播放可以产生不同的听觉感受。

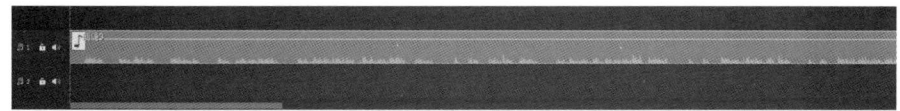

图8-10　音频轨道

3. 音频属性

双击音频轨道上的音频，软件将显示音频属性窗口，如图 8-11 所示。在音频属性中，可以对所选音频完成淡入、淡出、变声、降噪等操作。

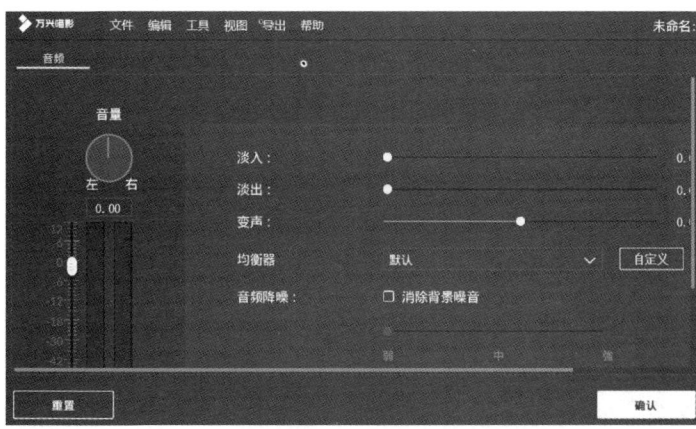

图8-11　音频属性窗口

8.2.6　音频导出

完成音频编辑之后，既可以直接保存工程文件便于二次编辑，也可以将音频文件以不同格式导出，如图 8-12 所示。项目文件保存是将所编辑的项目以万兴喵影软件格式 .wfp 格式进行保存。在下次打开 .wfp 格式文件时，所编辑的所有音视频轨道都会正常显示。导出是指将所编辑的项目以其他音频格式导出，在导出时将编辑的所有音频轨道、特效等进行合并、渲染输出为所选格式。

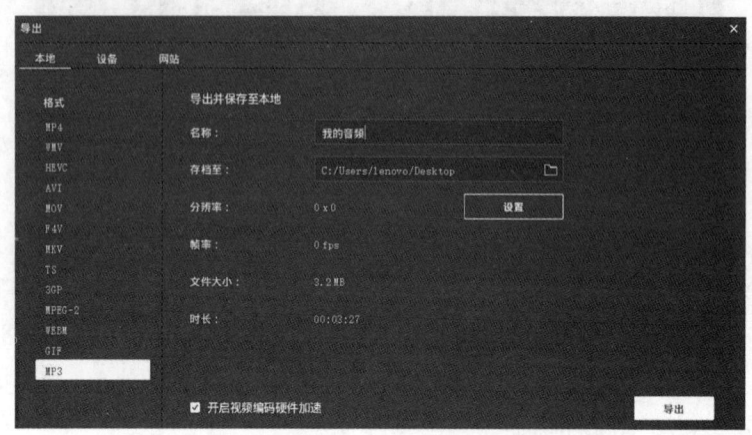

图8-12　导出窗口

8.3　视频处理

视频处理是在前期拍摄完成视频素材的基础上，使用视频处理工具进行编辑、剪辑、增加特效等，使视频更具观赏性和故事性。如今越来越多的人喜欢用动态的视频影像来记录自己的生活及身边发生的故事。接下来介绍如何完成 vlog 的后期编辑与制作，用 vlog 来记录自己的美好生活。

8.3.1　视频基础知识

在开始制作 vlog 之前，需要先掌握一些关于视频格式、视频拍摄景别、视频拍摄镜头运用、视频脚本撰写的基础知识。只有完成了视频基础知识的学习，在之后的 vlog 拍摄、编辑、合成中才会更加得心应手。

1. 视频格式

视频格式是视频播放软件为了能够播放视频文件而赋予视频文件的一种识别符号。视频格式可以分为适合本地播放的本地影像视频和适合在网络中播放的网络流媒体影像视频两大类。常见视频格式主要有 RM、RMVB、MPEG1-4、MOV、MTV、DAT、WMV、AVI、3gp、amv、dmv、flv 等。人们现在越来越多的使用手机或单反相机来拍摄视频，这两种拍摄设备保存的视频格式多为 MP4 和 MOV。

2. 视频拍摄景别

景别是指由于摄影机与被摄体的距离不同，而造成被摄体在摄影机寻像器中所呈现出的范围大小的区别。景别的划分一般可分为 5 种，由近至远分别为特写、近景、中景、全景、远景，如表 8-2 所示。在影片中交替地使用各种不同的景别，可以使影片剧情的叙述、人物思想感情的表达、人物关系的处理更具有表现力,从而增强影片的艺术感染力。

表 8-2 景别分类

景别	画面
远景	远景具有广阔的视野,常用来展示事件发生的时间、环境、规模和气氛
全景	全景用来表现场景的全貌或人物的全身动作,在影片中用于表现人物之间、人与环境之间的关系
中景	中景画面为叙事性的景别。画框下方卡在人物膝盖左右部位或场景局部的画面成为中景(一般不正好卡在膝盖部位,这是摄像构图中所忌讳的)
近景	拍到人物胸部以上,或物体的局部成为近景。近景能清楚地看清人物细微动作。近景着重表现人物的面部表情,传达人物的内心世界
特写	画面的下边框在肩部以上的头像,或其他被摄对象的局部称为特写镜头。特写镜头被摄对象充满画面,背景处于次要地位,甚至消失。特写镜头无论是人物或其他对象均能给观众以强烈的印象

3. 视频拍摄镜头运用

视频拍摄是通过多个镜头的组合、设计来表现完成的,所以镜头的应用技巧也直接影响视频作品的最终效果。常见的视频拍摄镜头如表 8-3 所示。

表 8-3 常见的视频拍摄镜头

镜头	拍摄手法
推镜头	是拍摄中比较常用的一种拍摄手法,它主要利用摄像机前移或变焦来完成,逐渐靠近要表现的主体对象,使人感觉一步一步走近要观察的事物
移镜头	它是将摄像机固定在移动的物体上作各个方向地移动来拍摄不动的物体,使不动的物体产生运动效果,拍摄过程中使用稳定器可以消除运动状态下产生的抖动
跟镜头	在拍摄过程中找到兴趣点,然后跟随目标进行拍摄。如一个人跟着另一个人穿过大街小巷一样,周围的事物在变化,而本身的跟随没有变化
摇镜头	在拍摄时相机不动,只摇动镜头作左右、上下、移动或旋转等运动,使人感觉从对象的一个部位到另一个部位逐步观看
旋转镜头	是指被拍摄对象呈旋转效果的画面,摄像机快速做超过 360° 的旋转拍摄,是视频拍摄中常用的一种拍摄手法
拉镜头	与推镜头正好相反,它主要是利用摄像机后移或变焦来完成,逐渐远离要表现的主体对象。它可以表现同一个对象从近到远的变化
甩镜头	是快速地将镜头摇动,极快地转移到另一个景物,从而将画面切换到另一个内容,而中间的过程则产生模糊一片的效果,这种拍摄可以表现一种内容的突然过渡

4. 视频脚本撰写

视频拍摄之前先进行脚本的撰写是为了在拍视频过程中更流畅,也会节省更多时间。在确定拍摄主题之后,就可以进行视频脚本的撰写了。视频脚本的一般格式如表 8-4 所示。

表 8-4　脚本格式

镜号	景别	镜头运用	时长	画面内容	备注	音效
1	（参见 3.1.2 中的内容）	（参见 3.1.3 中的内容）				
2						
…						

8.3.2　关于万兴喵影

万兴喵影的功能有绿幕抠像、音频均衡器、速度调节、倒播、移轴 / 马赛克 / 变脸 / 场景检测、视频稳像、自动节奏检测、滤镜、调色功能、视频快照等功能。此外，它还有录制功能及丰富的特效、音频、文字、片头等资源，足够新手学习制作视频。

1. 视频导入

和音频处理一样，在视频处理之前需要把前期拍摄好的素材导入到万兴喵影素材库，并将所需素材按顺序拖入视频轨道，如图 8-13 所示。

图8-13　视频导入

2. 视频转场

一个视频作品的情节需要多个场景的转换。场面的转换主要是镜头之间的转换，为了使视频内容的条理性更强、层次的发展更清晰，在场景与场景之间的转换中，需要一定的手法。例如，淡入淡出、溶解、立体翻转、闪白等。在视频编辑时，只用将视频编辑软件中的转场效果拖入视频轨道中两段视频的连接，即可实现转场效果，如图 8-14 所示。

3. 音视频分离与合成

音视频分离就是将一段视频中的声音和图像分别取出来进行编辑，或者直接删除原有视频中的声音。音视频合成将视频中的图像和后期配音组合成一个新的视频。这是在视频中常见的编辑手法。选中要音视频分离的视频轨道素材，右击，在弹出的快捷菜单中选择"音频分离"命令，该素材的音视频即可分别出现在视频轨道和音频轨道中。可以删除分离出的音频素材，并添加上新的音频素材进行合成。

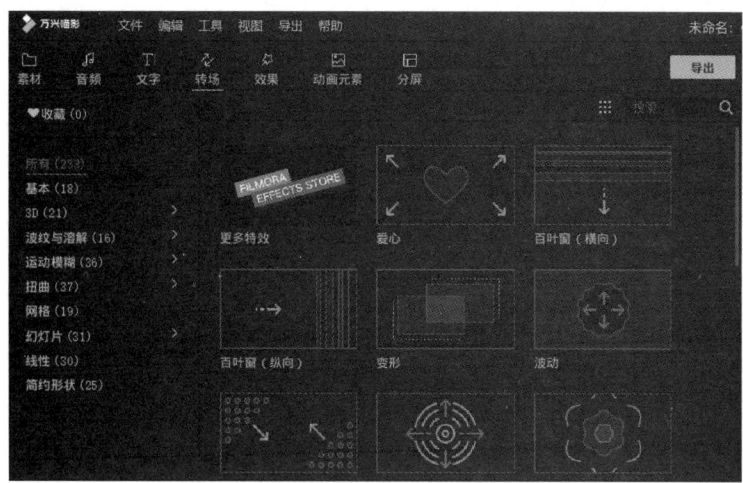

图8-14　转场效果图

4. 视频片头片尾

一个传统意义上完整的视频应该具有片头和片尾。在视频编辑软件中往往有自带的一些片头片尾，也可以下载或自己用 After Effects 等后期软件来制作片头片尾，然最后将片头片尾素材放到视频素材的开头和结尾处进行编辑即可。

5. 视频导出

在视频完成编辑后，需要将项目保存或导出。项目文件保存是将编辑的项目以万兴喵影软件格式 .wfp 格式进行保存。在下次打开 .wfp 格式文件时，所编辑的所有音视频轨道、特效等都会正常显示。视频导出是指将所编辑的项目以其他视频格式导出，在导出时将编辑的所有音视频轨道、特效等进行合并、渲染输出为所选格式，如图 8-15 所示。

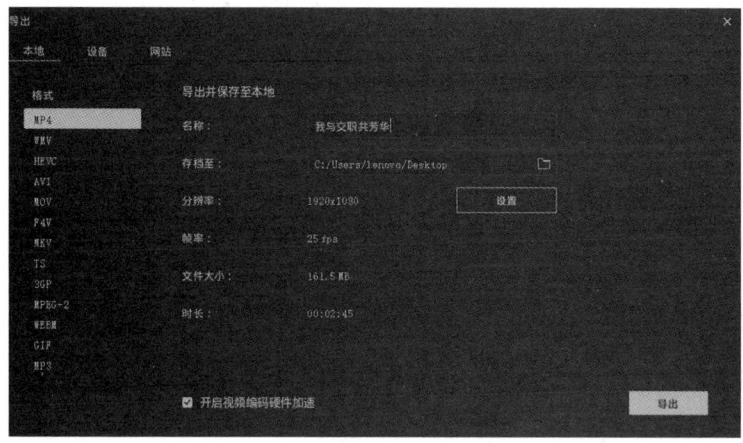

图8-15　视频导出渲染图片

工作任务一　证件照后期处理

说在任务开始前

学习情境	让"数字媒体"点亮你的生活			
学习任务一	证件照后期处理	学时	课前	1 学时
			课中	2 学时
			课后	1 学时
学习任务背景	浩然是一名快要毕业的大学生，正在认真地制作自己的个人简历。他仔细地填写好自己的履历，在最后插入证件照时却遇到了问题。自己居然没有一张能拿得出手的证件照，真是苦恼。于是浩然决定利用 Photoshop 软件对自己现有的证件照进行后期处理，希望能修饰出一张最能代表个人形象气质的证件照（证件照是每个人必备的一种照片类型。证件照一般使用于正式场合的身份识别。一张好的证件照能给人留下良好的第一印象。掌握证件照后期修图技巧，可以通过对照片进行适当的调整与修饰，获得肤色健康、着装干净、光影均匀、人物形象更加完美的证件照片。当然，证件照应该以真实自然，美为初心！）			
准备工作	（1）Photoshop 软件安装； （2）Photoshop 基本操作熟悉； （3）准备一张自己的证件照			

学习性工作任务单（任务一）

——一阶任务：证件照后期基础处理

学习目标	（1）掌握 Photoshop 基础操作； （2）完成照片人像体态校正和裁剪； （3）完成证件照曝光调整； （4）完成人物面部瑕疵去除； （5）完成小一寸证件照格式设置
任务描述	能运用 Photoshop 中的裁剪、液化工具，进行人物体态调整；运用 Camera Raw 滤镜进行照片曝光；运用污点修复画笔去除人物面部瑕疵；对证件照进行基础处理之后能完成排版输出
步骤 1	从 Photoshop 软件中打开证件照文件
步骤 2	选择滤镜菜单中的 Camera Ram 滤镜，适当增加曝光和对比度，适当降低高光、提高阴影
步骤 3	在"视图"菜单中勾选标尺，并从图像上方标尺处向下拉出参考线，对齐一端眼角。选择工具栏中的"裁剪"工具，并在其工具栏选项中选择"拉直"工具，从左眼角拉至右眼角，使人物眼睛调整到同一水平。在眼睛完成水平调整的同时，头部也会回到正确位置
步骤 4	从上方标尺拉一根参考线放在肩膀位置。选择"滤镜"→"液化"→"向前变形"工具，将肩膀调整对齐、面部调整对称
步骤 5	选择"液化"→"脸部"工具，软件自动识别人物面部，对人物面部进行微调：眼睛适当放大、鼻子宽度适当缩小、嘴唇适当微笑、脸部宽度适当缩小等
步骤 6	选择污点修复画笔、修补工具，去除人物面部瑕疵
步骤 7	选择"文件"→"存储为"命令，保存完成后期处理过的照片为"证件照.psd"，便于二次编辑
步骤 8	选择裁剪工具，在属性栏中选择"新建裁剪预设"，输入小一寸照参数 2.3 cm×3.2 cm，分辨率为 300 dpi，名称为"小一寸证件照"
步骤 9	在证件照中裁剪出合适的小一寸证件照片（要求头部占画面 2/3 位置）
步骤 10	以 JPG 格式保存小一寸证件照
任务验收标准	（1）照片曝光正确； （2）照片人物五官、体态校正对称； （3）对人物进行适当美化，去除多余瑕疵； （4）小一寸证件照尺寸正确
注意事项	证件照是身份识别照片，人物美化不应过度，以免造成失真

微课
证件照后期基础
处理

一阶任务

二阶任务

三阶任务

学习性工作任务单（任务一）

——二阶任务：证件照磨皮调色

学习目标	（1）完成一阶学习目标； （2）完成人像磨皮
任务描述	在完成一阶学习目标的基础上，能通过滤镜中的高斯模糊和高方差保留工具进行人像磨皮
步骤 1	在 Photoshop 中打开一阶学习中保存的"证件照 .psd"文件
步骤 2	将原图片复制一层，命名为"磨皮"图层
步骤 3	选择"磨皮"图层，再选择"滤镜"菜单中的"模糊"→"高斯模糊"，模糊 3 像素
步骤 4	选择历史画笔工具，单击历史记录中的高斯模糊步骤，使得高斯模糊步骤前出现历史画笔图标，然后选择上一步历史记录
步骤 5	使用历史画笔工具，在人物面部需要磨皮的部分涂抹（历史画笔工具中的画笔大小、硬度、不透明度根据磨皮部位不同进行相应调节）
步骤 6	涂抹完成之后，将原图复制一层，命名"高反差保留"，放在顶层，选择滤镜菜单中的其他→高反差保留：1 像素。图层混合模式改为线性光，保留人物轮廓（可根据需要调整该图层不透明度）
步骤 7	将后期处理完成的证件照图片以 PSD 格式进行保存。并完成小一寸证件照尺寸设置以 JPG 格式保存
任务验收标准	（1）人物皮肤进行磨皮处理：去除斑点，皮肤光滑； （2）完成完成 PSD 和 JPG 格式文件的保存
注意事项	在用历史画笔涂抹面部时一定要细心仔细，随时切换画笔大小和不透明度，才能使得任务磨皮效果自然

微课
证件照磨皮

学习性工作任务单（任务一）

——三阶任务：证件照更换背景

学习目标	（1）完成一阶、二阶学习目标； （2）完成证件照背景更换； （3）完成证件照排版
任务描述	能在完成一阶、二阶学习目标的基础上，运用抠图技巧，为证件照更换背景，并排版输出
步骤1	在二阶任务完成的基础上，按【Ctrl+Shift+Alt+E】组合键盖印图层（将之前操作合并为一个图层），命名为"盖印图层"
步骤2	选择工具箱中的快速"选择工具"，选中人物身体部分，再选择套索工具，加选人物头发部分。将选区创建图层蒙版
步骤3	新建图层，填充需要的背景色。将图层移至盖印层下方
步骤4	选择盖印层，选择工具箱中的背景橡皮擦工具，调整橡皮擦大小，擦去头发附近原有的背景
步骤5	将后期处理完成的证件照图片以 PSD 格式进行保存。并完成小一寸证件照尺寸设置以 JPG 格式保存
步骤6	打开小一寸证件照 JPG 格式，图像→画布大小→相对√→宽、高各扩展 4 个像素，画布扩展颜色（白色）（白色背景照片扩展黑色，其他背景照片扩展白色）
步骤7	选择"编辑"菜单中的定义图案，将原照片定义为图案
步骤8	再选择图像→画布大小→相对（取消勾选）→ 400*200（百分比）画布，扩充为打印尺寸画布
步骤9	先栅格化图层，完成编辑→填充→图案，选择刚才定义的一寸照图案，完成排版
任务验收标准	（1）证件照完成更换背景； （2）更换背景后人物无杂边、无变形； （3）证件照排版正确
注意事项	抠图是一个非常细致的工作，在操作时要细心和认真

微课
证件照更换背景

工作任务二　诗配乐朗诵音频合成

说在任务开始前

学习情境	让"数字媒体"点亮你的生活			
学习任务二	诗配乐朗诵音频合成	学时	课前	1 学时
			课中	1 学时
			课后	1 学时
学习任务背景	子轩是一名在校大学生，参加了学校广播站新成员的选拔。广播站要求参加选拔的同学提交一个诗朗诵作品。为了让诗朗诵效果更好，子轩想要使用刚学习的万兴喵影软件为自己朗诵的诗歌进行配乐，希望自己制作的诗配乐朗诵作品能帮助自己取得学校广播站新成员资格。(诗配乐朗诵是用音乐作为背景进行诗歌朗诵的一种表演形式。诗歌朗诵中，按照情节的需要配上背景音乐或主题音乐，配合诗意的情绪，起到烘托气氛的作用，以增强艺术效果。我们通过完成诗配乐朗诵音频成任务，对音频进行采集、合成、编辑，掌握音频的剪辑与合成			
准备工作	（1）万兴喵影软件安装； （2）万兴喵影音频基本操作熟悉； （3）完成诗朗诵录音； （4）准备诗朗诵配乐			

学习性工作任务单（任务二）

——一阶任务：人声与配乐合成

学习目标	（1）掌握万兴喵影音频基础操作； （2）完成音频素材采集； （3）完成音频素材导入； （4）完成多音轨音频合成； （5）完成音频导出
任务描述	能将自己的诗朗诵和配乐音频导入万兴喵影软件，并在音轨中完成音频合成，将诗配乐作品进行输出保存
步骤 1	打开万兴喵影软件，单击 "导入"，将准备好的素材导入媒体库
步骤 2	依次将多段录音素材拖入音频轨道，利用播放头和分割工具对音频轨道上的素材进行剪辑、合成，形成完整的诗朗诵音频
步骤 3	增加音频轨道，将素材库中的配乐音频拖入音频轨道 2
步骤 4	双击音频轨道 2，打开音频设置，调整人声与配乐的音量大小比例
步骤 5	在音频设置中为配乐增加渐入渐出音效
步骤 6	单击 "文件" → "项目另存为"，保存音频 .wfp 格式文件
步骤 7	单击 "导出" 按钮，以 MP3 格式导入诗配乐合成音频
任务验收 标准	（1）人声朗诵连贯； （2）朗诵完成配乐； （3）项目文件以 .wfp 格式保存； （4）项目文件以 .mp3 格式导出
注意事项	在制作时人声为主、配乐为辅，配乐声音不易过大。注意诗配乐的音频协调性

微课
人声与配乐合成

一阶任务

二阶任务

三阶任务

学习性工作任务单（任务二）

——二阶任务：完成音频基础处理

学习目标	（1）完成一阶学习目标； （2）音频进行颜色标记； （3）完成音频降噪； （4）完成文件保存
任务描述	能在完成一阶任务的基础上对音频进行基础处理，并加入更多的音频元素
步骤 1	选中音频片段，右击，对三段合成音频标记不同的颜色进行区分（在音频较多的项目中，用颜色区分音频属性可以大大提升工作效率）
步骤 2	在音频属性窗口中勾选"消除背景噪声"，并根据素材中背景噪声的情况选择消除背景噪声的强弱
步骤 3	单击"文件"→"项目另存为"，保存音频 .wfp 格式文件
步骤 4	单击"导出"按钮，以 MP3 格式导入诗配乐合成音频
任务验收标准	（1）工程文件中的分段音频已用不同颜色标注； （2）音频中已消除噪声； （3）项目文件以 .wfp 格式保存； （4）项目文件以 .mp3 格式导出
注意事项	在前期录制音频时应注意环境的选择，尽量选择无噪声、回声的环境录制。良好的音频素材是音频后期处理的基础

微课
完成音频基础
处理

学习性工作任务单（任务二）

——三阶任务：完成音频特效添加

学习目标	（1）完成一阶、二阶学习任务； （2）完成诗配乐更多元素背景音添加； （3）完成音频左右声道调节
任务描述	在完成音频一阶、二阶任务的基础上，为音频添加更多背景音效，并通过左右声道调节，达到特殊听觉效果
步骤1	导入更多气氛音效，如雨声、风声、嘶喊声……
步骤2	添加音频轨道，将气氛音效拖入音频轨道中
步骤3	找到气氛音效在音频中需要添加的位置，并通过移动播放头对气氛音效进行分割，选取合适的时长
步骤4	双击气氛音效音频，打开音频属性窗口。为音频增加音效淡入淡出效果
步骤5	分割同一音效，分别在音频属性窗口中调节左右声道，达到左右声道切换播放效果
步骤6	单击"文件"→"项目另存为"，保存音频 .wfp 格式文件
步骤7	单击"导出"按钮，以 MP3 格式导入诗配乐合成音频
任务验收标准	（1）完成音频特效添加； （2）音频中有左右声道变化； （3）项目文件以 .wfp 格式保存； （4）项目文件以 .mp3 格式导出
注意事项	音频特效的添加和音频左右声道的变化是对项目进行优化，处理手法要具有艺术美感，切记喧宾夺主

微课
完成音频特效
添加

一阶任务

二阶任务

三阶任务

 工作任务三　vlog 制作

说在任务开始前

学习情境	让"数字媒体"点亮你的生活			
学习任务二	vlog 制作	学时	课前	2 学时
			课中	1 学时
			课后	2 学时
学习任务背景	诗雅一直以来都保持着写日记的习惯，记录了很多自己生活中的点点滴滴。如今，很多年轻人开始尝试用视频博客来记录自己的动态生活影像。诗雅也想要尝试用这种新鲜的 vlog 形式来记录自己美好的大学生活。于是她开始确定主题、撰写拍摄脚本、拍摄视频片段……并通过万兴喵影软件将拍摄的素材进行剪辑合成，制作出了很多独具特色的 vlog			
准备工作	（1）万兴喵影软件安装； （2）万兴喵影软件视频基本操作熟悉； （3）完成 vlog 素材拍摄			

学习性工作任务单（任务三）

——一阶任务：视频剪辑与合成

学习目标	（1）掌握万兴喵影视频基本操作； （2）完成前期音视频素材导入； （3）完成视频素材剪辑； （4）完成视频素材的音频分离和配音
任务描述	在前期完成 vlog 脚本撰写和素材拍摄的基础上，将素材导入万兴喵影，对素材进行剪辑、合成、配音。完成基础 vlog 编辑后导出自己的 vlog 作品
步骤 1	单击"导入"→"导入媒体文件"，选中前期准备好的素材打开，将素材导入万兴喵影
步骤 2	按照 vlog 脚本，从素材库中将素材拖入视频轨道，完成视频素材的拼接
步骤 3	选择视频轨道上的素材，右击，选择"音频分离"，将视频中的音频分离到音频轨道并按【Delete】键删除
步骤 4	为视频素材添加背景音乐，导入前期准备好的音频素材，导入并拖至音频轨道
步骤 5	单击"转场"，找到软件中适合的转场效果，依次拖入到两段素材拼接处。为各段素材拼接处加入转场效果
步骤 6	将完成剪辑以合成的 vlog 视频分别以 .wfp 和 .mp4 格式保存并导出
任务验收标准	（1）vlog 情节连续完成； （2）视频中添加转场效果； （3）视频完成配乐； （4）视频以 .wfp 格式保存； （5）视频以 .mp4 格式导出
注意事项	视频剪辑和转场时避免生硬，尽量自然并具有艺术美感。配乐应和视频内容与节奏相呼应

微课
视频剪辑与合成

一阶任务

二阶任务

三阶任务

学习性工作任务单（任务三）

——二阶任务：视频片头片尾与配音的添加

学习目标	（1）完成一阶学习任务； （2）完成视频片头添加； （3）完成视频片尾添加
任务描述	在完成一阶任务的基础上，为视频添加片头、片尾，让视频更完整更有感染力
步骤 1	在"文字"素材库中找到合适的片头素材，按住鼠标左边不放，添加到视频最前端中
步骤 2	双击片头，完成片头的文案编辑
步骤 3	单击"快照"按钮，对视频最后一帧截图。在素材库中将截图拖入到视频轨道末尾，并调节至适合的时间长短
步骤 4	在"文字"素材库中找到片尾素材，选取合适的片尾添加到视频末尾
步骤 5	双击片尾，完成片尾的文案编辑
步骤 6	将完成剪辑以合成的 vlog 视频分别以 .wfp 和 .mp4 格式保存并导出
任务验收标准	（1）视频添加片头； （2）视频添加片尾； （3）视频以 .wfp 格式保存； （4）视频以 .mp4 格式导出
注意事项	添加片头片尾时注意于整体视频的协调性

微课
视频片头片尾与
配乐的添加

学习性工作任务单（任务三）

——三阶任务：视频特效与字幕的添加

学习目标	（1）完成视频动画效果添加； （2）完成视频"镜头光晕"效果添加； （3）完成视频滤镜添加
任务描述	在完成任务一、任务二的基础上，为视频添加视频快照、动画效果、滤镜。让视频更具有艺术性
步骤1	单击"动画元素"，在素材库中找到适合的动画。添加视频轨道2，将需要的动画元素素材拖入到视频轨道2的适当位置
步骤2	单击"效果"，在"效果"素材库中找到"镜头光晕"效果并拖入视频轨道2，放置于视频开始位置
步骤3	在"效果"素材库中找到合适的滤镜效果，添加视频轨道3，将滤镜效果拖入视频轨道3，并调节滤镜时长，为整个视频添加滤镜
步骤4	将完成剪辑以合成的 vlog 视频分别以 .wfp 和 .mp4 格式保存并导出
任务验收标准	（1）完成视频动画效果添加； （2）完成视频"镜头光晕"效果添加； （3）完成视频滤镜添加； （4）视频以 .wfp 格式保存； （5）视频以 .mp4 格式导出
注意事项	视频特效可以为视频营造更好的视觉效果，但切记不能过度添加，会让视频过于花哨，令人眼花缭乱，从而适得其反

微课
视频特效与字幕
的添加

PPT 课件
学习情景八

实践练习

学会简单的证件照后期处理后，同学们可以自己探索如何对生活照进行后期处理，让自己的照片更加出彩；

除了手机自带的铃音外，可以尝试通过音频后期处理，制作自己独具特色的手机铃音。快来动手制作一个属于自己的专属铃音吧；

可以尝试自己撰写剧本，自编自导拍摄一部故事情节较强的视频短片。

鸣谢：

感谢周蕊同学为本教材提供证件照。

感谢王衍老师为本教材提供的音视频素材。

学习情景九

带你认识"新一代信息技术"

⚙️ 知识结构图

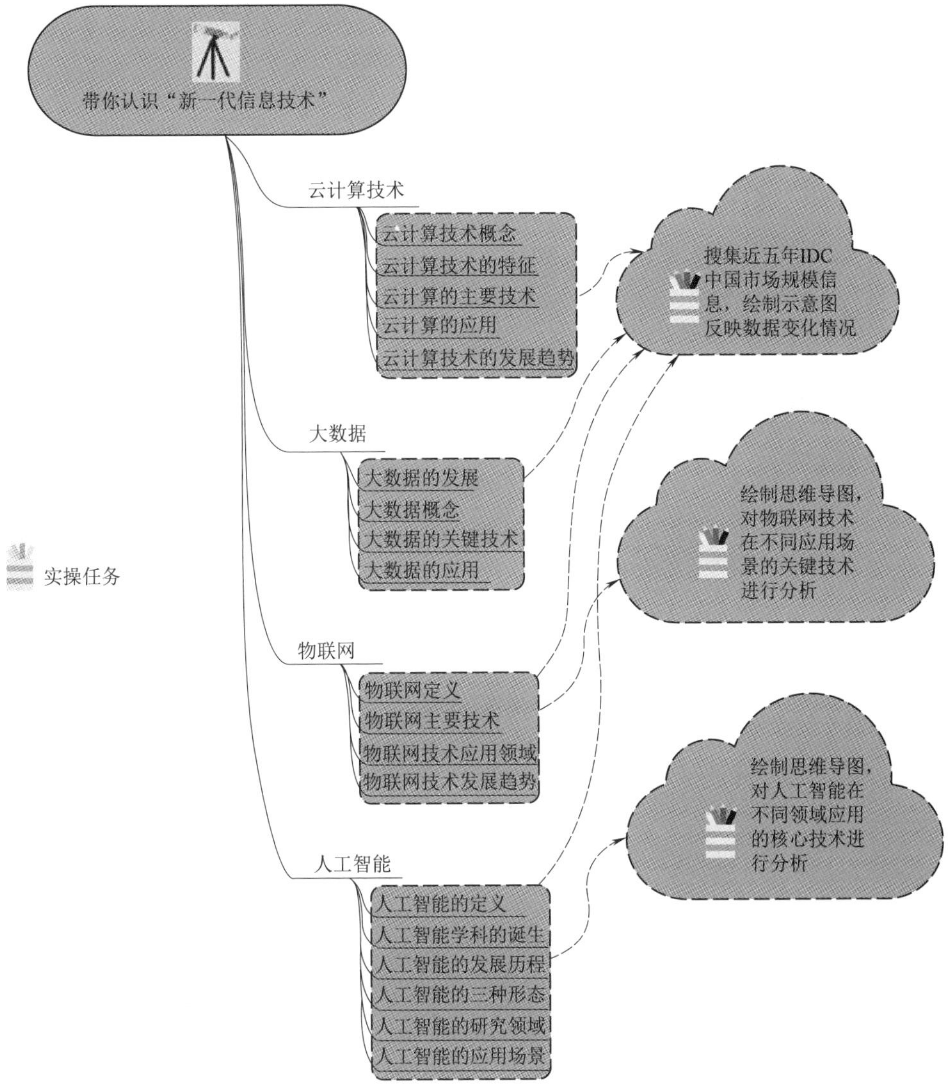

带你认识"新一代信息技术"

云计算技术
- 云计算技术概念
- 云计算技术的特征
- 云计算的主要技术
- 云计算的应用
- 云计算技术的发展趋势

搜集近五年IDC中国市场规模信息，绘制示意图反映数据变化情况

大数据
- 大数据的发展
- 大数据概念
- 大数据的关键技术
- 大数据的应用

绘制思维导图，对物联网技术在不同应用场景的关键技术进行分析

 实操任务

物联网
- 物联网定义
- 物联网主要技术
- 物联网技术应用领域
- 物联网技术发展趋势

绘制思维导图，对人工智能在不同领域应用的核心技术进行分析

人工智能
- 人工智能的定义
- 人工智能学科的诞生
- 人工智能的发展历程
- 人工智能的三种形态
- 人工智能的研究领域
- 人工智能的应用场景

学习目标及内容

序号	学习主线	学习分支	学习内容	学习目标
1	云计算	云计算技术概念	云计算技术的定义、分类及常见应用	了解云计算技术的概念、主要技术及技术特征，掌握云计算技术的发展动态
		云计算技术的特征	从技术、应用等方面介绍云计算技术的特征	
		云计算的主要技术	云计算的主要技术及其功能	
		云计算的应用	按应用领域分类，介绍云计算技术的主要应用	
		云计算技术的发展趋势	从用户体验和使用习惯的角度分析预测云计算技术的发展趋势	
2	大数据	大数据的发展	结合导读案例，介绍大数据发展现状及推动大数据发展原动力	了解大数据发展的助推力及应用现状，能通过数据思维分析经济社会发展的趋势
		大数据概念	大数据，大数据的 5V 特征	
		大数据的关键技术	结合对数据处理过程的理解，介绍大数据关键技术，认识多种技术协同的重要性	
		大数据的应用	从企业运营、健康医疗、艺术设计等领域介绍大数据的价值	
3	物联网	物联网概念	对比总结不同的组织机构对物联网的定义，介绍物联网	了解物联网应用场景及主要技术，理解物联网技术发展对社会发展的积极意义
		物联网主要技术	从体系结构角度介绍物联网主要技术	
		物联网技术应用领域	从物联网在不同领域的应用案例介绍物联网对经济社会发展的积极意义	
		物联网技术发展趋势	物联网的应用现状及存在问题，以及发展趋势	
4	人工智能	人工智能的定义	通过人工智能应用案例介绍人工智能	了解人工智能学科诞生的背景、发展的历程及学科建设的复杂度；理解"云大物智"各种技术应用之间的相生关系
		人工智能学科的诞生	通过梳理标志性事件介绍人工智能诞生及发展的背景	
		人工智能的发展历程	从人工智能发展的坎坷历程介绍人工智能学科建设的困难	
		人工智能的三种形态	学术界对人工智能三种形态的表述及定义，人工智能的研究方向	
		人工智能的研究领域	从基础设施、算法、具体技术到行业解决方案介绍人工智能学科研究领域的复杂度	
		人工智能的应用场景	以时间为序介绍人工智能技术发展及应用场景的扩展变化	

知识准备

近年来,"云大物智"(云计算、大数据、物联网、人工智能)这些专业术语几乎妇孺皆知,作为新一代信息技术的代表,"云大物智"不仅在推进生产装备智能化升级、工艺流程改造和基础数据共享等方面起着举足轻重的作用,同时对经济社会全局和长远发展具有重大引领带动作用。对于"云大物智"你了解多少呢?

云计算、大数据、物联网和人工智能代表了 IT 领域最新的技术发展趋势,它们之间彼此渗透、相互融合,相伴相生,如图 9-1 所示。

(1)大数据根植于云计算,大数据分析的很多技术都来自于云计算,云计算的分布式为数据存储和管理系统提供了海量数据的存储和管理能力。反之,大数据为云计算提供了"用武之地",没有大数据这个"练兵场",云计算技术再先进,也不能发挥它的应用价值。

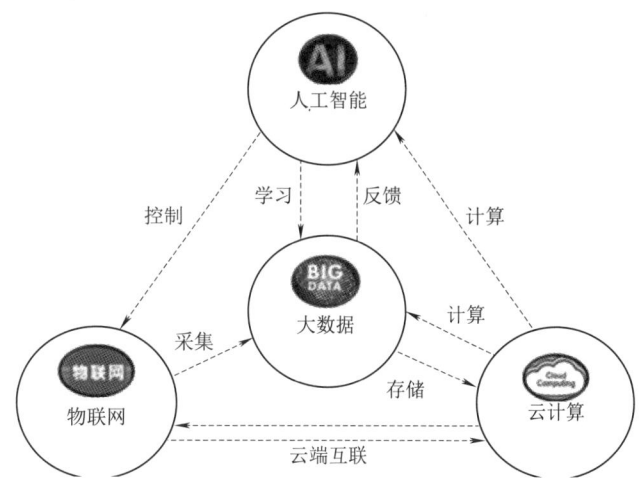

图9-1 云计算、大数据、物联网和人工智能之间彼此渗透、相互融合

(2)物联网的传感器源源不断产生的大量数据,构成了大数据的重要来源,没有物联网的飞速发展,就不会带来数据产生方式的变革,大数据时代也不会这么快到来。同时,物联网需要借助于云计算和大数据技术实现物联网大数据的存储、分析和处理。

(3)大数据是人工智能的基石,人工智能的发展离不开针对海量数据的训练,正是由于大数据的循环往复无数次的训练才有了人工智能。物联网为人工智能添智,各类传感器源源不断地将新数据上传至云端,而这些数据被人工智能处理和分析后作为知识储备。云计算作为人工智能的助推器,在助力人工智能发展层面意义深远;而人工智能的迅猛发展、巨大数据的积累,也将会为云计算的发展带来的更多可能性。

9.1 云计算技术

云计算技术的应用案例如下:

(1)地图导航。在没有 GPS 的时代,每到一个地方,人们都需要购买当地的地图。而现在,只需要一部手机,就可以拥有一张全世界的地图,甚至还能够得到地图上得不到的信息,如交通路况、天气状况等等。正是基于云计算技术的 GPS 带来了这一切。地图、路况这些复杂的信息,并不需要预先装在手机中,而是存储在服务提供商的"云"中,只需在手机上按一个键,就可以很快地找到所要找的地方。

(2)在线办公软件。自从云计算技术出现以后,办公室的概念就模糊了。不管是谷歌的 Apps 还是微软的 SharePoint，都可以在任何一个有互联网的地方同步办公所需要的办公文件。同事之间的团队协作可以通过基于云计算技术的服务来实现，而不用像传统的那样必须在同一个办公室里才能够完成合作。在将来，随着移动设备的发展及云计算技术在移动设备上的应用，办公室的概念将会逐渐消失。

图9-2　云计算技术

9.1.1 "云计算"技术的概念

云计算也称云服务，是信息技术发展下的新型计算方式，如图 9-2 所示。"云"是网络、互联网的一种比喻说法，即互联网与建立互联网所需要的底层基础设施的抽象体；"计算"是指一台足够强大的计算机提供的计算服务，包括各种功能、资源、存储。"云计算"可以理解为：网络上足够强大的计算机提供的服务。

云计算是一种基于因特网的超级计算模式，在远程的数据中心里成千上万台计算机和服务器连接成的一片云，用户可以通过计算机、手机等方式接入数据中心，按自己的需求进行运算。这种计算方式拥有规模大，可靠性强，虚拟化等优势。

云计算主要有两种：私有云和公有云（有人把私有云和公有云连接起来称为混合云）。私有云就是把虚拟化和云化的软件部署在自己的数据中心里面，而公有云就是虚拟化和云化软件部署在云厂商的数据中心里面，用户不需要很大的投入，只要注册一个账号，就能在一个网页上点一下创建一台虚拟计算机，如 AWS（即亚马逊的公有云）、国内的阿里云、腾讯云、网易云等。

云计算的使用范围越来越广。在科研领域，可以通过云计算进行地震监测、海洋信息监控、天文信息计算处理；在网络安全防护上，可以通过云计算进行病毒库存储、垃圾邮件屏蔽；在多媒体图像及音频处理中，可以利用云计算进行动画素材存储分析、高仿真动画制作、海量图片检索；互联网领域，在云计算的支持下可以提供相应的 E-mail 服务、在线实时翻译、网络检索服务；在医学领域中，云计算将成为 DNA 信息分析、海量病例存储分析、医疗影像处理的重要技术支持。随着云计算技术的不断深入，云计算技术也逐渐进入了人们平时的生活中，为生活带来了极大的便利。总之，云计算技术已经成为全球信息技术的发展趋势，对各行各业带来了巨大的推进作用。

9.1.2 云计算技术都有哪些特征

1. 基于互联网络

云计算是通过把一台台的服务器连接起来，使服务器之间可以相互进行数据传输，数据就像网络上的"云一样"在不同服务器之间"移动"，同时通过网络向用户提供服务。

2. 按需服务

"云"的规模是可以动态伸缩的。在使用云计算服务的时候，用户所获得的计算机资源是按用户个性化需求增加或减少的，并在此基础上对使用的服务进行付费。

3. 资源池化

资源池是对各种资源（如存储资源，网络资源）进行统一调配的一种配置机制。从用户角度看，无须关心设备型号、内部的复杂结构、实现的方法和地理位置，只需关心自己需要什么服务即可。从资源的管理者角度来看，最大的好处是资源池可以近乎无限地增减和更换设备，并且管理、调度资源十分便捷。

4. 安全可靠

云计算必须要保证服务的可持续性、安全性、高效性和灵活性。故对于服务提供商来说，必须采用各种冗余机制、备份机制、足够安全的管理机制和保证存取海量数据的灵活机制等，确保用户数据和服务的安全可靠。对于用户来说，只需支付相应费用即可得到供应商提供的专业级安全防护，节省大量时间与精力。

5. 资源可控

云计算提出的初衷，是让人们可以像使用水电一样便捷地使用云计算服务，极大的方便人们获取计算服务资源，并大幅度提供计算资源的使用率，有效节约成本，使得资源在一定程度上属于"控制范畴"。

9.1.3 云计算的主要技术

（1）虚拟化技术：云计算在虚拟环境中进行。云计算能够运用虚拟化技术简化计算机软件的配置，集中闲置的计算资源，进而减少计算成本，提高云计算系统的性能。

（2）分布式计算：云计算中的分布式计算，具有较高的灵活性，能够平衡计算负载，并对计算任务进行分割后再计算，之后再将计算结果合并起来。

（3）效用计算：主要是按照计算机用户需求进行计算的模型，为用户提供计算资源，提高计算资源的利用率。

（4）集群技术：主要指将云计算过程中分散的计算资源整合起来，进而优化计算机的性能，增强计算机的可靠性。

（5）网格计算：云计算中的网格计算能够支持不同型号计算机的计算资源集合，并且网格计算的功能强大，能够为用户解决大量的计算难题，提高系统运行效率。

9.1.4 云计算技术的应用

1. 云存储

作为云计算技术的重要应用，云存储是云计算技术的延伸服务，主要借网络技术文件管理和集群应用，将网络中各种各样的设备用相关的应用程序集合起来，进而实现数据信息的存储，并且云存储的数量比较大，需要严格的安全标准，以保证云存储数据的安全性和可用性。目前我国比较成熟的云存储服务主要有腾讯微云、百度云盘、谷歌云存储等服务。

云存储已经成为云计算技术的重要发展技术，随着科学技术的不断完善，云存储的安全性、便携性和兼容性的特点会越来越明显。具体来说云存储的安全性主要是对云存储、汇兑密码、账户名等敏感信息进行保护，并对较大的文件进行收藏，避免文件信息的丢失；便携性主要指用户只需要下载云计算软件，使用用户名和密码就可以登录，不必准备专门的存储设备，具有较强的便携性；兼容性主要指云存储对不同磁盘中的数据兼容，有效提高信息存储的效率。

2. 云产品

云产品主要是云计算技术所研发的产品，主要包括云阅读器、服务器、操作系统、桌面云等部分。比较有代表性的云产品是微软的 Azure，这款云产品以微软数据中心为运算基础，所有的应用程序都能够在微软数据中心运行。另外，亚马逊也研发了云阅读，读者能够将云端的书籍下载到手机或计算机上进行阅读。阿里巴巴、谷歌等企业也随着云计算技术的发展，逐渐推出了云计算服务产品。

3. 云桌面

云桌面是基于云计算的桌面技术，能够将个人计算机桌面上存储的数据信息转移给服务器处理，之后再将处理后的信息反馈给用户，以优化用户的本地桌面。并且云桌面服务器中有对应每一个用户的虚拟桌面，用户能够通过云计算保证桌面数据的完整性和安全性，进而降低计算机用户的安全维护负担。

4. 云安全

云安全是网络安全研究领域的热点问题。云安全主要保护用户数据的完整性和安全性，防止用户数据被泄露，避免计算机系统遭受黑客攻击，是对云计算技术的补充。目前应用比较广泛的云安全措施主要有身份认证技术、数据加密技术、访问限制技术和入侵检测技术等。

9.1.5　云计算技术发展趋势

随着云计算技术的发展和应用推广，将这项技术运用在企业的发展战略中，已经成为一种趋势。未来数据将会跟着用户走，用户在购买新的终端设备之后不再需要担心数据拷贝等问题，只需要利用互联网就可以在浏览器上得到需要的内容和信息。云计算技术的发展可能会改变用户的很多习惯，让用户在使用计算机时开始从以桌面为核心转向以浏览器为核心，计算机将更多的简化为终端角色，不再需要安装各类软件或保存各类数据，因此未来个人数据空间管理、Web 数据继承及隐私安全等问题将成为发展重点。

云计算技术将会在不久的将来给计算机用户提供更多的应用服务、更多的信息资源，与此同时，也将给用户带来更为完善的隐私保护。云计算技术将会更加亲民，普通的计算机用户都可以通过云计算技术的支持去实现个体用户的使用目的，从而使工作效率得到大幅提升。

有关数据显示，在未来云计算所占 IT 成本的比例将会超过 30%，在各大 IT 公司的大力推动下，云计算将会有更加广阔的发展空间。

9.2　大数据技术

随着计算机技术、通信技术和网络技术不断发展并全面而深入地融入人类的社会生活，信息爆炸已经积累到一个开始引发变革的程度。它不仅使世界充斥着比以往更多的信息，而且其增长速度也在加快。信息总量的变化还导致信息形态的变化——量变引起的质变。综合观察社会各个方面的变化趋势，我们能真正意识到信息爆炸或者说大数据的时代已经到来。

以天文学为例，2000 年斯隆数字巡天项目（见图 9-3）启动的时候，位于新墨西哥州的望远镜在短短几周内收集到的数据，就比世界天文学历史上总共收集的数据还要多。到了 2010 年，信息档案已经高达 1.4×2^{42} B，不过，2016 年在智利投入使用的大型视场全景巡天望远镜能在 5 天之内就获得同样多的信息。

图9-3　斯隆数字巡天项目

天文学领域发生的变化，在社会各个领域都在发生。2003 年，人类第一次破译人体基因密码的时候，辛苦工作 10 年才完成了 30 亿对碱基对的排序。大约 10 年之后，世界范围内的基因仪每 15 min 就可以完成同样的工作。

互联网公司更是要被数据淹没了。谷歌每天要处理超过 24 PB（1 PB=2^{50} B）的数据，这意味着其每天的数据处理量是美国国家图书馆所有纸质出版物所含数据量的上千倍。

从科学研究到医疗保险，从银行业到互联网，各个不同的领域都在讲述着一个类似的故事——那就是爆发式增长的数据量。这种增长超过了人们创造机器的速度，甚至超过了人们的想象。

数据的增长有多快，大量增长的数据对人类社会有什么样的价值？一方面人类对大数据的掌握程度可以转化为经济价值的来源，另一方面大数据已经看到了世界的方方面面，从商业科技到医疗、政府、教育、经济、人文以及社会的其他各个领域，尽管人们还处在大数据时代的初期，但人们的日常生活已经离不开它了。

9.2.1　大数据的发展

大量数据的产生在过去就已经存在。例如，波音的喷气发动机，每 30 min 就会产生 10 TB 的运行信息数据。安装有 4 台发动机的大型客机，每次飞越大西洋就会产生 640 TB 的数据。世界各地每天有超过 2.5 万架的飞机在工作，可见其数据量是何等庞大。生物技术领域中的基因组分析，以及以 NASA（美国国家航空航天局）为中心的太空开发领域，从很早就开始使用十分昂贵的高端超级计算机来对庞大的数据进行分析和处理。

但是，是什么力量在推动大数据的高速发展？

1. 硬件性价比提高与软件技术进步

计算机性价比的提高，磁盘价格的下降，利用通用服务器对大量数据进行高速处理的软件技术 Hadoop 的诞生，以及随着云计算的兴起，甚至已经无须自行搭建这样的大规模环境，上述这些因素大幅降低了大数据存储和处理的门槛。过去只有像 NASA 这样的研究机构及屈指可数的几家特大企业才能做到的对大量数据的深入分析，现在只要极小的成本和时间就可以完成。无论是刚刚创业的公司还是存在多年的公司，无论是中小企业还是大企业，都可以对大数据进行充分利用。

（1）计算机性价比的提高。承担数据处理任务的计算机，其处理能力遵循摩尔定律一直在不断进化。从家电卖场中所陈列的计算机规格指标就可以一目了然地看出，现在以同样的价格能够买到的计算机，其处理能力已经和过去不可同日而语。

（2）磁盘价格的下降。除了 CPU 性能的提高，硬盘等存储器的价格也明显下降。

（3）大规模数据分布式处理技术 Hadoop。这是一种可以在通用服务器上运行的开源分布式处理技术，它的诞生成为目前大数据浪潮的第一推动力，如果只是结构化数据不断增长，用传统的关系型数据库和数据仓库或者是其衍生技术，就可以进行存储和处理了，但这样的技术无法对非结构化数据进行处理。Hadoop 的最大特征，就是能够对大量非结构化数据进行高速处理。

2. 云计算的普及

大数据的处理环境现在不一定要自行搭建。例如，使用亚马逊的云计算服务 EC2（Elastic Compute Cloud）和 S3（Simple Storage Service），就可以在无须自行搭建大规模数据处理环境的前提下，以按用量付费的方式来使用由计算机集群组成的计算处理环境和大规模数据存储环境。利用这样的云计算环境，即使是资金不太充裕的创业型公司，也可以进行大数据分析。

3. 大数据作为 BI 的进化形式

认识大数据，我们还需要理解 BI（Business Intelligence，商业智能）的潮流和大数据之间的关系。对企业内外所存储的数据进行系统的集中整理和分析，从而获得对各种商务决策有价值的知识和观念，这样的概念、技术及行为称为 BI。大数据作为 BI 的进化形式，充分利用后不仅能够高效地预测未来，也能够提高预测的准确率。

4. 从交易数据分析到交互数据分析

很多企业不再局限于某商品的成交信息，而需要得到的是表现客户与公司之间相互作用的一种交互信息。通过对交互数据分析所得到的商业价值是非常巨大的。因此，通过网络获取虚拟世界的交互信息，通过传感器等物态探测技术获取真实世界中的交互信息，并对这些非结构化数据进行数据分析的需求不断高涨，也越来越受到期待。数据已经成为一种商业资本，一项重要的经济投入，可以创造新的经济利益。对数据的巧妙利用可以进一步激发新产品的研发和服务创新。

互联网公司可以收集大量的有价值的数据，而且有利用这些数据的强烈的利益驱动力，所以互联网公司顺理成章地成为大数据处理技术的领先实践者。今天，大数据是人们获得新的认知、创造新的价值的源泉，大数据还是改变市场组织机构及政府与公民关系的方法，大数据时代对人们的生活以及与世界交流的方式都提出了挑战。

9.2.2 大数据的概念

大数据本身是一种现象而不是一种技术。大数据技术是一系列使用非传统的工具来对大量的结构化、半结构化和非结构化数据进行处理，从而获得分析和预测结果的数据处理技术。

大数据的 3V 特征：IBM 用 3 个特征相结合来定义大数据——数量（Volume，或称容量）、种类（Variety，或称多样性）和速度（Velocity），即庞大容量、极快速度和种类丰富的数据，如图 9-4 所示。

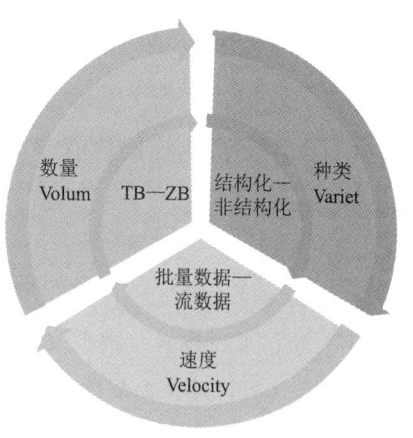

图9-4　大数据的3V特征

1. 数量

数量是指用现有技术无法管理的数据量。数据容量大，能够影响数据的独立存储和处理需求，同时还能对数据准备、数据恢复、数据管理的操作产生影响。从现状来看，基本上是指从几十 TB 到几 PB 这样的数量级，随着技术的进步，数据量的级别已从 TB 级别转向 PB 级别，并且不可避免地会转向 ZB 级别。

2. 种类

数据种类是指大数据解决方案需要支持多种不同格式和不同类型的数据。数据多样性给企业带来的挑战，包括数据集合、数据交换、数据处理和数据存储等。

随着传感器、智能设备及社交协作技术的激增，企业中的数据也变得更加复杂。因为它不仅包含传统的关系型数据，还包含来自网页、互联网、日志文件（包括点击流数据）、搜索引擎、社交媒体论坛、电子邮件、文档、主动和被动系统的传感器数据等原始、半结构化和非结构化数据。

3. 速度

数据产生和更新的速度也是衡量大数据的一个重要特征。在大数据环境中，数据产生得很快，在极短的时间内就能聚集起大量的数据集。有效处理大数据需要在数据变化的过程中对它的数量和种类进行分析，而不只是在它静止后进行分析。例如，遍布全国的便利店，在 24 小时内产生的 POS 机数据；电商网站中，由用户访问所产生的网站点击流数据；高峰时达到每秒近万条的微信、短文等等，每天都在以非常快的速度产生着庞大的数据。

在 3V 的基础上，IBM 公司又归纳总结了第 4 个 V——Veracity（真实和准确）。"只有真实而准确的数据才能让对数据的管控和治理真正有意义。随着社会数据、企业内容、交易与应用数据等新数据源的兴起，传统数据源的局限性被打破，企业愈发需要有效的信息治理以确保其真实性及安全性。"

同时，Value（价值）IDC（互联网数据中心）说："大数据是一个貌似不知道从哪里冒出来的大的动力。但是实际上，大数据并不是新生事物。然而它确实正在进入主流，并得到重大关注，这是有原因的。廉价的存储、传感器和数据采集技术的快速发展，通过云和虚拟化存储设施增加的信息链路，以及创新软件和分析工具，正在驱动着大数据。大数据不是一个事物，而是一个跨多个信息技术领域的动力 / 活动。大数据技术描述了新一代的技术和架构，其被设计用于通过使用高速的采集、发现和分析，从超大容量的多样数据中经济的提取价值。"所以，提取"价值"才是推动大数据技术发展的真正源动力。

9.2.3　大数据关键技术

大数据价值的完整体现需要多种技术的协同。大数据关键技术涵盖数据存储、处理、应用等多方面的技术，根据大数据的处理过程，可将其分为大数据采集、大数据预处理、大数据存储及管理、大数据处理、大数据分析及挖掘、大数据展示等。

1. 大数据采集技术

大数据采集技术是指通过 RFID 数据、传感器数据、社交网络交互数据及移动互联网数据等方式获得各种类型的结构化、半结构化及非结构化的海量数据。大数据的数据源主要有运营数据库、社交网络和感知设备 3 类。针对不同的数据源，所采用的数据采集方法也不相同。

2. 大数据预处理技术

大数据预处理技术主要是指完成对已接收数据的辨析、抽取、清洗、填补、平滑、合并、规格化及检查一致性等操作。

因获取的数据可能具有多种结构和类型，数据抽取的主要目的是将这些复杂的数据转化为单一的或者便于处理的结构，以达到快速分析处理的目的。

通常数据预处理包含 3 部分：数据清理、数据集成和变换及数据规约。

3. 大数据存储及管理技术

大数据存储及管理的主要目的是用存储器把采集到的数据存储起来，建立相应的数据库，并进行管理和调用。

在大数据时代，从多渠道获得的原始数据常常缺乏一致性，数据结构混杂，并且数据不断增长，这造成了单机系统的性能不断下降，即使不断提升硬件配置也难以跟上数据增长的速度，导致传统的处理和存储技术失去可行性。大数据存储及管理技术重点研究复杂结构化、半结构化和非结构化大数据管理与处理技术，解决大数据的可存储、可表示、可处理、可靠性及有效传输等几个关键问题。

4. 大数据处理

大数据的应用类型很多，主要的处理模式可以分为流处理模式和批处理模式两种。批处理是先存储后处理，而流处理则是直接处理。

批处理的核心思想是将问题分而治之，把待处理的数据分成多个模块分别交给多个映射任务去并发处理；同时有效地避免数据传输过程中产生的大量通信开销。流处理模式的基本理念是，数据的价值会随着时间的流逝而不断减少，因此尽可能快地对最新的数据做出分析并给出结果。需要采用流处理模式的大数据应用场景主要有网页点击数的实时统计、传感器网络、金融中的高频交易等。

5. 大数据分析及挖掘技术

大数据处理的核心就是对大数据进行分析，只有通过分析才能获取很多智能的、深入的、有价值的信息。利用数据挖掘进行数据分析的常用方法主要有分类、回归分析、聚类、关联规则等，它们分别从不同的角度对数据进行挖掘。

6. 大数据展示技术

在大数据时代下，数据井喷似地增长，分析人员汇总的数据必须进行可视化，以增强数据的可读性。数据可视化是将数据以不同的视觉表现形式展现在不同系统中，包括相应信息单位的各种属性和变量。数据可视化技术主要指的是通过表达、建模，以及对立体、表面、属性、动画的显示，对数据加以可视化解释的技术方法。

9.2.4 大数据的应用

1. 大数据成为企业运营变革的驱动力

汽车租赁公司通过客户的租车历史和现有可用车辆库存记录，能够了解到特定市场的公开信息，还能了解到有关会议重大事项及其他可能会影响市场需求的信息。通过将内部供应链与外部市场数据相结合，公司可以更加精确地预测出可用的车辆类型和可用时间。

2. 大数据促进医疗和健康

2009 年在美国出现了一种新的流感病毒甲型 H1N1，全球的公共卫生机构都担心一场致命的流行病即将来袭。在还没有研发出对抗这种新型流感病毒疫苗的情况下，如何减慢病毒的传播速度是有效控制病毒蔓延的关键举措。谷歌公司把 5 000 万条美国人最频繁检索的词条和美国疾控中心在 2003 年至 2008 年期间季节性流感传播期间的数据进行了比较，重点关注特定检索词条的使用频率与流感在时间和空间上的传播之间的关系。最后得出流感是从哪里传播出来的判断，为有效阻断传播提供决策基础。谷歌公司的方法不需要分发口腔试纸，不需要联系医生——它是建立在大数据的基础之上。

3. 大数据助力设计效能

低成本的数据采集和计算机资源，在加快设计测试和重新设计这个过程中发挥了很大的作用。例如，在高科技的游戏设计领域，通过对游戏费用等指标的分析，游戏设计师能吸引游戏玩家提高保留率，每日活跃用户和每月活跃用户数，每个游戏玩家支付的费用以及游戏玩家每次玩游戏花费的时间。通过分析，游戏设计者可以对新保留率和商业化机会进行评估，即使是在现有的游戏基础之上，也能为用户提供令人更加满意的游戏体验。

9.3 物联网技术

智能家居可能是和人们最接近，也是目前最普及的物联网，如图 9-5 所示。目前市面上销售的各种大家电，很多都有上网和远程控制功能。小米旗下的几乎所有家电都可以通过网络控制，这些设备和智能音箱联通，人们可以通过语音控制台灯、电饭煲、自动窗帘等。

图9-5 智能家居

下班回家，说一句"我回来了"，家里的灯立即打开，空调开启，窗帘关闭。要睡觉了，说声"晚安"，大灯关闭，夜灯开启，空气净化器进入夜间模式。是不是很酷？最重要的，这些技术和产品都已经成熟，而且价格低廉。

9.3.1 物联网定义

物联网的英文名称叫 "The Internet of things"，顾名思义，物联网就是 "物物相连的互联网"。这有两层意思：第一，物联网的核心和基础仍然是互联网，是在互联网基础上的延伸和扩展的网络；第二，其用户端延伸和扩展到任何物品与物品之间，进行信息交换和通信。

百度百科定义物联网：通过射频识别、红外感应器、全球定位系统、激光扫描器等信息传感设备，按约定的协议，把任何物品与互联网连接起来，进行信息交换和通信，以实现智能识别定位跟踪监控和管理的一种网络。ITU（国际电信联盟）定义物联网：在日常用品中通过嵌入一个额外的小工具和广泛的短距离移动收发器，使人与人之间、人与事物之间及事物之间形成信息沟通形式，任何时间、任何地点、任何人，我们现在都能实现相关连接。

物联网是从应用出发，利用互联网、无线通信网络资源进行业务信息的传送，是互联网、移动通信网应用的延伸，是自动化控制、遥控遥测及信息应用技术的综合体现。

9.3.2 物联网主要技术

从物联网体系结构角度解读物联网，可以将物联网技术分为 4 个层次：感知技术、通信技术、支撑技术、应用技术。

（1）感知技术是指用于物联网底层感知信息的技术，包括射频识别（RFID)技术、传感器技术、GPS 定位技术、多媒体信息采集技术及二维码技术等。

（2）通信技术是指能够汇聚感知数据并实现物联网数据传输的技术，它包括移动通信技术、互联网通信技术、无线广域网技术、串口通信技术、短距离无线通信等。在短距离无线通信主要有蓝牙、NFC（近场通信）、Wi-Fi 和红外传输技术、ZigBee、RFID 等。

（3）支撑技术是用于物联网数据处理和利用的技术，它包括云计算技术、嵌入式系统、人工智能技术、数据库与数据挖掘技术等。

（4）应用技术是指用于支持物联网应用系统运行的技术，应用层主要是根据行业的特点，借助互联网技术手段，开发并形成各类行业应用解决方案，构建智能化的行业应用。

9.3.3　物联网技术应用的六大领域

（1）智慧物流：以物联网、大数据、人工智能等信息技术为支撑，在物流的运输、仓储、运输、配送等各个环节实现系统感知、全面分析及处理等功能。当前，应用于物联网领域主要体现在 3 个方面：仓储、运输监测以及快递终端等，通过物联网技术实现对货物的监测及运输车辆的监测，包括货物车辆位置、状态及货物温湿度、油耗及车速等，物联网技术的使用能提高运输效率，提升整个物流行业的智能化水平。

（2）智能交通：物联网的一种重要体现形式。利用信息技术将人、车和路紧密结合起来，改善交通运输环境，保障交通安全，提高资源利用率。运用物联网技术具体的应用领域，包括智能公交车、共享单车、车联网、充电桩监测、智能红绿灯及智慧停车等领域。其中，车联网是近些年来各大厂商及互联网企业争相进入的领域。

（3）智能安防：安防是物联网的一大应用市场，因为安全永远都是人们的一个基本需求。传统安防对人员的依赖性比较大，非常耗费人力，而智能安防能够通过设备实现智能判断。目前，智能安防最核心的部分在于智能安防系统，该系统是对拍摄的图像进行传输与存储，并对其分析与处理。一个完整的智能安防系统主要包括 3 部分：门禁、报警和监控，行业中主要以视频监控为主。

（4）智慧能源环保：属于智慧城市的一个部分，其物联网应用主要集中在水能、电能、燃气、路灯等能源及井盖、垃圾桶等环保装置。例如，智慧井盖监测水位及其状态、智能水电表实现远程抄表、智能垃圾桶自动感应等。将物联网技术应用于传统的水、电、光能设备进行联网，通过监测，提升利用效率，减少能源损耗。

（5）智能医疗：在智能医疗领域，新技术的应用必须以人为中心，而物联网技术是数据获取的主要途径，能有效地帮助医院实现对人的智能化管理和对物的智能化管理。对人的智能化管理是指通过传感器对人的生理状态（如心跳频率、体力消耗、血压高低等）进行监测，主要是指医疗可穿戴设备，将获取的数据记录到电子健康文件中，方便个人或医生查阅。除此之外，通过 RFID 技术还能对医疗设备、物品进行监控与管理，实现医疗设备、用品可视化，主要表现为数字化医院。

（6）智慧建筑：主要体现在节能方面，通过传感设备进行感知、传输并实现远程监控，不仅能够节约能源同时也能减少楼宇运维的人力成本。例如，用电照明、消防监测、智慧电梯、楼宇监测及运用于古建筑领域的白蚁监测。

物联网应用涉及国民经济和人类社会生活的方方面面，因此，"物联网"被称为是继计算机和互联网之后的第三次信息技术革命。

9.3.4　物联网技术发展趋势

（1）接入对象比较复杂，获取信息更加丰富。当前的信息化条件下，接入对象包括

PC、手机、传感器、仪器仪表、摄像头、各种智能卡等，未来的物联网接入对象将包含更丰富的物理世界，轮胎、牙刷、手表、工业原材料、工业中间产品等物体因嵌入微型感知设备而被纳入。

（2）网络可获得性更高，互联互通更为广泛。当前虽然网络基础设施已日益完善，但离"任何人、任何时候、任何地点"都能接入网络的目标还有一定的距离，信息孤岛现象仍很严重。未来的物联网，不仅基础设施完善，网络的随时、随地可获得性大为增强，人与物、物与物的信息系统达到广泛的互联互通，信息共享和相互操作性将达到较高水平。

（3）信息处理能力更强大，人类与周围世界的相处更为智化。当前的信息化，由于数据、计算能力、存储、模型等的限制，大部分信息处理工具和系统还停留在提高效率的数字化阶段。未来的物联网，将通过运用云计算等思想、借助科学模型、广泛采用数据挖掘等知识发现技术整合和深入分析收集到的海量数据，以获取更加新颖、系统且全面的观点和方法来看等和解决特定问题。

9.4　人工智能

20世纪70年代以来，人工智能 (Artificial Intelligence，AI) 被称为是世界三大尖端技术（空间技术、能源技术、人工智能）之一，也被认为是21世纪三大尖端技术（基因工程、纳米科学、人工智能）之一，得到了迅速发展。作为当前全球最热门的话题之一，人工智能引领世界未来科技领域发展和生活方式转变的风向标，人们在日常生活中其实已经方方面面地运用到了人工智能技术，如网上购物的个人化推荐系统、人脸识别门禁、人工智能医疗影像、人工智能导航系统、人工智能写作助手、人工智能语音助手等。

（1）ELLI.Q 是一款由以色列的初创企业 Intuition Robotics 设计的老年伴侣机器人，如图9-6所示。ELLI.Q 能够理解语境，并能在医学专家和其家人预设好的一系列目标下自动做出决定，如提醒老人散步、吃药，或是娱乐等。ELLI.Q 还会询问主人是否想要通过即时通信平台与家人或朋友进行联系。

图9-6　ELLI.Q老年伴侣机器人

（2）汽车行业的人工智能一直饱受争议。事实上，所有的汽车制造商都在努力挖掘人工智能及其技术子集的潜力，从而开发出自动驾驶汽车技术的创新模型。有些品牌最先推出了由人工智能和自动化技术为核心的自动驾驶汽车，特斯拉就是其中之一。奥迪、凯迪拉克和沃尔沃也纷纷效仿，在生产模式中采用了半自动技术。节省燃料、削减成本、减少排放及对环境的不良影响是自动驾驶汽车的一些主要优势。人为错误被认为是全球范围内事故发生的主要原因，自动驾驶汽车避免了此类错误的发生，提高了安全性。

9.4.1 什么是人工智能

作为计算机科学的一个分支，人工智能是研究、开发用于模拟、延伸和扩展人的智能的理论、方法、技术及应用系统的一门新的技术科学，是一门自然科学、社会科学和技术科学交叉的边缘学科，它涉及的学科内容包括哲学和认知科学、数学、神经生理学、心理学、计算机科学、信息论、控制论、不定性论、仿生学、社会结构学和科学发展观等。简单理解，人工智能是研究人类智能活动的规律，构造具有一定智能的人工系统，研究如何让计算机去完成以往需要人的智力才能胜任的工作，也就是研究如何应用计算机的软 / 硬件来模拟人类某些智能行为的基本理论、方法和技术。

9.4.2 人工智能学科的诞生

随着 1946 年电子计算机的出现，开始真正有了一个可以模拟人类思维的工具。

1950 年，一位名叫马文·明斯基（后被人称为"人工智能之父"）的大四学生与他的同学邓恩·埃德蒙一起，建造了世界上第一台神经网络计算机。这也被看作人工智能的一个起点。

1956 年，以麦卡锡、明斯基、罗彻斯特和香农等为首的一批有远见卓识的年轻科学家，在达特茅斯学会上聚会，共同研究和探讨用机器模拟智能的一系列有关问题，首次提出了"人工智能"这一术语，它标志着"人工智能"这门新兴学科的正式诞生。

1997 年 5 月，IBM 公司研制的深蓝计算机战胜了国际象棋大师卡斯帕罗夫，这是人工智能技术的一次完美表现。2016 年，Google 的 AlphaGo 赢了韩国棋手李世石，再度引发 AI 热潮。

我国政府及社会各界都高度重视人工智能学科的发展，2017 年 12 月，人工智能入选"2017 年度中国媒体十大流行语"。2019 年 6 月 17 日，国家新一代人工智能治理专业委员会发布《新一代人工智能治理原则——发展负责任的人工智能》，提出了人工智能治理的框架和行动指南，这是中国促进新一代人工智能健康发展，加强人工智能法律、伦理、社会问题研究，积极推动人工智能全球治理的一项重要成果。

9.4.3 人工智能的发展历程

1. 起步发展期（1956 年到 20 世纪 60 年代初期）

首次提出人工智能概念，相继取得一批令人瞩目的研究成果，如机器定理证明、跳棋程序、Lisp 表处理语言等，掀起了人工智能发展的第一个高潮。

2. 反思发展期（20 世纪 60 年代到 70 年代初期）

发展初期的突破性进展，大大提升了人们对人工智能的渴望，同时提出了一些不切实际的研发目标。然而接二连三的失败和预期目标的落空，使人工智能的发展走入低谷。

3. 应用发展期（20 世纪 70 年代初期到 80 年代中期）

专家系统在医疗化学地质等领域取得成功，实现了人工智能从理论研究走向实际应用，从一般推理策略探讨转向运用专门知识的重大突破，推动人工智能走入应用发展的新高潮。

4. 低迷发展期（20 世纪 80 年代中期到 90 年代中期）

随着人工智能的应用规模不断扩大，专家系统存在的应用领域狭窄、缺乏常识性知识、知识获取困难、推理方法单一、缺乏分布式功能、数据库兼容等问题逐渐暴露。

5. 稳步发展期（20 世纪 90 年代中期到 2010 年）

随着互联网技术的发展，信息与数据的汇聚不断加速，促使人工智能技术进一步走向实用化。1997 年 IBM 深蓝计算机战胜国际象棋大师卡斯帕洛夫，2008 年 IBM 提出"智慧地球"的概念，这些都是这一时期的标志性事件。

6. 蓬勃发展期（2011 年至今）

随着互联网物联网云计算大数据等信息技术的发展，泛在感知数据和图形处理器（Graphics Processing Unit，GPU）等计算平台，推动了以深度神经网络为代表的人工智能技术飞速发展，人工智能发展进入爆发式增长的新高潮。

由此可见，人工智能学科 60 多年的发展历程还是非常坎坷的。

9.4.4　人工智能的三种形态

（1）弱人工智能（Artificial Narrow Intelligence，ANI）：是擅长与单个方面的人工智能。例如，有能战胜象棋世界冠军的人工智能，但是它只会下象棋，你要问它怎样更好地在硬盘上存储数据，它就不知道怎么回答了。

（2）强人工智能（Artificial General Intelligence, AGI）：是人类级别的人工智能。强人工智能是指在各方面都能和人类比肩的人工智能，人类能干的脑力活它都能干。创造强人工智能比创造弱人工智能要难得多，所以目前强人工智能的研究还处于停滞不前的状态。

（3）超人工智能（Artificial Super Intelligence，ASI）：牛津哲学家、知名人工智能思想家 Nick Bostrom 把超级智能定义为"在几乎所有领域都比最聪明的人类大脑都聪明很多，包括科技创新、通识和社交技能"。

9.4.5　人工智能的研究领域

人工智能研究的领域主要有 5 层，如图 9-7 所示。底层是基础设施建设，包含数据和计算能力两部分，数据越大，人工智能的能力越强。第二层为算法，如卷积神经网络、LSTM 序列学习、Q-Learning、深度学习等算法，都是机器学习的算法。第三层为重要的技术方向和问题，如计算机视觉、语音工程、自然语言处理等。还有另外的一些类似决策系统，比如 Reinforcement Learning（增强学习）或一些大数据分析的统计系统，这些都能在机器学习算法上产生第四层为具体的技术，如图像识别、语音识别、机器翻译等顶端为行业的解决方案，如人工智能在金融、医疗、互联网、交通和游戏等上的应用，这是人工智能技术给人类社会带来的核心价值所在。

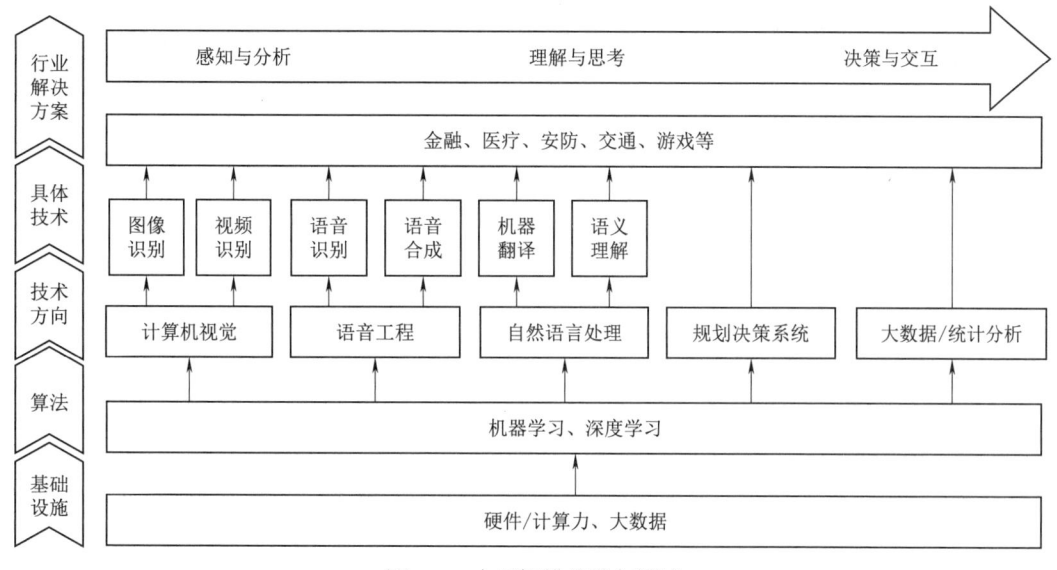

图9-7 人工智能的研究领域

9.4.6 人工智能的应用场景

1. 计算机视觉

2000 年左右，人们开始用机器学习，用人工特征来做比较好的计算机视觉系统，如车牌识别、安防、人脸等技术。而深度学习则逐渐运用机器代替人工来学习特征，扩大了其应用场景，如无人车、电商等领域。

2. 语音技术

2010 年后，深度学习的广泛应用使语音识别的准确率大幅提升，如 Siri、Voice Search 和 Echo 等，可以实现不同语言间的交流，从语音中说一段话，随之将其翻译为另一种文字；再如智能助手，你可以对手机说一段话，它能帮助你完成一些任务。与图像相比，自然语言更难、更复杂，不仅需要认知，还需要理解。

3. 自然语言处理

目前一个比较重大的突破是机器翻译，这大大提高了原来的机器翻译水平。例如 Google 的 Translation 系统是人工智能的一个标杆性的事件。2010 年左右，IBM 的 Watson 系统在一档综艺节目上，和人类冠军进行自然语言的问答并获胜，代表了计算机能力的显著提高。

4. 决策系统

决策系统的发展是随着棋类问题的解决而不断提升，从 20 世纪 80 年代西洋跳棋开始，到 90 年代的国际象棋对弈，机器的胜利都标志了科技的进步，决策系统可以在自动化、量化投资等系统上广泛应用。

5. 大数据应用

机器通过一系列的数据进行判别，找出最适合的一些策略而反馈给人们。例如，可以通过你之前看到的文章，理解你所喜欢的内容而进行更精准的推荐；分析各个股票的行情，进行量化交易；分析所有的像客户的一些喜好而进行精准的营销等。

256 / 大学计算机——信息素养与信息技术

工作任务一　搜集近 5 年 IDC 中国市场规模信息，并绘制示意图反映数据变化情况

说在任务开始前

学习情景	带你认识"新一代信息技术"			
学习任务一	搜集近 5 年 IDC 中国市场规模信息，并绘制示意图反映数据变化情况	学时	课前	2 学时
			课中	1 学时
			课后	2 学时
学习任务背景	互联网数据中心（Internet Data Center，IDC）是集中计算、存储数据的场所，是为满足互联网业务以及信息服务需求而构建的应用基础设施，可以通过与互联网的连接，凭借丰富的计算、网络及应用资源，向客户提供互联网基础平台服务以及各种增值服务。请诗雅同学通过互联网等渠道收集 IDC 中国市场规模信息并了解其变化情况，从而进一步提升自己对信息技术发展态势的关注			
准备工作	安装 Excel 软件的计算机，并能连接 Internet			

学习性工作任务单

学习目标	了解互联网数据中心在推进新一代信息技术产业发展过程中起的关键性作用；掌握信息获取和数据分析的基本方法
任务描述	通过网络，搜集反映近 5 年 IDC 中国市场规模变化情况的强相关信息，通过 Excel 进行数据梳理和存储，并绘制反映数据变化的数据图，将整理后的数据以图形化方式呈现
步骤 1	通过网络查阅资料，收集数据；对获取信息的网站进行记录
步骤 2	使用 Excel 创建数据清单，对收集的数据进行整理并存储
步骤 3	通过 Excel 的由表作图功能，绘制数据图
任务验收标准	通过图形化呈现的数据必须有强相关性，具有分析对比的价值
注意事项	

工作任务二　绘制思维导图，对物联网技术在不同应用场景的关键技术
　　　　　　进行分析

说在任务开始前

学习情景	带你认识"新一代信息技术"			
学习任务二	绘制思维导图，对物联网技术在不同应用场景的关键技术进行分析	学时	课前	2 学时
			课中	0.5 学时
			课后	2 学时
学习任务背景	从国家 2009 年提出物联网发展战略以来，物联网在智能交通、环境保护、政府工作、公共安全、平安家居、智能消防、工业监测、环境监测等多个领域得到广泛应用和发展。未来，物联网技术将深刻影响社会大众的生活、工作习惯。浩然同学需要通过学习建立对物联网技术及其发展趋势的基本认知			
准备工作	下载并安装 XMind 或 MindMaster 思维导图绘制软件			

学习性工作任务单

学习目标	了解物联网应用场景及主要技术，理解物联网技术发展对社会发展的积极意义
任务描述	通过阅读教材内容、查阅相关资料，以绘制思维导图的方式对物联网技术在不同应用场景的关键技术进行分析
步骤 1	通过网络查阅资料，收集数据； 对获取信息的网站进行记录
步骤 2	选择适当软件绘制思维导图
注意事项	（1）"中心主题"为"物联网技术应用"； （2）"主题"为物联网不同应用场景的名称； （3）"子主题"结合各应用场景的不同需求列举关键技术

微课
带你认识思维
导图

微课
思维导图软件的
基本操作

PPT 课件
学习情景九

工作任务三　绘制思维导图，对人工智能在不同领域应用的核心技术进行分析

说在任务开始前

学习情景	带你认识"新一代信息技术"			
学习任务三	绘制思维导图，对人工智能在不同领域应用的核心技术进行分析	学时	课前	2 学时
			课中	0.5 学时
			课后	2 学时
学习任务背景	在科技发展日新月异的今天，人工智能受到越来越多的关注。人工智能从诞生以来，其理论和技术日益成熟，应用领域也不断扩大。子轩作为一名当代大学生，更需要了解人工智能在不同领域的研究现状及应用情况			
准备工作	下载并安装 XMind 或 MindMaster 思维导图绘制软件			

学习性工作任务单

学习目标	了解人工智能学科诞生的背景、发展的历程及学科建设的复杂度；了解人工智能在各领域的研究现状及需要解决的关键技术性问题
任务描述	通过阅读教材内容、查阅相关资料，以绘制思维导图的方式列举人工智能的应用领域，同时分类梳理不同应用领域的关键技术，对人工智能的学科建设具备基本认知
步骤 1	通过网络查阅资料，收集数据； 对获取信息的网站进行记录
步骤 2	选择适当软件绘制思维导图
注意事项	（1）"中心主题"为"人工智能应用领域"； （2）"主题"为各应用领域名称； （3）"子主题"列举各应用领域的关键技术

实践练习

1. 自行观看电影《人工智能》，思考人工智能技术未来的发展和未来对人类生活的影响？

2. 思考：在人工智能不断发展的未来，你希望的教育应该有什么样的表现形式？

参 考 文 献

[1] 张洪明，陈环，刘玉菊，等．大学计算机基础 [M]．2 版．昆明：云南大学出版社，2015．

[2] 艾华，傅伟．Office 2010 办公应用立体化教程（微课版)[M]．2 版．北京：人民邮电出版社，2017．

[3] 吕咏，葛春雷．Visio 2016 图形设计从新手到高手 [M]．北京：清华大学出版社，2018．

[4] 谢希仁．计算机网络 [M]．7 版．北京：电子工业出版社，2017．

[5] 梁诚．计算机网络技术入门教程（项目式）[M]．北京：人民邮电出版社，2016．

[6] 梁诚．网络互联技术项目化教程 [M]．北京：人民邮电出版社，2019．

[7] 周苏，王文．人工智能概论 [M]．北京：中国铁道出版社有限公司，2020．

[8] 戴海东，周苏．大数据导论 [M]．北京：中国铁道出版社有限公司，2018．

[9] 谭方勇，臧燕翔．物联网应用技术概论 [M]．北京：中国铁道出版社有限公司，2019．

[10] 肖利群，蒋明礼．大学计算机应用基础教程 [M]．北京：清华大学出版社，2015．

[11] 李建华．计算机基础应用 [M]．重庆：西南师范大学出版社，2010．

[12] 李刚健，李杰，郑琦．大学计算机基础 [M]．北京：人民邮电出版社，2012．

[13] 衣治安，吴雅娟．大学计算机基础 [M]．北京：中国铁道出版社，2010．

[14] 鼎汉文化．Windows 10 从入门到精通 [M]．北京：人民邮电出版社，2018．

[15] 刘文凤．Windows 10（中文版）从入门到精通 [M]．北京：北京日报出版社，2018．